연 소 공 학

연 소 공 학

저자 송 규 근

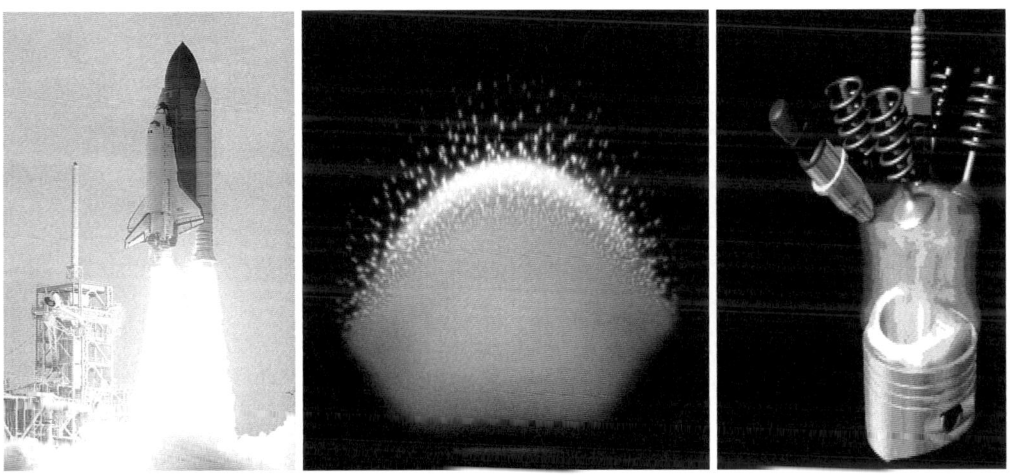

전북대학교 출판문화원

이 저서는 2013년도 전북대학교 저술장려 연구비 지원에 의하여 연구되었음.

▮머리말

우리 인류 문명의 발전에 가장 크게 기여한 것으로 불의 발견을 들 수 있다.

인류가 불을 발견한 이후로 열과 빛을 사용하게 됨으로써 인류의 문명과 산업은 크게 발전하였다.

연소현상은 폭넓은 학문 분야를 포함하고 있으며, 물리적, 화학적인 복잡한 현상이 매우 빠른 시간에 또한 동시에 진행하기 때문에 정확한 연소현상 파악, 해석 면에서 매우 어렵다. 이것이 연소공학의 특징이며, 오랜 역사를 가지고 있으면서 타 학문에 비해 학문체계 확립이 늦은 이유라 할 수 있다. 다행히 최근 과학기술, 계측기술이 발달되면서 연소공학에 대한 연구와 학문 체계가 빠르게 진전되어가고 있다.

연소현상이 일어나면 반드시 열에너지와 연소가스가 발생한다.

오늘날 이 열에너지는 산업이나 생활에서 가장 중요한 에너지원으로 자리잡고 있다.

공업용, 산업용에 사용되고 있는 모든 열기관은 연료가 연소과정을 거쳐 발생한 열에너지를 기계적에너지(일)로 변환하는 장치이고, 연소가스는 배기가스가 된다. 즉 출력과 공해배출가스는 바로 연소에 의해 결정된다. 그래서 연소에 관한 지식은 산업발전에 매우 중요한 요소이다.

최근 급속한 산업 발전, 자동차의 급증으로 열에너지 소비가 증대되면서 환경오염이 전세계적인 문제로 대두되면서 우리의 일상생활, 산업활동을 안정하게 지지해 줄 연소학문에 대한 과학적인 체계 확립이 절실히 요구된다.

집필에 있어서는 그 동안 연소공학을 강의한 내용을 바탕으로 나름대로 정리하여 엮었다.

연소공학을 공부하는 모든 분들에게 조금이나마 도움이 된다면 더없는 영광이며, 또한 내용 중에 미흡한 점이 많이 있겠지만 넓은 이해와 많은 지적, 조언을 부탁드린다. 미흡하고 불충분한 내용은 계속 수정, 보완해 나갈 것이다.

끝으로 이 책의 출판을 위해 애써주신 전북대학교 출판문화원 관계자들께 감사드리며, 많은 조언과 협조를 해주신 주위의 모든 분들께도 감사를 드린다.

2014년 2월

송규근

C·O·N·T·E·N·T·S

제1장 **연소의 개요** 013

1.1 연소현상과 연소학 014
1.2 연소지식이 필요한 분야 015
1.3 연소학의 대상 및 역할 017
1.3.1 연소학에서 해명의 대상으로 하는 현상
1.3.2 연소학과 연소기술
1.3.3 연소학과 방재학
1.4. 연소기술의 역사적 개요 020
1.4.1 조명
1.4.2 증기 보일러
1.4.3 내연기관

제2장 **연료** 027

2.1 연료의 조건 028
2.2 연료의 분석 및 제 특성치 030
2.3 기체연료 034
2.3.1 기체연료의 특징
2.3.2 기체연료의 종류
2.4 액체 연료 041
2.4.1 액체 연료의 특징
2.4.2 액체 연료의 종류
2.5 고체연료 045
2.5.1 고체연료의 특징
2.5.2 고체연료의 종류 및 분석

제3장 **연소반응의 기초** 051

3.1 연소의 개요 052
3.1.1 연소의 정의
3.1.2 연소의 형태
3.2 연소 반응 057
3.2.1 가연원소의 반응
3.2.2 연소반응
3.2.3 소반응 속도(Elementary reaction)
3.2.4 화염중의 이온생성
3.3 발열량 (Calorific value) 068
3.3.1 고체 및 액체연료의 발열량
3.3.2 기체의 발열량
3.4 연소계산 071
3.4.1 공기와 연료의 혼합기체 표시
3.4.2 이론산소량 및 이론공기량(Theoretical amount of air)
3.4.3 실제 공기량 및 공기비(Air ratio)
3.4.4 연소가스량 (Amount of combustion gas)
3.5 연소온도 079
3.5.1 이론연소온도(Theoretical combustion temperature)
3.5.2 단열평형연소온도(Adiabatic combustion temperature)
3.5.3 실제연소온도(Actual combustion temperature)
3.5.4 (CO_2)max%
3.6 열효율 084
3.7 열정산(Heat balance) 085
3.7.1 열정산의 방법

제4장 **기체연료의 연소** 093

4.1 착화(Ignition) 094

4.1.1 착화과정

4.1.2 강제점화(Forced ignition)

4.1.3 자발착화(Self ignition)

4.2 소염현상 107

4.2.1 소염 현상의 개요

4.2.2 소염의 조건

4.3 기체연료의 연소형태 110

4.3.1 예혼합연소(Premixed combustion)

4.3.2 난류 예혼합 연소

4.3.3 확산 연소

4.4 화염의 안정화 134

4.4.1 경계속도 구배론(Boundary velocity gradiants theory)

4.4.2 화염신장 이론

4.4.3 고속 기류중에서 화염의 안정화

4.4.4 보염 방법

제5장 **액체연료의 연소** 149

5.1 액체연료의 연소형태 151
5.1.1 액면연소(Pool type combustion)
5.1.2 심지연소(Wick type combustion)
5.1.3 증발연소 (Vaporizing combustion)
5.1.4 분무연소 (Spray combustion)
5.2 액체연료의 미립화 155
5.2.1 미립화의 방법
5.2.2 미립화 기구
5.2.3 분무를 지배하는 요소
5.2.4 분사 노즐의 종류
5.3 분무 특성 162
5.3.1 무화
5.3.2 입도 분포
5.3.3 평균 입경
5.3.4 분산도
5.3.5 관통도
5.4 유액적의 증발과 연소 171
5.4.1 액적의 증발
5.4.2 액적의 연소
5.5 분무의 연소 177
5.5.1 분무연소의 특성
5.5.2 분무화염의 구조

제6장 **고체연료의 연소** 185

6.1 고체연료 연소의 분류 186
6.2 고체연료의 연소과정 189
6.2.1 석탄의 연소과정
6.2.2 다공질 고체탄소의 연소과정
6.3 고체연료의 연소율 194
6.4 고체연료의 착화와 소염 195
6.5 화격자 연소 199
6.6 미분탄 연소 201
6.6.1 미분탄연소의 기초과정
6.6.2 미분탄 연소의 특성
6.6.3 미분탄연소의 형식
6.7 유동층 연소(Fluidized Bed Combustion) 206
6.8 석탄의 특수 연소 기술 209

제7장 **데토네이션** 213

7.1 데토네이션 전파 기구 216
7.2 충격파 219
7.3 데토네이션의 개시 221

제8장 **저공해 및 고부하연소기술** 223

8.1 에멀젼연소 224
8.2 촉매연소 225
8.3 펄스연소 227
8.4 산소부화연소 228
8.5 산소희박연소 229

제9장 **내연기관 연소** 233

9.1 가솔린기관의 연소 235
9.1.1 정상연소와 이상연소
9.1.2 연소에 영향을 미치는 인자
9.1.3 이상 연소
9.1.4 노 킹
9.1.5 노킹의 방지 대책
9.2 디이젤기관의 연소 248
9.2.1 착화
9.2.2 정상연소의 과정
9.2.3 디젤 노크
9.2.4 디젤 노크의 방지대책
9.2.5 가솔린 노크와 디젤 노크의 비교

제10장 **대기오염과 연소생성물** 255

10.1 대기오염 256
10.1.1 대기의 조성
10.1.2 대기오염의 정의 및 원인
10.1.3 대기오염 관련 사건
10.1.4 국내현황
10.1.5 대기환경 기준

10.2 연소생성물과 방지 265
10.2.1 일산화탄소(CO)
10.2.2 탄화수소(HC)
10.2.3 매연(Soot)
10.2.4 질소산화물(NO_x)
10.2.5 유화산화물(SO_x)

부 록 281

01 연소의 개요

연소현상과 연소학

연소지식이 필요한 분야

연소학의 대상 및 역할
연소학에서 해명의 대상으로 하는 현상
연소학과 연소기술
연소학과 방재학

연소기술의 역사적 개요
조명
증기 보일러
내연기관

제1장

연소의 개요

1.1 연소현상과 연소학

물질이 타는 현상에 대한 모든 지식을 정리한 것이 연소학이다. 일반적으로 이것이 학문이라는 인식을 하게 된 것은 그렇게 오래되지는 안했다. 연소현상은 매우 광범위한 분야를 포함하고 있고, 유사 이래 인류는 이것들을 유용하게 이용하여 문명의 발전을 이루어왔다.

연소현상을 현대에서도 충분히 통용되는 실험계획에 따라 보다 체계적이고 정량적으로 연구한 최초의 인물은 Davy를 들 수 있다. 그 결과로서 1815년에는 탄광에서 사용되어진 데비등을 발명했다.

연소가 연구나 학문의 대상으로서 생각하게 된 것은 1814년 영국의 왕립학회에서 화염의 연구 이래로 볼 수 있다. 이것은 그 2년 전에 일어났던 탄광폭발에 의해 많은 인명 피해가 발생한데서 발단되었다.

본격적인 연구의 개시가 방재의 관점에서 행하여졌고, 지금까지도 방재, 화재의 연구는 연소연구의 대상으로서 중요한 것 중의 하나이다.

Faraday가 "The Chemical History of a Candle" 1861년에 집필하여, 촛불의 연소현상을 알기 쉽게 해설하였다.

연소연구를 에너지 이용의 관점에서 기초적 연구를 했던 것은 독일의 Bunsen으로 1838년부터 용광로에서 나오는 가스의 연구를 시작으로 분젠버너를 고안했다. 1855년 하이델브르그 대학에서 분젠화염의 화염온도와 화염속도를 측정하였고, 열량계에 의한 엔탈피를 측정하였다. 그후 프랑스 Mallard, LeChatlier는 화염전파를 사진 관찰하였고, 1883년 근대적인 화염전파 이론을 제안하였다.

즉 연소학 또는 연소과학이 여기서 출발했다고 보아도 좋을 것이다.

19세기 초에는 증기기관 등 외연기관이 활발히 사용되었고, 더욱 오토기관과 디젤기관 등 내연기관이 발명되어, 20세기가 되면서 이것들은 항공기, 자동차용으로서 사용되었다. 이에 따라 관련하는 연소연구가 광범위하게 행하여지게 되었다.

연소연구는 2회의 세계대전을 통해 특히 제트기관, 로켓기관 등의 개발, 더욱 그 후의 연소관련 공업 분야에 있어 비약적인 발전에 크게 기여하였다.

이와 같은 과정을 거쳐 연소학의 기초가 VonKarman에 의해 확립되어 그 후의 연소연구가 체계적으로 이루어지게 되었다.

그는 연소학을 유체역학, 열역학 및 화학을 포함한 즉 학제간의 학문으로 이것을 "Aerothermochemistry"라 이름하였다. 이와 같은 생각은 그 후 약 50년이 지난 현재에도 지지되고 있다. 예를 들면, 관련 학문으로서 유체역학, 열역학, 화학반응론, 수송과정론을 생각해, 연소학을 "열 및 물질의 수송을 수반하는 유체역학 중의 발열화학반응의 과학"이라고 정의되고 있다. 연소학이 이들 학문을 기초로 한 학제 영역의 학문이라는 것에 누구나 인정하고 있으며, 그만큼 복잡한 것은 확실하다.

연소학의 빌진과 최근의 새로운 지식은 대표적인 많은 교과서에서 알 수 있다.

1.2 연소지식이 필요한 분야

연소에 의해 발생한 열, 빛은 먼 옛날부터 우리들의 생활에 이용되어 왔다. 또

현대의 각종 산업, 교통기관 등에 있어서는 연소에 의해 얻어진 열에너지를 다양하면서 다량으로 이용하고 있다. 이와 같이 연소라는 현상을 이용하는 경우, 이것을 자유로이 제어해야만 한다. 이를 위해 기술에서부터 많은 분야 지식을 이용해야 한다.

연소에 관한 기술은 다양하지만, 각각의 기술을 유효하게 이용하기 위해서는 연소에 의한 에너지를 이용하는 분야에 있어서도 화재나 폭발의 방지를 목적으로 한 방재의 분야에 있어서도 연소의 지식이 필요하다.

연소에 의해 발생하는 에너지를 이용할 목적으로 수천 년부터 사용되어온 것으로는 횃불, 촛불, 램프, 난로 등 현재에는 별로 쓰여지지 않는 것이지만, 장기간 이용되어져왔다.

이것들을 안전하게 사용하기 위해서는 연소의 지식은 주로 전언, 습관, 규칙 등으로 전해져 왔다.

석탄, 석유 등 연료가 보유하고 있는 화학에너지로부터 열에너지로 변환하는 장치를 연소기 또는 연소장치라 한다.

얻어진 열에너지를 물질의 가열에 사용하는 것으로 건조기, 용광로, 주방기구, 난방기구, 보일러 등을 들 수 있다, 또 열에너지를 연소기내의 기체의 열에 의한 팽창을 거쳐 기체의 압력에너지나 속도에너지로 변환하여 이용하는 가솔린기관, 디젤기관, 제트기관, 로켓기관 등의 내연기관을 들 수 있다. 이들 연소장치의 성능 향상을 만족시키기 위해, 연소 지식이 필요한 것은 말할 것도 없다.

이들 연소장치에 의해 다량의 연료가 소비되면서 연소에 의해 발생하는 연소가스에 의한 대기오염이 큰 문제점으로 남게 되었다. 이런 다종의 대기오염물질들은 연소기술에 의해 효과적으로 저감시킬 수가 있다.

화약, 폭약의 폭발도 넓은 의미에서 연소에 포함된다. 불꽃, 대포, 로켓, 광산, 토목공사 의료등 각종 용도에서 사용되고 있는 화약, 폭발을 용도에 맞게, 안정하고 효율적으로 사용하기 위해서는 폭발에 관한 지식은 필수적이다.

고층빌딩의 화재, 백화점의 화재, 지하상가에서의 화재등 사회적으로 많은 피해를 주고 있다. 화재에 강한 건물을 설계하기 위해서는 재료, 구조를 그 목적에 맞게 효과적으로 선정할 필요가 있다. 또 화재 위험은 재료, 구조 외에도 그 내용물에 따라서도 다르다. 적절한 화재설비, 피난설비에 의한 화재대책을 세우는 것은 건물의 특징, 특히 연소특성, 내화특성 등을 고려해야 하는 등 연소에 관한 지식은 매우 필요하다.

공장 재해 중에서 화재, 폭발은 가장 큰 피해를 입히며, 어느 경우에는 유해물질이 누설되어 2차재해의 원인이 되기도 한다. 공장에서 화재, 폭발을 방ㅈ비하기 위해서는 공장 내에 있어 가연성물질량, 저장위치, 연소기, 가연성물질을 수송하는 배관 등에 대해 만전의 대책을 해 놓을 필요가 있다.

이들 설계에는 연소의 지식이 필요하다는 것은 쉽게 상상이 된다.

수송기관의 화재가 큰 피해를 주는 것은 최근 예에서도 잘 알 수 있다. 수송기관은 거의 대부분 자체가 연료를 가지고 있고, 화재가 발생하면 인명 피해가 크기 때문에 연소의 지식에 기본한 체계적인 내책이 필요하다.

반복적 설명이 되지만, 연소의 지식은 각각의 장치, 시스템, 건물, 설비, 기기 등의 기능을 향상시키기 위해서 또는 그들과 관련한 재해를 방지를 위해서 필요하다.

연소학은 이 연소의 지식을 체계화한 학문이다.

1.3 연소학의 대상 및 역할

연소하은 연소현상을 해명하고, 얻어진 지식을 체계화한 것이라 말할 수 있다

앞에서 설명한 연소의 범위에 들어가는 현상 및 그것들과 관련한 현상의 해명은 모두가 연소학의 목표이다. 또 연소현상의 해명은 많은 경우, 그 결과를 산업이나 사회생활에 활용하는 것을 목적으로서 행해진다. 즉 연소에 의해 변환된 에너지를 가능한 유효하게 이용하고, 유해한 연소배출물을 가능한 저감하기 위한 연소기술

개발 또는 연소에 의한 불필요한 에너지가 대량으로 부적당한 장소에 방출되는 결과로서 일어나는 화재나 폭발을 방지하기 위한 방재기술의 개발 등이 그 목적이 된다.

여기에서 연소학에서 해명의 대상으로 한 현상, 연소학과 연소기술이나 방재기술과의 관계에 대해서 생각해 보자.

1.3.1 연소학에서 해명의 대상으로 하는 현상

연소학에서 해명의 대상으로 하는 현상은 한마디로 연소 및 연소와 관련한 현상이다. 연소를 수반하는 층류 또는 난류, 벽면부근에서의 화염의 거동, 화염 전파현상, 화염의 퍼짐 현상, 용기내 연소, 압력상승, 고체, 액체연소, 분진, 분무연소, 폭발 등의 연소현상을 각각 전체적으로 검토하는 것을 연소학에서 다루어야 할 것이다.

이들 연소현상 중에는 연소반응의 과정 및 속도, 그것에 수반되는 발열, 발광, 매연, 대기오염물질을 시작으로 연소생성물 발생 등의 화학현상, 연소에 의한 화염의 거동, 착화, 소염, 등의 현상을 포함한다.

연소현상과 밀접한 관계가 있는 현상으로서는 열, 물질, 운동량 등의 수송현상, 용융, 증발, 승화, 응축 등의 상변화, 화학반응 등을 들 수 있다. 이들 중 연소현상에 있어 가끔 문제되는 것으로는 온도구배가 있는 곳에서의 물질 이동, 물질의 농도구배가 있는 곳에서의 열이동 및 성분의 선택확산, 흐름 모양, 유동에 따른 열, 물질의 이동, 열의 이동에 따라 일어나는 상변화나 열분해, 연소생성물의 응축에 의한 입자의 발생과 성장 등이다.

이들의 현상이 해명됨에 따라 연소학의 체계가 명확하게 되어가고, 동시에 지금까지 체계화된 연소학을 배움으로서 보다 깊게 현상을 해명하고, 실용에 유용한 기술을 개발하는 것이 쉽게 될 것이다.

1.3.2 연소학과 연소기술

연소기술의 발전은 연소학과 불가분의 관계이다. 연소학에는 연소기술의 발전에 필요한 지식이 체계화되어있고, 그 지식을 배우는 것에 의해 필요한 연소기술을 보다 효율적으로 개발할 수가 있다.

예를 들면, 가연성 액체의 착화에 대해 배우는 경우, 특정의 가연성액체에 착화하기 위한 온도, 에너지를 추정할 수가 있고, 착화원의 선정 및 착화 수법과 착화의 관계를 정확하게 예측할 수가 있다. 구체적으로는 디젤기관연소실내, 또는 분무형, 증발형 연소기내의 착화특성의 예측이 가능하고, 이들에 필요한 착화 수법, 실용화를 위한 장치 설계를 할 수 있다.

연소배출물의 발생기구를 충분히 조사하는 사람이라면, 연소기의 연소형상에 따라 배출물의 조성이 다른 이유도 쉽게 이해할 수 있고, 연소배출물의 조성을 좋은 방향으로 바꾸기 위한 연소기의 개량을 체계적으로 할 수도 있다.

이상과 같이 연소학과 연소기술의 개발에는 연소에 대해 이해하는 것이 크게 도움이 된다. 연소학이 체계화된 지식이 없다면, 장래에 있어 연소기술의 발전은 있을 수 없을 것이다.

1.3.3 연소학과 방재학

연소에 관한 지식을 제일 필요로 하는 것은 방재기술이다. Davy등의 발명 이후 소염, 연소한계, 화염전파, 물질의 안정하 등의 연소에 관한 지식이 체계화된 것은 민지 이 분야 때문이다.

현시점에서 연소에 관한 지식이 방재기술에 충분히 반영되어있지는 않다. 현재 시점에서 방재기술은 지금까지의 경험으로 하는 것이 많고, 연소에 관한 지식을 가지고 있다면, 개선할 수 있다는 것을 가끔 만날 수 있다.

현대는 여러 가지 의미에서 변화가 많은 시대이다. 재료, 기술, 생활양식 등이 현저하게 변화해가고 있다. 새로운 재료를 사용한 건물, 가구 제작을 볼 때, 새로운 재료는 그에 따른 장점이 많고, 에너지소비량이 적고, 차음성이 좋다. 이와 같은 경우, 우선 재료의 안전성에 대해 검토한다. 이와 같은 검토가 필히 연소특성이 아직 잘 알지 못하는 사이에 이루어질 수도 있다.

새로운 기술을 이용할 때도 같은 양상으로 새로운 기술에 의해 지금까지 보다 큰 장치를 만들 수가 있게 되었다.

그러나 크게 됨으로서 사고발생시 재해가 크게 되는 것을 정확하게 예측해 그 대책을 정확하게 하는 것이 쉽지는 않다.

이와같은 경우 예측에 필요한 연소 관련한 기초데이터가 부족한 것이 많다. 또 새로운 기술 그 것에 문제가 있기도 하고, 새로운 기술에 사용하는 물질의 연소특성에 관한 지식이 부족해 화재나 폭발사고를 일으키는 예도 있다.

생활양식의 변화에 의해 화재나 폭발사고의 빈도, 규모 등이 바뀌는 것은 잘 알 수 있다.

이상과 같이 연소에 관한 지식은 이후 방재기술 향상에 크게 기여를 할 것이다.

1.4. 연소기술의 역사적 개요

연소의 초기 용도는 난방과 조명이었다. 이러한 용도는 모닥불로부터 난로, 버너 및 보일러 그리고 기관으로 진행되어 왔다.

이들에 관한 간략한 역사적 개요를 기술한다.

1.4.1 조명

전기가 조명에 사용되기 19세기 후반 이전에는 모든 인공적인 빛은 불을 피워서 발생시켰다. 선사시대의 램프는 기름의 용기와 모세관작용으로 연료를 흡인할 수 있는 심지로 구성되었다. 이러한 기본 설계는 1784년에 스위스 M.Argand이 원통형 심지를 발명하기 전까지는 거의 변함이 없었다. 이후 벤자민 톰손은 100여 가지 이상의 램프설계를 실험하였고, 조명시 광조절이라는 논문을 발표하였다.

이 램프는 중앙원통형기둥의 바닥 둘레에 있는 구멍들을 활용해 주위의 공기를 받아들여 심지의 중앙부와 심지의 바깥부분에 공급하는 기능을 갖고 있다. 램프용 연료는 동물성 지방에서 어유, 고래기름 그리고, 1880년까지는 등유가 사용되었다.

조명에 가스를 최초로 사용한 것은 중국인으로 추정되며, 그들은 암염갱에서 나오는 천연가스를 사용한 것으로 추정된다. 1784년 벨기에 Minckelers는 석탄에서 얻은 가스불꽃을 사용하였다.

짐승기름 양초는 2세기 중에 만들어지기 시작한 것으로 추정되며, 18세기 중엽에 양초용 경납이 나오면서 최초의 양초가 만들어졌다.

1.4.2 증기 보일러

초기 증기 보일러는 물을 넣고 밑에서 가열하는 형식이었다. 1700년대의 보일러는 탕관의 원리를 이용하고 있었지만, 효율을 높이기 위하여 1750년에 이르러서는 일체형 노가 개발되었다. 이 노에서는 연료를 용기 안에서 연소시켰다.

이 연관은 마치 증류기의 코일형상 관처럼 감겨진 형태로 수실을 지나 대기와 연이어 통하게 되어 있으며, 공기를 연소영역으로 강제로 송풍하는 풀무가 사용되었다.

동력증대에 대한 요구가 커짐에 따라 단일의 연관은 여러 개의 연관으로 대체되었고, 이에 따라 전열면이 커지게 되었다. 이러한 유형의 보일러는 연도가스가 연관 속을 흐르기 때문에 연관보일러라고 한다.

1845년에 윌리암페어베인(William Fairbain)이 설계한 랭커셔보일러가 그 예이다. 그러나 대량의 압력용기를 직접 가열해야하기 때문에 수많은 폭발참사가 발생하였다.

그 대표적인 예로 1880년 미국 보일러 폭발로 인한 259명의 사망사고를 들 수 있다.

초기의 수많은 기술자들은 관의 외부에 가열된 연소가스가 흐르게 하고 관의 내부에는 연소가스 대신에 물이 흐르게 함으로써 용량을 증가시키고, 한층 더 안전한 운전을 할 수 있을 거라 생각하게 되었다. 이러한 초기 수관 보일러는 구조문제 증기누설 및 퇴적물 때문에 그 결과는 그리 좋지 않았다.

1856년에 Stephen Wilcox는 많은 문제점을 해결한 수관보일러를 설계하였다.

스웨덴의 Gustaf de Laval은 많은 연구를 한 결과, 최초의 상업용 증기터빈을 1891년에 만들었다. 미국에서의 최초의 증기터빈 발전기는 웨스팅하우스에서 제작하였다.

노와 보일러는 많이 있기 때문에 매연을 억제하는 일은 그 이전에도 그러하였지만, 특히 1920년대에 들어 모든 도시의 주요 관심거리였다. 사이클론 집진기는 1930년대에 미립자를 억제시키는데 사용되기 시작하였다. 1910년에는 정전기식 침전기가 발명되어 1950년대에 일기 시작한 산업 및 다용도 분야에서 미립자 배출 감소에 직물필터와 더불어 사용되어오고 있다. 1970년대에는 미립자, 일산화탄소, 이산화질소 및 이산화황의 대량 발생원에 대한 규제가 미국에서 청정공기법에 의하여 시행되었다.

1.4.3 내연기관

내연기관의 개념은 1676년 Jean de Hautefeuille가 구상하여 Huygens와 Papin이 한층 더 발전시켰다. 이들이 개발한 엔진에서는 급기를 피스톤이 끼워지는 실린더의 상부 개방단 쪽에서가 아니라 폐쇄단 쪽에서 폭발시켰다. 출력일은 생성물이 냉각과정 중에 대기가 피스톤을 내리누르게 됨으로써 얻어졌다.

후에 Papin은 이 아이디어를 이용하여 냉각이 되면 진공상태가 되는 증기로 급기를 대체하였으며 증기기관의 작동원리를 발견하였다.

연소생성가스의 팽창으로 피스톤을 구동시키고자 하는 아이디어는 Lenoir가 1860년 처음으로 이용하였으며, 이 엔진에서는 혼합기를 흡기행정 중에 전기스파크로 점화시켰다.

1876년 Nikolaus Otto는 4행정 개념을 기초로 하여 압축점화방식의 엔진을 제작하였으며, 이 엔진의 기본 사이클은 오늘날에도 사용되고 있다.

1878년 Dugald Clerk는 동일한 크기의 엔진에서 한층 더 높은 출력을 얻기 위하여 2행정엔진을 개발하였다.

전기점화식 균질급기 엔진에서의 연소는 초기에는 강도, 재료의 온도, 윤활에서의 제약조건 등과 같은 기계적인 고려사항의 제약을 받았다. 연료의 가격이 싸고 대기오염규제를 받기 이전의 시대에는 엔진설계가 화학양론적 혼합물보다 약간 농후한 혼합물을 사용하여 압축비를 조금이라도 더 높이려는 방향으로 발전되어 갔고, 노킹문제는 심각한 문제였지만, 4에틸납을 사용함으로써 부분적으로 이를 극복할 수 있었다.

가솔린, 윤활유, 금속부품의 특성을 향상시킴으로써 압축비를 1915년식 모델의 경우 평균값이 3.6:1에서 1960년대 초기 엔진의 경우 8.1:1까지 증가시킬 수 있게 되었다. 압축비는 증가를 거듭함으로서 실용적인 최적값인 12까지 접근하게 되었지만, 새로이 대기오염 배출물, 특히 일산화질소(NO)를 고려하게 됨으로써 압축비의 증가는 중단되어 갔다.

촉매가 개발되어 NO, CO 및 미연탄화수소(HC)의 배출은 감소하게 되었으나, 가솔린 속의 납 때문에 촉매가 못쓰게 되었어졌고, 따라서 4에틸납이 연료 첨가제로서 더 이상 사용될 수 없게 되었기 때문에 노크를 고려하게 되면서 압축비는 다시 감소하는 경향이 되었다.

자동차 분야의 공기오염원은 심각한 관심거리가 되었으며, 가장 주목할 만한 사회적인 문제가 최초로 남부캘리포니아에서 일어났는데, 이는 연소배출물이 스모그를 발생시키게 된 것이다.

스모그(Smog) 용어는 1900년대 초기에 영국에서 비롯되었는데, 당시에 황이 많이 함유된 석탄이 연소되면서 나오는 연기와 자연발생의 안개가 합쳐지면서 치명적인 황산에어졸이 발생되었던 것이다. 1952년에 Haagen-Smit는 스모그를 실험실에서 자동차배기가스와 태양광을 이용하여 발생시킬 수 있다는 사실을 입증하였으며, 이러한 유형의 스모그 발생에 필요한 성분은 탄화수소, 질소화합물, 공기 그리고 강한 태양광이다. 대기에서의 광화학과 화학반응으로 여러 가지 옥시던트와 광화학에어로졸이 발생하게 되는데, 이 때문에 눈과 폐에 염증을 일으키는 등 많은 문제점이 발생하였다.

이에 따라 미국에서는 1972년부터 자동차에 연방배출규제법이 적용되기 시작했다.

알킬납 첨가제는 1923년에 도입되어, 1970년에는 그 사용이 최대가 되었고, 1974년부터는 무연가솔린 사용이 권장되었다.

납 함유량은 1980년부터 단계적으로 감축되기 시작하여 1996년까지는 납의 함유를 전면적으로 금하도록 하였다. 배기가스 후처리 촉매의 사용으로 무연 가솔린을 사용할 필요가 생겨났으며, 미연소탄화수소의 배출량을 감소시켜야 할 필요성 때문에 휘발성을 규제하게 되었고, 도심지역에서의 CO를 감소시키기 위해서 산소함유물질을 사용하게 되었으므로, 현행의 가솔린 재조성 노력은 끊임없는 환경에 대한 관심에 의해 주도된 것이다.

1893년 Rudolf Diesel은 합리적인 열기관 디젤기관을 만들었으며, 1898년에는 최초의 제품용엔진이 등유로 작동되어 경이롭게도 20HP의 출력을 내었다.

1902년 MAN사는 250HP짜리 2기통엔진을 제작하였고, 1906년 Sulzers Co.는 300HP의 3기통엔진을 제작하였다.

1921년에는 최초로 디젤엔진을 탑재한 여객선이 등장하였으며, 초기의 4행정 선박엔진에서는 배기밸브와 배기포트에 탄소가 부착하게 되는 카본 파울링 현상같은 중대한 문제를 겪을 수밖에 없었다.

제2차 세계대전 이전에는 기통당 2000HP을 내는 엔진들이 전성기를 누렸으나,

1939년까지 전세계 선박톤수의 절반은 디젤엔진을 동력원으로 한 것이었다.

상업용, 농업용 및 산업용의 고속디젤엔진의 개발은 서서히 이루어졌는데, 이는 재료의 강도와 연료분사시스템이 진보되지 않았기 때문이었다.

디젤기관이 자동차와 항공기를 제외한 거의 모든 용도에서 스파크점화기관을 대체하여 왔지만, 디젤연소과정에 관한 상세한 지식은 아직까지도 완성이 되지 않은 상태이다.

따라서 매우 상이한 연소실 설계들이 있는데, 예를 들면 연료를 실린더 내로 직접 분사시키는 개방실식 설계와 연료를 실린더에 좁은 통로로 연결되어 있는 소실 내로 분사시키는 예연소실식 설계 등이 그것이다. 연료-공기의 혼합이라는 어려운 조건을 고압분사에 의해서나, 유도과정을 통해 실린더 공기에 부여한 선회와 저압분사를 조합시켜 충족시키고 있다.

오늘날의 디젤엔진은 대단히 복잡하다. 엄격한 배출가스 요구조건을 만족시키면서도 우수한 연료 경제성으로 고출력을 발생시킬수 있다. 그러나 최근에 배기가스 미립자에 관한 규제가 추가되어 자동차나 다른 경부하 수송용 디젤엔진의 장래에 많은 의구심이 남는다.

이러한 여러 가지 요건들을 해결하기 위해서는 디젤연소를 지배하는 화학반응속도론과 유체역학에 대하여 한 차원 높은 이해가 필요하다.

연료의 경제성과 배출이라는 이중의 요구조건을 만족시키고자 하는 어려움 때문에 여러 가지 다른 유형의 연소기관들이 고려되어왔다.

여기에는 가솔린을 실린더 내로 직접 분사시키는 방식과 스파크점화 방식을 결합시킨 다양한 유형들이 포함된다.

이러한 유형의 엔진들은 노크나 압축착화와 같은 문제를 일으키지 않고 운전되는 능력이 있으므로 매우 다양한 연료를 사용할 수 있을 것이다.

02
연료

연료의 조건

연료의 분석 및 제 특성치

기체연료
기체연료의 특징
기체연료의 종류

액체 연료
액체 연료의 특징
액체 연료의 종류

고체연료
고체연료의 특징
고체연료의 종류 및 분석

제2장

연료

우리들은 이제까지 자신의 생활 유지, 개선 발전을 위해 다량의 열에너지를 필요로해 왔으며, 이의 대부분은 화석연료의 연소열을 이용하고 있다. 많은 에너지 변환 장치에서는 에너지원으로서 화석연료의 화학에너지를 이용하고 있다. 따라서 에너지 변환에서의 화석연료의 활용과 그의 절약을 위해 연료의 연소에 대한 기초적 지식은 필요하다.

2.1 연료의 조건

연료(Fuel)는 그 자체의 내부구조변화 또는 다른 물질과의 상호반응에 의해 화학에너지 및 핵 에너지를 지속적으로 빛이나 열에너지로 변화시키는 물질의 총칭이다. 그러나 연소공학에서는 공기 또는 산소와의 공존하에서 지속적으로 산화반응을 일으켜 빛과 열에너지를 발생하고, 이때 발생하는 빛, 열을 경제적으로 이용할 수 있는 물질을 일반적으로 말한다. 에너지 자원은 지구상에 대량 존재하며, 현재 사용되고 있는 주요 연료로는 90% 이상을 석탄, 석유, 천연가스 등의 화석연료가 차지하고 있다.

연료의 조건으로서는 열에너지 이용면, 연료의 관리면, 경제성, 공해성 등을 고려한 입장에 따라 다르겠지만, 일반적으로 실용상 연료로서는 다음과 같은 조건을 가지고 있어야 한다.

1) 연소가 쉽고, 단위질량당 발열량이 클 것
2) 쉽게, 풍부하게 안정조달이 가능할 것
3) 구입이 용이하고, 가격이 쌀 것
4) 저장, 운반 및 취급이 간편하고 안정성이 높을 것.
5) 연소에 의한 유해물질이 생성하지 않을 것.
6) 사용상 위험성 및 유해성이 없을 것.
7) 부하 변동에 따른 연소조절이 용이할 것

또한, 연료를 분류하는 경우 여러 관점에서 분류할 수가 있다.

1) 초기의 물리적 상태에 의해 고체연료, 액체연료, 기체연료
2) 생산 방식에 따라 천연연료, 인공연료
3) 용도에 따라 가정용 연료, 공업용 연료, 동력용 연료, 가열용 등

〈표 2.1〉 연료와 연소 방법

1차 연료		연소 시의 형태(1차 또는 2차 연료)		
		고체 연료	액체 연료	기체 연료
고체연료	석탄류 무연탄 역청탄 갈 탄 아 탄 이 탄 목 재	석탄류 코크스 반성코크스 아탄코크스 목재 목탄	석탄액화유/타르 (합성연료유) 석탄-유혼합연료 (COM) 석탄-물혼합연료 (CWM) 메탄올	석탄전환가스 코크스로가스 발생로가스 고로가스 수성가스 석탄가스화가스
	오일셸 오일샌드		셸오일	

액체연료	원 유	석유코크스	나프샤 가솔린 등유 경유 중유	석유전환가스 제유소오프가스
기체연료	천연가스 석유가스		메탄올	천연가스 석유가스
연소 방법		화격자연소 미분탄연소 유동층연소	액면 연소 심지 연소 분무 연소 증발 연소	예혼합연소 확산 연소 버너 연소 용기내연소

2.2 연료의 분석 및 제 특성치

연료를 효율 좋게 연소시켜 유효하게 이용하기 위해서는 각 연료의 성분, 화학조성을 자세히 알아야 한다. 예를 들면 연돌에서 아황산 가스등 유해가스가 배출돼 대기오염 공해문제가 생기거나, 보일러의 저온 전열면을 부식시키는 것은 유해 물질을 포함하고 있기 때문이다. 이와 같이 연료 성분은 발열, 연소생성물 등을 결정하기 때문에 연료의 함유 성분 등을 알기 위해서 연료를 분석해야만 한다.

연료를 분석하는 경우 고체, 액체, 기체의 각 연료에 따라 그 방법이 다르지만 일반적인 분석 방법에는 원소 분석, 공업분석, 성분분석이 있다.

고체연료의 경우는 원소분석 및 공업분석이 사용되고 액체연료에서는 원소분석 그리고 기체연료에서는 성분분석이 사용된다.

(1) 공업분석 (Proximate analysis)

이것은 고체연료 분석치의 표시 방법으로 원소분석에 비해 간단히 행할 수가 있다. 이 공업분석은 석탄 중의 성분을 고정탄소, 휘발분, 수분, 회분으로 중량백분율로 표시한다.

결국, **고정탄소 + 휘발분 + 수분 + 회분** = 100%로 표시되고 이 중 고정탄소와 휘발분이 가연물이다. 고정탄소는 석탄의 주성분을 이루며 이것이 많을수록 발열량이 커 연료가치가 높아진다.

이것을 분석하기 위해서는 항습시료를 사용한다.

- **수분** : 항습시료를 107±2 ℃에서 1시간 가열했을 때, 감소된 양과 최초 항습시료와의 중 량비
- **휘발분** : 시료를 노에 넣어 공기와 차단하고, 925±5 ℃에서 7분간 가열했을 때의 감소량.
- **회분** : 항습시료를 공기를 유통시키면서 서서히 가열해, 800±10 ℃로 연소시켰을 때 잔류 하는 무기물의 양.
- **고정탄소** : 고장탄소는 일불어 측정할 필요는 없고, 수분, 회분, 휘발분을 알면 다음 식으로 계산히면 된다.

고정탄소 = 100 − 〔수분(%) + 회분(%) + 휘발분(%)〕 -------(2.1)

(2) 원소 분석(Ultimate analysis)

원소분석은 공업분석과 같은 방법에 의해 조정된 항습시료를 사용해 연료 중의 성분을 화학적 원소로 분석하는 것으로 탄소(C), 수소(H), 황(S), 산소(O_2), 질소(N_2), 회분을 표시한다.

탄소(%)+수소(%)+황(%)+산소(%)+질소(%)+회분(%) = 100(%) --(2.2)

이 중에서 탄소, 수소, 황은 가연물로 탄소가 연료의 주성분이다. 원소분석의 결과는 연료의 성질을 판정하기 위해 필요할 뿐 만 아니라, 연소계산, 열정산을 정확히 하기 위해서도 꼭 필요하다.

(3) 성분 분석(Constituent analysis)

이것은 기체 연료의 성분을 측정할 때 사용되는 것으로 분석 방법도 매우 복잡하다. 측정성분은 탄산가스(CO_2), 탄화수소(HC), 산소(O_2), 일산화탄소(CO), 수소(H_2), 메탄(CH_4) 등이고 나머지를 질소로 하는 것이 일반적이다. 이 성분 분석 결과는 기체 연료의 성질을 판정하기 위한 것만이 아니고, 연소계산 및 열정산에 필요하다.

(4) 착화온도(Ignition temperature)

일상 생활에서 물질을 태우는 경우 성냥, 라이터 등으로 화염을 만들고, 이 화염으로 물질에 불을 붙여 태운다. 그러나 가연물에 성냥불을 사용하지 않고도 공기 중에서 연료의 온도를 상승시켜 어느 온도에 달하면 연소하기 시작한다. 이와 같이 성냥같은 점화원으로 점화하지 않아도 연료가 연소를 시작할 때의 온도를 **착화온도, 발화온도**라 한다. 즉 공기 중에서 온도를 올려가면 어느 온도에 도달하면 급격히 반응이 진행하여 온도가 급속히 상승해 연소를 시작한다. 이 현상이 착화이고, 이 때 연료의 온도가 착화온도이다.

가연물은 이 착화온도 이상이 되어야 연소하기 시작하며, 이때 발생하는 열에 의해 착화온도 이상의 온도가 유지될 때 연소가 계속되지만 착화온도보다도 온도가 내려가면 연소는 정지한다.

착화온도는 각각의 연료의 종류, 주위의 산소, 공기 상황 등에 의해 변하지만 연료의 성분으로 본다면 일반적으로 휘발분이 많을수록 착화온도가 낮다.

각 연료의 착화온도 개략치를 〈표 2.2〉에 보인다.

〈표 2.2〉 각종 연료의 공기중에서의 착화온도

연료의 종류		착화온도(℃)	연료의 종류		착화온도(℃)
고체연료	목탄	320-400	기체연료	석탄가스	650-750
	역청탄	320-400		발생로가스	700-800
	무연탄	440-500		천연가스	650-750
	코크스	450-600	원 소	탄소	약 800
액체연료	가솔린	300-320		수소	530
	석유원유	400-450		메탄	645
	중유	530-580		프로판	510

(5) 인화점 (Flash point)

액화는 점화원 가까이에서 충분한 속도로 증발하여 연소하한농도에 이른다. 증발속도는 액체의 온도에 지배되며, 액체의 온도가 상승할수록 분자의 운동이 활발해서 내기 중으로 이동한다.

점화는 표면농도가 연소하한에 도달할 때 가능하며, 이 농도에서의 표면온도를 인화점이라 한다.

휘발분이 있는 기체연료나 액체연료는 점화원이 가까이 있으면 낮은 온도에서도 연소가 일어난다. 이와 같은 현상을 인화라 하며, 이것은 휘발성 물질은 낮은 온도에서도 증발해 공기와 혼합해 가연성 혼합기체를 만들기 때문이다. 즉 연료가 공기와 가연혼합기를 생성하기 위해 충분한 증기를 방출하는 최저온도로 정의한다. 인화점은 증기압과 밀접한 관계가 있으며, 증기압이 높을수록 인화점은 저하한다. 일반적으로 등유의 인화점은 가연성의 지표가 되며, 중질유의 인화점은 휘발성의 지표가 된다.

이 때 화염을 액체연류에서 멀리하면 연소가 정지하는 경우가 있지만, 일반적인 연료는 일단 점화하면 그 연소열에 의해 연료의 온도가 상승해서 착화온도에 달하고, 연소를 계속하는 것이 많다. 따라서 인화점은 화재 예방상 중요한 인자이다.

(6) 유동점(Pour point)

시료가 유동하지 않게 되는 최고온도(응고점)보다 2.5℃ 높은 온도를 유동점이라 하며, 이것은 연료의 수송 및 미립화에 크게 영향을 미친다.

(7) 탄소/수소비

석유계 연료에서 연소에 필요한 공기량 및 발열량에 관계되는 중요한 수치로 중질인 연료일수록 C/H는 커진다.

(8) 발열량(Calorific value)

연료의 가치는 일반적으로 발열량의 크기에 의해 결정된다. 일정 질량의 연료를 완전 연소시켰을 때 생기는 전 열량을 연료의 발열량이라 하며, 연료의 발열량은 일반적으로 고체, 액체연료에서는 중량단위 1kg당 발생 열량(kcal/kg), 기체연료에서는 단위체적당 발생 열량(kcal/㎥)으로 표시된다.

2.3 기체연료

2.3.1 기체연료의 특징

기체연료란 주로 가연성 가스로 된 상온에서 기체인 연료이다. 기체 연료로는 지하에서 바로 얻어지는 1차연료로 천연가스, 석탄가스가 있고, 액체, 고체연료에서 얻어지는 2차연료로 석탄전환가스, 석유전환가스가 있다.

기체연료의 주성분이 되는 가연성 가스로서는 일산화탄소, 수소, 메탄, 에탄, 에칠렌, 프로판, 부탄 등이 있고, 이들 가연성 가스 외에 탄산가스, 질소, 산소, 수증기 등을 포함하고 있다.

기체연료는 가스원으로부터 연소기 및 연소장치에 공급이 용이하며, 회분이나 유해성분이 거의 없이 완전연소가 가능한 좋은 장점을 가지고 있다. 또한 기체연료는 비열이 적기 때문에 예열에 의한 열효율의 상승 및 화염온도의 상승이 비교적 쉬우며, 공기와의 혼합비율을 임의로 조절 할 수 있어 연소기 및 연소장치의 온도제어도 용이하고, 용도에 따라서 연소분위기를 산화성 및 환원성으로 변화시킬 수 있는 이점도 가지고 있다. 그 외에도 연료의 성분을 알면 발열량이나 비열, 연소계산이 용이한 점도 있다.

한편, 기체연료는 단위질량당 체적이 액체연료나 고체연료에 비해 대단히 크기 때문에 다량으로 사용하는 경우에는 수송이나 저장의 면에서 불편하고, 비교적 고가이기 때문에 종래에는 고급 용도에만 조금씩 사용한 것이 많았지만, 연료의 연소에 의한 대기오염방지의 관점에서 보면 기체연료는 그 성상에서 가장 좋은 깨끗한 연료이다. 따라서 대기오염이 심각한 문제로 되고 있는 최근에는 그 가치가 재평가되어 다용도에 사용될 것이 확실하다.

기체연료는 천연가스를 제외하면 석유나 석탄등, 다른 연료로부터 인공적으로 제조한 것이 많다.

고체, 액체연료에 대한 기체연료의 특징은 다음과 같다.

1) 적은 과잉공기로 완전연소가 가능하여 연소효율이 높다.

2) 연소성이 좋고, 사용하기가 용이하다.

3) 연소효율이 높고, 매연이 발생하지 않는다.

4) 연소의 조작, 조절이 쉽고 자동제어 연소장치에 적합하다.

5) 부하변동 범위가 넓고, 고온을 얻을 수 있다.

6) 하나의 가스원으로부터 다수의 연소기에 공급이 용이하다.

5) 연소 후 회분, 유해성분이 남지 않는 완전연소가 가능하다.

6) 휘염이 발생이 적어 방사열이 적다.

7) 수송, 저장, 취급이 곤란하고, 시설비가 많이 든다.

8) 취급시 폭발 위험성이 있다.

2.3.2 기체연료의 종류

기체연료에는 지하에서 채취되는 1차연료로서 천연가스와 석유나 석탄을 원료로하여 인공적으로 제조한 가스 및 석유정제, 제철 공정중에 발생한 가스등의 2차 연료가 있다. 〈표 2.3〉에 각 종 기체연료의 일반적인 성질을 나타낸다.

〈표 2.3〉 기체연료의 중요한 성상(0℃, 1기압)

분 류	비중 (공기=1)	고발열량 (kcal/㎥)	착화온도 (℃)	연소범위 (1at,vol%)	연소속도 (cm/s)	최고화염 온도(℃)
일산화탄소	0.9663	3,036	580-650	12.5-75	43.0	2,182
수소	0.0696	3,055	580-600	4.1-75	292.0	2,182
메탄	0.5533	9,498	650-750	5.0-15	37.4	2,005
에탄	1.0371	16,516	520-540	3.0-14	43.7	2,043
에틸렌	0.9675	14,892	525-540	3.0-33.3	75.3	2,155
프로판	1.5210	23,560	505-510	2.1-9.5	43.0	2,120
부탄	2.0047	30,620	430-490	1.5-8.5	41.7	2,130

(1) 천연가스(Natural Gas)

천연으로 지하로부터 산출되어지는 가연성가스를 말하며, 성분은 산지 및 시기에 따라 다르지만, 메탄을 주성분으로 하는 비교적 발열량이(36−48MJ/Nm^3) 큰 기체연료이다.

이것은 연소시키기 쉬울 뿐만 아니라 연소가스에 의한 대기오염도 크게 문제가 되지 않는 청정연료이다. 수송 및 축적기술의 발달로 산지로부터 먼 곳은 액화천연가스 (liquefied natural gas ; LNG)로 변화시켜 수송하기도 하고, 또한 파이프라인을 이용하여 수송이 가능하게 되었다. 천연가스는 산출의 형태에 의해 유전계가스, 수용성가스, 석탄계가스로 분리된다.

유전계가스에는 원유 중에 용해되어 있던 것이 원유 채취시 분리되어 나오는 석유수반가스 및 석유층 위의 가스층에 존재하는 구조성가스가 있다. 석유수반가스는 메탄, 에탄, 프로판 및 부탄과 같이 파라핀계 탄화수소를 포함한 습성가스(wet gas)이며, 발열량이 크고 액화석유가스를 채취할 수 있는 것이 많다.

수용성가스는 지하수에 용해되어져 있으며 (1m^3의 지하수중에 1Nm^3전후), 가연성분은 거의가 메탄이며 건성가스에 속한다.

석탄계가스는 탄전지대의 탄전가스 및 탄광 가스로, 메탄을 주성분으로 하고 있으며 고급계탄화수소를 거의 포함하고 있지 않다.

이와 같은 천연가스는 타 기체연료보다도 다음과 같은 좋은 특성이 있다.

1) 고칼로리이다. (9,000-11,000 Kcal/m^3)

2) 황성분을 포함하지 않아 SOx에 의한 대기오염이 발생치 않는다.

3) 설비가 간편하다. 수요자에 파이프로 공급되어 저장설비가 불필요하고, 밸브개폐로 수시 사용 가능, 취급이 간편하다

4) 메탄이 주성분이다.

5) CO를 포함하지 않아 일산화탄소 중독의 위험이 없다.

〈표 2.4〉 각종 천연가스의 성분(%)

종류 \ 성분	CH_4	C_2H_6	C_3H_8	C_4H_{10}이상	CO_2	O_2	N_2+Ar
유전가스	75.80	8.83	2.91	11.96	-	0.50	0.00
수용성가스	99.68	0.16	-	-	0.04	-	0.12
탄전가스	96.80	2.02	0.10	-	0.49	0.10	0.49

(2) 액화천연가스(Liquefied Natural Gas, LNG)

액화천연가스는 천연가스를 탈황, 탈탄산가스 처리 등 불순물을 제거한 후, -160℃ 정도로 냉각해 액상으로 한 것으로, 천연가스는 액화하므로서 그 체적이 약 1/600로 감소되어 수송저장이 매우 간편해진다.

(3) 액화석유가스 (Liquefied Petroleum Gas, LPG)

정유소에서 증류, 열분해, 접촉 개질등의 과정 중 부산물로써 발생하는 가스, 석유화학공장에서 원유 나프사의 분해에 의해 발생하는 가스 혹은 석유에 수반하여 분출하는 가스를 가압 액화한 것이다. 이것은 탄소수가 3내지 4의 탄화수소(C_3H_8, C_3H_6, C_4H_{10}, C_4H_8)을 주성분으로 하는 연료이며, 상온에서는 기체이지만, 이 기체를 6-7kg/㎠ 정도로 가압하면 액화한다. 액체석유가스는 저장 및 수송이 편리한 액체연료의 성질과 또한 사용에 편리한 기체연료의 특징을 가지고 있다.

액화석유가스의 용도는 가정용과 영업용이 대다수를 점유하고 있으며, 화학연료, 공업용연료, 도시가스용, 자동차용등으로 사용되고 있다. 유해성분을 거의 포함하고 있지 않으며 발열량이 높다.

(4) 석유계가스

석유계가스로는 석유가스(Oil gas)와 오프가스(Off gas)가 있다. 석유가스는 석유계연료를 저분자화하여 얻는 연료로서, 저분자화의 방법으로는 열분해, 부분연소, 접촉수증기분해, 수소첨가 분해등의 방법이 있다. 연료로써는 원유, 중유, 등유, 나프사, LPG, 정유소에서 나오는 오프가스등이 널리 이용되어지고 있다.

한편, **오프가스(Off gas)**는 석유화학공업의 나프사 분해공정에서 생기는 석유화학 오프가스와 정유공정에서 나오는 여러가지의 가스에 접촉분해, 접촉개질, 상압증류등을 하여 제조되는 정유소오프가스가 있다. 석유계가스의 성분을 〈표 2.5〉에 나타낸다.

〈표 2.5〉 각종 제조가스의 성상

가스의 종류		성 분 (vol%)							고위 발열량	저위 발열량
		H_2	CO	CH_4	CnHm	CO_2	N_2	O_2	(MJ/m^3)	(MJ/m^3)
석유계가스	석유가스(열분해)	20	7	28	35	3	6	1	40.5	36.7
	석유가스(접촉분해)	48	15	16	12	8	1	0	22.8	20.5
	오프가스(제유소)	28	0	55	17	0	0	0	37.5	33.6
	오프가스(석유화학)	63	3	13	0	21	0	0	13.6	11.8

석탄계가스	석탄가스(코크스로)	52	7	31	4	2	4	미량	22.7	20.1
	발생로가스(석탄)	12	26	4	미량	5	53	미량	6.4	6.0
	발생로가스(고로)	2	25	미량	0	16	57	미량	3.4	3.4
	수성가스(불수성)	52	38	0	0	5	5	미량	11.4	10.4
	석탄화가스	38	24	10	0	28	0	미량	11.9	10.7
도 시 가 스		27	4	5	4	4	23	3	20.7	18.5

(5) 석탄계가스

석탄계가스는 석탄을 건조하거나 불완전연소하여 얻는 기체연료로써 제조방법에 의해 석탄가스, 발생로가스, 수성가스 등이 있다.

석탄가스(coal gas)는 석탄을 1400−1500K의 고온에서 건류할 때 얻어지는 가스를 말하며, 건류가스 중에는 연료 성분외에 유화수소, 암모니아, 타르류가 포함되어 있기 때문에 가스의 냉각 이외에 탈황, 물 및 경유에서의 세정 등의 공정이 필요하다.

성분은 원료탄 및 제조방법에 의해 다소 다르지만, 수소(50~55%), 메탄(20~30%), 일산화탄소(6−12%)외에 고급탄화수소, 이산화탄소, 질소, 수증기등을 포함하고 있으며, 발열량은 21MJ/Nm^{3}전후이다. 보일러 및 도시가스 원료로 사용되어지고 있다.

(6) 발생로가스(Producer Gas)

석탄 및 코크스등을 공기와 소량의 수증기등으로 불완전 연소시켜 얻은 기체연료로, 가연성분은 일산화탄소(25−30%)와 수소(10−15%) 및 소량의 메탄이다. 이 가스는 제조법상 다량의 질소를 포함하고 있으며, 발열량은 6MJ/Nm^3 으로 낮다. 그러나 휘발분이 적고 빌열을 이용하여 예열히면 고온가열에도 사용가능하다. 또한, 비교적 간단한 발생 설비로 일정 성분의 가스를 연속적으로 제조할 수 있는 잇점도 있다.

용광로에서 선철을 제조할때 부수적으로 발생하는 **고로가스(blast furnace gas)**도 일종의 발생로 가스이지만, 가연성분으로 일산화탄소(23−30%)이외에는 다량의 질소(약 60%)와 이산화탄소(10−18%)를 포함하고 있기 때문에 발열량은 4MJ/Nm^3 정도로 낮다. 이 때문에 실제 사용할 때에는 석탄가스와 혼합하여 이용하는 경우가 많다.

(7) 수성가스(Water Gas)

백열(1200K)된 석탄 또는 코크스에 수증기를 통과시켜 얻는 기체연료로서, 수소(45–50%)와 일산화탄소(40–45%)를 주성분으로 하는 단열화염온도가 높은 연료이다. 연소시키면 청백의 화염이 발생하기 때문에 블루수성가스라고도 한다. 이 연료는 흡열의 수성가스반응($C+H_2O \rightarrow CO+H_2$)을 이용하여 제조되기 때문에 반응의 진행과 동시에 고체연료의 온도저하가 발생하여 반응을 유지할 수 없게 되므로 간헐적으로 공기를 주입하여, 탄소의 연소열로 온도를 높여야 한다. 이 때문에 설비비 및 조업비가 높아 연료로써 이용하기 보다는 수소가스제조, 화학공업용원료가스(암모니아 제조용의 수소원 및 메탄올의 합성용 원료)로써 사용되어지는 경우가 많다.

(8) 도시가스(City Gas)

이것은 각종 기체연료를 적당히 혼합하여 각 사업소 및 가정으로 파이프라인을 통해 보내어지는 가스이다. 가스 조성은 도시, 계절, 장소, 수요 등 환경에 따라 다르므로 가스기구에 대한 가스의 호환성이 중요하다. 주 가열성분으로서는 연소속도가 빠른 수소와 일산화탄소, 발열량이 큰 메탄 및 탄화수소계 등이 사용되며 현재 우리나라에서는 프로판과 LNG가 많이 사용되고 있다.

〈표 2.6〉 기체연료의 주요 성상

연료명	주요 성분	고위 발열량 (MJ/m^3)	저위 발열량 (MJ/m^3)	용도
천연가스	CnH_{2n+2}, CO_2	~45	~41	도시가스용,공업로용,기관용
석탄가스	H_2, CnH_{2n+2}, CO	~21	~19	도시가스용,보일러용
발생로가스	CO, H_2, N_2	~ 6	~ 5	도시가스용,공업로용
수성가스	H_2, CO, N_2	~11	~10	원료가스용
고로가스	CO, CO_2, N_2	~ 4	~ 4	보일러용,공업로용
석유가스	H_2, CnH_{2n+2}, CnHm, CO	13~40	12~37	도시가스용

〈표 2.7〉 도시가스의 성상

회사명	주 요 가 스 성 분										비중
	H_2	CH_4	C_3H_8	C_2H_6	C_4H_{10}	N_2	CO	CO_2	O_2	기타	
서울	-	89.39	1.22	8.61	0.32	0.04	-	-	-	0.01	0.62
인천	-	89.39	1.22	8.61	0.32	0.04	-	-	-	0.01	0.62
부산	7.9	45.18	30.56	0.02	0.06	-	0.84	15.42	-	-	0.965
대구	-	-	54.0	-	6.0	31.6	-	-	8.4	-	1.33
전북	-	89.39	1.22	8.61	0/32	0.04	-	-	-	0.01	0.62

2.4 액체 연료

2.4.1 액체 연료의 특징

액체 연료는 상온, 대기압에서 초기의 물리적 상태가 액상인 연료를 말한다. 일반적으로 석유계 연료가 주체이며, 유전에서 채굴된 원유를 증류, 개질, 분해, 정제과정을 거처 용도에 맞게 제조된다. 유동하기 쉽기 때문에 연료의 공급이나 연소량의 조절, 연소기 및 연소 장치의 온도 조절, 부하 변동에 대한 적응성은 기체 연료의 이점과 공통점이 많다. 또한 액체 연료는 기체 연료에 비해 밀도가 크기 때문에 저장에 큰 장소가 필요없고, 연료의 운송도 간단하며, 배관 공사 등의 비용도 적게 든다. 그리고 액체 연료는 단위 질량 당 발열량이 크기 때문에 연소 장치 자체를 소형으로 할 수 있으며, 연소 후의 회분, 유해 성분의 잔류 및 이것들에 의한 연소 장치의 오손이 적다. 또한 비교적 저가격으로 안정하게 공급되며, 품질에도 큰 차이가 없는 이점이 있다.

그러나 중요한 액체 연료인 석유는 국내에서의 산출이 없어 전량을 수입에 의존하지 않으면 안된다는 점과, 대기오염의 원인이 되는 유황분을 제거해야 하는 단점이 있다.

액체연료는 고체연료에 비해 다음과 같은 이점이 있다.

1) 품질이 안정되어 있다.
2) 체적당 발열량이 크다.
3) 수송, 저장 등이 편리하다.
4) 저장 중에 변질이 적다.
5) 회분 및 수분이 매우 적다.
6) 적은 과잉공기로도 완전연소가 가능하다.
7) 연소 조절이 용이하다.

2.4.2 액체 연료의 종류

액체 연료는 대부분은 석유계연료이며, 그 주성분은 탄화수소이다. 탄화수소는 파라핀계(C_nH_{2n+2}), 나프텐계(포화환상화합물, C_nH_{2n}), 방향족계(C_nH_{2n-6}), 오레핀계(C_nH_{2n}), 알루킨계(아세틸렌계) (C_nH_{2n-2})로 대별하며, 각각 특유의 성질을 가지고 있다. 이외의 액체 연료로서는 석탄으로부터 제조한 연료나 알콜류가 있다.

(1) 원유(Crude Oil)

천연으로 산출하는 액체의 탄화수소로 흑갈색을 띤 석유계 연료를 말하며, 이 원유로부터 얻어진 가솔린, 등유, 경유 및 각종 증류 정제품을 총칭해 석유라 한다. 원유가 어느계의 탄화수소를 주성분으로 하고 있는가에 따라 파라핀기원유, 나프텐기원유, 중간기원유(앞의 두개의 중간), 특수원유(방향족이 많은 것)의 4종류로 분리된다.

원유의 조성은 산지에 따라 다소 다르지만, 대략 탄소(75-90%), 수소(8-25%), 산소(0-3.3%), 질소(0-2%), 황(0-5%)이고, 발열량40-50 MJ/kg 정도이다. 또한 분류에 의해 가솔린(비점 320-470K), 등유(450-570K), 경유(470-600K), 중유(520-630K) 등으로 비점이 낮은 순으로 정제된다. 이와 같이 원유를 처리해서 각종 석유 제품을 제조하는 공정을 석유 정제라 하며, 이것은 원유의 성분을 분리하는 증류와 분리한 것을 사용 목적에 맞도록 물리적, 화학적인 처리를 하여 최종적인 제품을 만드는 정제로 되어 있다.

〈표 2.8〉 석유제품의 종류와 용도

연 료	주성분	비점범위 (℃)	비중	고발열량 (MJ/kg)	용도
나프샤	C, H	〈 250	0,65-0.75	46.1	원료, 가스화, 제트연료
가솔린	C, H	〈 200	0.65-0.75	46.1	가솔린기관
등유	C, H	180~300	0.79-0.85	41.9	가정용연료, 제트연료
경유	C, H	250~360	0.83-0.88	41.9	고속디젤기관
중유	C,H(O,S)	〉 350	0.83-0.97	37.7-41.9	디젤기관, 일반용연료

(2) 나프타(Naphtha)

이것은 거친 가솔린 또는 중질가솔린으로 불러지는 석유성분의 하나로 가솔린과 등유의 중간 정도의 성분을 가지고 있다. 나프타는 옥탄가가 낮기 때문에 내연기관용 연료보다는 가솔린 조합 원료 및 석유 화학 공업용 원료로써 이용되어지는 경우가 많다. 나프타의 성상을 구성하고 있는 탄화수소의 종류에 의해 파라핀계, 나프텐계 및 방향족 계가 있으며, 240℃에서 96% 이상 유출하는 성분이다.

(3) 가솔린(Gasoline)

나프샤와 같은 비점의 석유제품이나, 조성상 내연기관에 적당하도록 제조된 경질 석유제품으로 휘발유라 한다. 이것은 제조 방법에 의해 습성천연가스로부터 분리되는 천연가솔린(natural gasoline), 원유의 정유에 의해 제조되는 직류가솔린(straight-run gasoline), 가압하에서 중질석유잔분을 분해하여 제조하는 분해가솔린(cracked gasoline), 직류가솔린의 개질에 의해 제조되는 개질가솔린(reformed gasoline), 저급 올레핀계 탄화수소를 중합시켜 제조하는 옥탄가가 높은 중합가솔린(polymer gasoline) 등이 있다. 비중은 0.65-0.75, 발열량은 46MJ/kg 정도이다.

(4) 등유(Kerosene)

원유를 분류할 때, 150-300℃에서 유출하는 유분을 말하며, 주성분은 데칸($C_{10}H_{22}$)에서 헥사데칸($C_{16}H_{34}$)까지의 탄화수소이다. 등유는 등불용으로 상당히 중요한 석유 제품이었기 때문에 지금도 이것을 석유라고 불려지고 있다. 등유는 난방 및 주방용, 석유발동기용, 제트 연료의 원료, 등불용, 기계세정용 및 석유유제의 원료로써 이용되어지고 있다. 가정용 연료로서는 연소 가스를 실내에 방출하기 때문에 잘 정제된 연소하기 쉬운 파라핀계 탄화수소를 주체로 한 백등유를 사용하며, 일반적으로 농업용기기에는 다등유를 사용하고 있다.

(5) 경유(Light oil)

원유의 200-350℃사이에서 유출하는 유분으로, 경유는 석유기관이나 고속 디젤 기관 연료, 수성가스 발열용, 석탄가스 중의 액화 성분 회수용 및 분해가솔린 제조용 등에 이용되어지고 있다. 고속 디젤용 연료에 대한 품질은 엄격하기 때문에 경유의 품질은 세탄가가 높고, 착화성이 좋고 또한 부식 성분을 포함치 않는다. 비중은 0.83-0.88, 발열량은 42MJ/kg 정도이다.

(6) 중유(Heavy oil)

중유에는 직류중유, 분해중유, 혼합중유의 3가지가 있다. 직류중유는 상압잔유 혹은 감압하에서 증류하여 경질분을 유출한 후의 감압잔류를 가르킨다. 또한 분해중유는 가열 분해에 의해서 직류중유를 분해하여 가솔린을 뽑아낸 잔류 및 접촉분해에 의해 가솔린을 제조한 잔류를 말한다. 접촉 분해에 의한 잔류는 오페핀 및 유리탄소를 많이 포함하고 있어 불안정하기 때문에 직류중유와 혼합하여 사용하는 경우가 많다. 이것을 혼합중유라 한다.

일반적으로는 A,B,C중유로 분류하는데 A중유는 유황분, 회분이 적고 점성이 작아 요업용, 도제련용, 소중형저속디젤기관용으로 사용된다. B중유는 수분, 유황분점성, 잔류탄소분이 비교적 적어 대형저속디젤기관용 및 소구기관용 연료로 사용된다. C중유는 수분, 회분, 유황분이 많고 점성도 커 가열로용, 화력발전용 연료로 사용된다.

(7) 알콜 연료(Alcohol)

알콜 연료에는 메탄올 및 에탄올이 있다. 이중 메탄올은 천연 가스 및 석탄으로부터도 제조가 용이하며 국내 에너지로의 전환, 석유 수입 감소에 의한 무역수지 개선에 기여할 수 있다. 그리고 메탄올의 제조기술은 공업적으로 확보되어져 있는 상태이다. 현재의 자동차, 보일러, 발전용 가스터빈 등에는 대폭적인 개조없이도 이용이 가능하며 메탄올의 특성을 살린 시스템의 개발에 의해 고효율로 이용할 수 있다. 메탄올은 옥탄가가 높고, 매연 및 NOx의 발생이 적기 때문에 석유 대체에너지로서 주목을 받고 있으나, 단위질량당 기화열은 가솔린의 약4배이고, 연소열은 약 절반이다.

특히 최근에는 대기오염 방지책의 하나로써 자동차용 연료에 메탄올 및 메탄올/가솔린 혼합연료를 도입하는 것이 검토되어지고 있으며 연구가 진행되고 있다.

2.5 고체연료

2.5.1 고체연료의 특징

고체의 상태로 사용되어지는 연료를 말하며, 식물계의 가연물이 그 주체이다. 고체연료에는 천연 그대로 사용하는 (1차연료) 목재, 역청탄, 무연탄등과 이 들로부터 가공된(2차연료) 목탄, 코크스 등이 있다. 이것은 기체연료 및 액제연료에 비해 다음과 같은 특징이 있다.

1) 연소시 분무로 인한 소음 발생이 없다.

2) 연료 누실시 폭발, 역화의 위험성이 없다.

3) 화염에 의한 국부가열이 없다.

4) 연소장치가 간단하다.

5) 저장 및 취급이 용이하다.

6) 연소기 및 연소장치에 공급이 불편하다.

7) 부하변동에 대한 적응성과 연소 조절이 곤란하다.

8) 연소시 다량의 공기가 필요하며, 이로 인한 배기손실이 크고, 열효율이 낮다.

9) 단위질량당의 발열량이 낮다.

10) 유해연소생성물에 의한 연소장치의 오손 및 대기의 오염, 연소기의 회분 및 유해성분의 처리를 위한 큰 부대설비가 필요하다.

이와 같이 고체연료는 기체연료나 액체연료에 비해 많은 결점을 가지고 있지만, 저공해화 및 고열효율을 위해 미분탄 연소법 및 유동층연소법 등의 여러가지의 연소기술 연구가 진행되고 있다.

2.5.2 고체연료의 종류 및 분석

고체연료는 식물계의 가연물이 주체로 천연의 상태에서 이용할 수 있는 석탄, 아탄, 목재 외에 이들을 건류하여 제조한 코크스, 목탄 및 연탄과 같은 가공탄 등이 있다. 〈표 2.9〉에 공업용으로 이용되고 있는 고체연료의 일반적 성상을 나타낸다.

(1) 석탄(Coal)

석탄은 식물이 지하에 매몰되어 지열 및 지압에 의해 석탄화작용을 받아 수분, 탄산가스, 메탄 등을 방출하고 산소함유량을 감소시키고 탄소분이 풍부한 물질로 되어져 있다. 석탄은 크게 갈탄(착화온도 : 520-720K), 역청탄(600-720K), 무연탄, 아탄 및 이탄으로 분류하고 있다.

〈표 2.9〉 고체연료의 일반적인 성상

종류	주성분	고위 발열량 (MJ/kg)	저위 발열량 (MJ/kg)	용도
석탄	C, H, O(N,S)	19-35	17-34	보일러, 요로용, 가스 및 코크스 제조용, 난방용
아탄	C, H, O(N,S)	10-24	8-17	보일러용, 건류용
목탄	C, H, O	12-21	12-15	난방용, 주방용
코크스	C (H,O,N,S)	27-30	26-30	제철용, 용선용, 가스제조용
목탄	C (H,O)	28-31	28-31	난방용, 주방용
연탄	C (H,O,N,S)	15-32	15-32	난방용, 주방용, 공업용

석탄의 분류를 〈표 2.10〉에 나타낸다. 석탄의 주성분은 탄소 ,수소 산소 이며, 석탄화의 진행과 함께 그들의 함유량의 비를 〈그림 2.1〉에 나타낸다. 역청탄까지는 수소분의 변화는 거의 없고, 탄소분이 증가하여 산소분이 감소하는 경향이 있시만, 역청탄 이하에는 수소뷰과 산소분이 감소하고 탄소분이 증가하는 경향이 있다.

〈표 2.10〉 석탄의 분류

석탄의 종류		고정탄소 (%)	휘발분 (%)	연료비	점결성	연소 상태
무연탄	무연탄	92.3 이상	3-7	12 이상	없음	청색 단염
	반 무연탄	87.5-92.3	9-13	7-12	없음	매연이 적은 단염
역청탄 (유연탄)	반 역청탄	75.0-87.5	14-19	4-7	약점결 -없음	빛나는 단염
	고도역청탄	65.7-75.0	27-35	1.8-4	점결	매연있는 장염
	저도역청탄	50-65.7	32-52	1-1.8	약점결 -없음	매연있는 장염
갈탄	흑색 갈탄	50 이하	50 이상	1 이하	없음	매연있는 장염
	갈색 갈탄	50 이하	50 이상	1 이하	없음	매연있는 장염

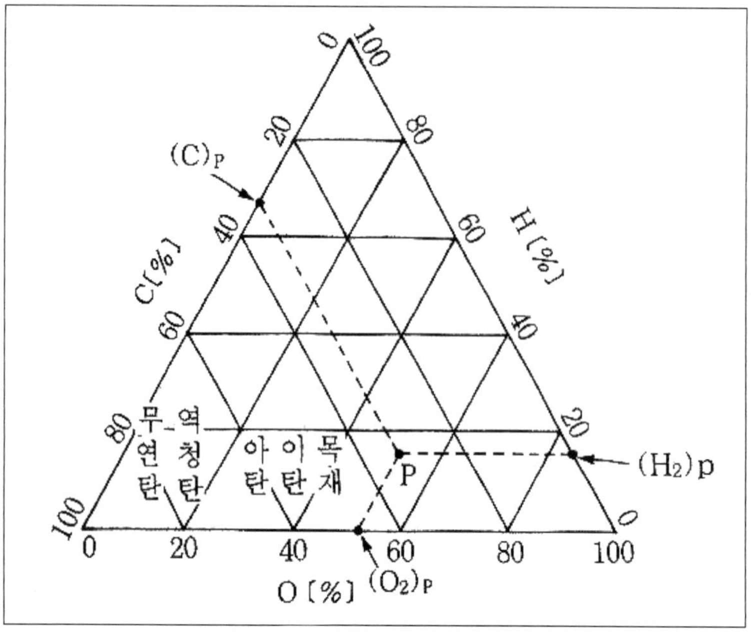

〈그림 2.1〉 고체연료의 3원도

(2) **아탄**(Brown Coal, Lignite)

이것은 석탄분류상에서는 갈탄의 일종이지만, 외관이 갈색 혹은 흑갈색이기 때문에 일반적으로는 석탄으로서 취급하지 않는다.

아탄은 발열량이 10-24MJ/kg으로 낮을 뿐만 아니라, 다량의 수분을 함유하고 있기 때문에(채탄시 30-40%, 천일건조후 10-30%) 유효하게 이용할 수 있는 열량이 낮은게 결점이다. 그러나 착화가 용이하고, 연소속도가 큰 특징이 있다.

(3) **이탄**(Peat)

이탄은 채광시에 40-70%의 수분을 포함하고 있어 연료로써 사용할 수 없지만, 대기 중에서 1-2개월 건조하면 수분은 20-30%까지 감소하여 연료로써 이용할 수 있다. 발열량은 건조상태에서 15-17MJ/kg으로 낮고, 연소시에는 악취 및 매연이 발생하기 쉬워 저융점(1500K 전후)의 재가 연소기내의 전열관 및 노면에 부착하여 장해를 일으키기 쉬운 단점이 있다.

(5) 코크스 (Coke)

이것은 고온(1300K)에서 석탄을 건류하고, 탄소입자를 상호 점결시킨 다공질괴상의 고체연료이다. 석탄에 비해 화력이 강력하고 매연이 나지 않는 이점이 있다. 제조방법에 따라 코크스로코크스, 비하이브 코크스, 레트루트코크스로 분리 되어진다. 앞의 두 종류는 코크스를 주산물로서 만들어져, 성질이 우수하기 때문에 야금 및 제철에 이용되어진다. 주성분은 탄소, 수분, 회분, 휘발분, 황 등이 작은 것이 양질의 코크스이다.

이들의 대표적인 코크스의 분석치를 〈표 2.11〉에 나타낸다.

〈표 2.11〉 코크스의 분석치

	수분 (wet%)	회분 (wet%)	휘발분 (wet%)	고정탄소 (wet%)	황 (wet%)	고발열량 (MJ/kg)
주물용코크스	0.2-0.3	10-14	1-3	약 85	0.5-0.7	27-29
제철용코크스	0.3-0.6	15-18	2-4	80-85	0.5-0.6	약 27
가스코크스	2-3	17-18	3-6	약 75	1.0 내외	26-27

(6) 목탄(Charcoal)

목재를 건류하여 만든 것으로 발열량이 28−31MJ/kg이며, 제조방법에 의해 백탄과 흑탄이 있다. 백탄은 떡갈나무와 같이 단단한 나무를 원료로 하며, 화력이 강하다. 그러나 착화온도가 약 730K로 흑탄에 비해 100K 정도 높다. 한편 흑탄은 상수리나무 졸참나무, 소나무 등의 연목을 원료로 하며, 건류온도는 970−1070K이다. 착화성은 좋지만 불을 오랫동안 유지할 수 없는 단점이 있다. 목탄은 주로 난방 및 주방용으로 이용된다.

(7) 연탄 (Briquette)

이것은 탄소질연료의 분밀에 점결제를 가하여 가열압축 성형한 가공탄으로, 원료로써는 석탄, 코크스, 목탄등이 사용되며, 점결제로써는 피치, 폐밀당, 펄프폐액

등이 이용되고 있다. 연탄은 형상, 성질, 크기등을 임으로 조정할 수 있으며, 발열량은 27-32MJ/kg 정도이며, 가정용으로는 27MJ/kg 이하가 보통이다.

연습문제

1. 연료의 정의 및 선택할 때 고려하여야 할 점을 논하시오.

2. 기체연료, 액체연료 및 고체연료의 특정을 논하시오.

3. 알코올 연료의 특징에 대하여 논하시오.

4. 연료의 분석방법에 대해 논하시오.

5. 기체연료의 종류를 들고 간단히 논하시오.

6. 액체연료의 종류를 들고 간단히 논하시오.

7. 고체연료의 종류를 들고 간단히 논하시오.

03

연소반응의 기초

연소의 개요

연소의 정의 / 연소의 형태

연소 반응

가연원소의 반응 / 연소반응 / 소반응 속도 / 화염중의 이온생성

발열량

고체 및 액체연료의 발열량 / 기체의 발열량

연소계산

공기와 연료의 혼합기체 표시 / 이론산소량 및 이론공기량 /
실제 공기량 및 공기비 / 연소가스량

연소온도

이론연소온도 / 단열평형연소온도 / 실제연소온도 / $(CO_2)max$

열효율

열정산

열정산의 방법

제3장

연소반응의 기초

3.1 연소의 개요

연소현상은 유동상태, 전열, 확산, 혼합 등의 물리적 현상과 화학반응, 발열등 화학적 현상의 매우 복잡한 과정이 아주 짧은 시간에 이루어진다. 그래서 연소공학이 타학문에 비해 그 현상 규명이 어렵고, 학문 발전이 늦어져왔다.

가연성물질과 산화제가 적당한 비율, 농도로 혼합해야 비로소 연소반응을 개시할 수 있고, 연소 개시 후 연소에 의해 발생한 열에 의해 주위의 미연소부분이 가열되면서 연소조건을 만들어 연속적인 연소반응을 일으킨다. 산화제가 달라도 본질적으로 같은 경로를 거치면서 미연소부분이 가열 연소되며, 연소반응을 일으키는 과정은 연소에 관여하는 물질에 따라 상당히 다르다. 가연성물질과 산화제가 연소대에 충분히 공급되고, 그 주위의 온도가 연소반응을 유지할 수 있도록 충분히 높아야 지속적인 연소를 유지할 수 있다. 기체의 분해연소인 경우, 온도뿐만 아니라 압력도 착화하기 위한 중요한 변수가 되며, 일단 조건이 맞으면 착화와 동시에 화염이 전파한다.

연소의 반응면은 연소열에 의하여 전파되며, 보통 매질의 표면에서 내부로 일정한 속도로 이동해 간다. 이 때 정지해 있는 매질 안으로 반응면이 이동해 가는 속도를 연소속도라 하며, 만약 연소열과 반응속도가 크면 연소속도도 커져서 폭발에 이른다. 폭발은 기체의 급격한 팽창이 있으며, 반응속도가 매우 크므로 급격한 온도와 압력상승을 수반한다.

3.1.1 연소의 정의

연소는 산소와 긴급한 반응을 일으켜 다량의 발열화학반응을 하고, 그 결과 발광하면서 반응에 의해 발생하는 열에너지, 활성화학종에 의해 자발적으로 연소반응이 지속되는 현상으로, 공업적으로는 발열, 발광, 화학반응(산화반응) 현상이 동시에 일어나는 것을 연소라 정의하고 있다. 이러한 발열, 발광, 화학반응(산화반응) 현상이 일어나기 위해서는 연료, 산화제, 착화원이 필요한데 이것을 연소의 3요소라 한다.

3.1.2 연소의 형태

연소의 방법, 형태는 연료의 형태, 반응체의 상태 등에 따라 크게 변한다. 1장에서 기술한 바와 같이 연료에는 기체연료, 액체연료, 고체연료로 대별할 수 있고, 각각 특유의 연소형태를 갖는다. 자세한 내용에 대해서는 3장에서 설명하기로 하고 여기서는 간략히 서술하고자 한다.

(1) 기체연료의 연소

기체연료의 연소형태는 크게 나누어 다음과 같이 나눌 수 있다.

① 반응체의 혼합 상태에 따라 예혼합 연소와 확산연소

또한 다른 관점에서 분류해 보면 **예혼합연소**(Premixed combustion) 및 **확산연소** (Diffusion combustion) 로 나눌 수 있다. 전사는 기체연료의 연소반응(산화)에 필요한 산소 또는 공기를 미리 혼합한 예혼합기(premixture)를 연소시키는 것으로, 화염면이라고 하는 고온의 반응면이 형성되어, 자력으로 전파해 나가는 특징이 있다. 이 예혼합연소의 화염을 **예혼합화염**(Premixed flame) 이라고 한다.

예혼합기에는 온도와 압력에 의해 결정되어지는 가연농도범위가 있으며, 그 농도범위의 하한을 희박가연한계농도, 상한을 과농가연한계농도라 한다. 대표적인 기체연료의 가연한계농도를 〈표 3.1〉에 나타낸다.

한편, **확산연소**는 산소(혹은 공기) 분위기중에 연료를 분출시켜 연소시키는 경우로, 이 때는 연료와 공기의 경계면에서 확산이 일어나 연소할수 있는 적당한 혼합기를 형성한 부분에 있어서 연소가 일어난다. 이와 같은 연소가 확산연소이며, 이때의 화염을 **확산화염**(Diffusion flame)이라고 한다. 이 경우에는 화염전파성은 없다.

〈표 3.1〉 각종 연료의 가연농도범위(25℃, 1기압 위쪽전파)

물질명	희박가연한계 % (당량비)	과농가연한계 % (당량비)
수소(H_2)	4.0(0.10)	75.0(0.14)
일산화탄소(CO)	12.5(0.34)	74.2(0.15)
메탄(CH_4)	5.0(0.50)	15.0(0.60)
에탄(C_2H_6)	3.0(0.52)	12.5(0.42)
프로판(C_3H_8)	2.1(0.51)	9.5(0.40)
n-부탄(C_4H_{10})	1.6(0.50)	8.4(2.85)
n-헵탄	1.05(0.56)	6.7(3.76)
n-옥탄	1.0(0.60)	6.5(4.27)
벤젠	1.3(0.49)	7.1(2.74)
톨루엔	1.2(0.52)	7.1(3.27)

② 연소형태에 따라 연속연소와 간헐연소

연속연소는 버너를 사용해 유동장에 정지한 화염을 만드는 것으로 가능한 변동이 적게 연속적으로 연소시킨다. 후자는 용기 내에 혼합기를 넣고 점화하거나, 용기 내를 고온으로 하고 여기에 연료를 분사시켜 착화해 간헐적으로 연소를 시키는 것이다.

③ 화염부근의 가스 흐름이 층류인가 난류인가에 따라, **층류연소**(Laminar combustion)와 **난류연소**(Turbulent combustion)로 나눌 수 있다. 유동이 층류이면 유동마찰, 열 및 물질의 이동 즉 혼합은 미시적인 분자레벨에서 일어나는 층류화염(laminar flame)이 된다. 그러나 층류에서 난류로 변함에 따라 연소의 성질이 크게 변화한다. 화염면의 두께가 증가함과 동시에 예혼합연소에서는 화염 전파속도가 가속되고, 난류인 경우는 거시적인 교란, 소용돌이에 의해 혼합은 규모도 크고, 화염대의 두께가 증가하면서 예혼합연소에서는 화염전파속도가 가속되고, 확산연소에서는 화염의 단위면적당 연소율이 증가하는 등 연소의 형태가 현저히 변한다.

(2) 액체연료의 연소

액체연료의 연소는 액상의 상태에서 산소와 반응하는 것은 거의 없고, 일단 표면에서 증발한 연료증기와 산소 혹은 공기가 혼합한 후 연소가 일어난다. 이와같은 액체연료의 연소형태에는 액면연소, 심지연소, 분무연소, 증발연소로 구분할 수 있다.

액면연소(Combustion of liquid surface)는 용기에 모인 액체연료의 표면에서 연소시키는 것으로, 유조선의 사고시 해면에 유출한 유면의 화염, 가정용 포트식 스토브 등이 그 예이다. 이것은 화염으로부터의 연료표면에 복사나 대류에 의해 열이 액 표면에 전달되어 증발이 일어나고, 발생한 증기는 공기와 혼합하여 유면의 상부에서 확산연소가 일어난다.

심지연소(Wick combustion) 는 심지 석유스토브, 램프등과 같이 연료를 심지로 빨아올려 심지의 표면에서 증발시켜 확산연소를 일으키게 하는 것이다.

분무연소(Spray combustion)는 액체연료의 표면적을 크게 하고 공기와의 혼합을 좋게하기 위해, 액체연료를 분무기를 사용하여 많은 미세한 액적으로 미립화하여 연소시키는 것으로 고부하연소, 고응답성이 가능하여 공업적으로 대부분 이 연소 형태가 이용되고 있다.

증발연소(Evaporative combustion)는 가스터빈 및 석유스토브에 일부 이용되며, 이것은 연소열을 이용하여 액체연료를 미리 증발관에서 증발시켜, 기체연료와 같이 연소시키는 방법이다.

(3) 고체연료

고체연료의 연소형태에는 표면연소, 증발연소, 분해연소가 있다.

표면연소(Surface combustion)은 고체표면에 주위의 산소 또는 공기가 확산하여 표면에서 연소반응이 일어나는 것이다. 표면연소는 휘발분을 거의 포함하지 않는 목탄, 코크스, 분해 연소후의 Char 등에서 나타나는 현상으로 산소 또는 산화성 가스가 고체 표면이나 내부 구멍사이에 확산해 표면 반응을 한다. 확산에 의한 산소의 공급이 부족하면 불완전연소로 생긴 중간생성물이 표면에서 떨어진 곳에서 기상 연소하므로 표면연소는 표면 반응만이 아니고 기상반응을 수반하는 것이 일반적이다.

증발연소(Vaporizing combustion)는 파라핀과 같이 융점이 낮은 연료에서는, 연소에 앞서 연료가 열에 의해 용융, 액화하여 액체연료와 같이 증발해 연소하는 현상으로 증발온도가 열분해온도보다 낮을 때 일어난다. 양초와 같은 파라핀계 고급 탄화수소에서 이런 연소현상이 나타난다.

분해연소(Resolving combustion)는 증발온도보다 분해온도가 낮을 때 가열에 의해 열분해를 일으켜 휘발성분이 표면에서 연소하는 현상이다. 일반적으로는 후에 Char가 남아 표면연소를 한다. 목재, 종이, 석탄 등 많은 고체연료가 이 형태의 연소이다.

고체연료의 연소 방법에서 표면적을 크게하여 산화반응을 촉진시키기 위하여, 미분으로 분쇄하여 노내에 공급하여 연소시키는 **미분탄연소**(Pulverized coal combustion), 석탄, 코크스 및 목재 등을 화격자 위에 공급하고, 아래로 부터 공기를 공급하면서 연소시키는 **화격자연소**(Grate combustion), 내화성물체와 고체 연료를 혼합한 층에 공기를 불어 넣으면서 비등 상태와 비슷한 유동층을 형성시키면서 연소시키는 **유동층연소**(Fluidized combustion)가 있다.

3.2 연소 반응

3.2.1 가연원소의 반응

연료의 연소는 연료의 형태가 기체연료, 액체연료, 고체연료인가 또 종류, 산지 등에 에 따라서 다르다. 연료의 조성에서 보면 연료를 구성하는 가연원소는 한정되어 있다. 즉 연소에 의해 다량의 열을 발생하는 성분원소는 주로 수소(H), 탄소(C), 유황(S)이며, 일반적으로 발열에 대하여 고려할 경우는, 이 3원소에 대하여 고려하면 된다.

이들 가연원소의 연소에 대한 기본적인 화학방정식은 다음과 같다.

(1) $C + O_2 = CO_2 + 407$ MJ/kmol

(2) $C + 1/2O_2 = CO + 123$ MJ/kmol

(3) $H_2 + 1/2O_2 = H_2O(g) + 241$ MJ/kmol

$H_2 + 1/2O_2 = H_2O(\ell) + 286$ MJ/kmol

(4) $S + O_2 = SO_2 + 297$ MJ/kmol

현재 우리 주위에서 사용되고 있는 연료는 거의 대부분이 화석연료로 그 주성분은 C, H이다. 이와같은 탄화수소를 완전연소시키기 위한 일반반응식(산화제로 산소 사용)은 다음과 같다.

$$CxHy + (X + \frac{y}{4}) * O_2 \rightarrow x * CO_2 + \frac{y}{2} * H_2O + \text{열량} \quad ----- (3.1)$$

C, H_2, S에 대한 계산 반응식을 정리하면 다음과 같다.

C	+	O_2	=	CO_2	+	407 MJ/kmol	(3.2)
1kmol		1kmol		1kmol		407 MJ/kmol	
12kg		32kg		44kg		34 MJ/kg	
22.4m^3		22.4m^3		22.4m^3		18 MJ/m^3	

H_2	+	$1/2O_2$	=	$H_2O(g)$	+	241 MJ/kmol	(3.3)
1kmol		1/2kmo		1kmol		241 MJ/kmol	
2kg		16kg		18kg		121 MJ/kg	
22.4m^3		0.5*22.4m^3		22.4m^3		11 MJ/m^3	

S	+	O_2	=	SO_2	+	297 MJ/kmol	(3.4)
1kmol		1kmol		1kmol		297 MJ/kmol	
32kg		32kg		64kg		9.28 MJ/kg	
22.4m^3		22.4m^3		22.4m^3		13.25 MJ/m^3	

연소에 사용되는 공기의 조성은 일반적으로 건조 공기의 경우 질소의 체적, 몰비율 및 중량비율은 각각 79mol%, 79vol% 및 76.8wt% 이다. 즉 산소는 21mol%, 21vol% 및 23.2wt%가 되며, 이 산소량이 연소에 관여한다.

이들의 반응관계를 각각 몰기준, 질량기준 및 체적기준으로 〈표 3.2〉에 나타낸다.

〈표 3.2〉 연료 구성 원소의 연소표

물질	원소기호	원자량	완전연소 반응식	필요산소량		필요공기량		생성물량	
				kg/kg	m^3/kg	kg/kg	m^3/kg	kg/kg	m^3/kg
탄소	C	12.01	$C+O_2=CO_2$	2.664	1.866	11.48	8.89	3.664	1.866
수소	H	1.008	$H_2+1/4 \cdot O_2=1/2 \cdot H_2O$	7.937	5.558	34.21	26.47	8.937	11.12
황	S	32.06	$S+O_2=SO_2$	0.9981	0.699	4.302	3.330	1.998	0.699

3.2.2 연소반응

연소반응은 연료가 산화제에 의해 산화되어 연소생성물을 생성하는 화학반응이고 발열을 수반하는 것이 일반적이다. 반응의 특성은 기체의 유동, 점성, 열전도, 확산 등의 유동특성과 물질 이동특성에 크게 영향을 받는다. 착화, 화염전파, 소염, 환경오염물질의 생성 등은 화학반응이 지배적이며, 이 화학반응을 상세히 알면 정량적으로 이들을 예측할 수 있다. 가장 간단한 연료인 수소를 예로 들어 연소반응을 생각해 보자. 수소-산소의 양론혼합기의 총괄 반응식은

$$H_2 + \frac{1}{2} * O_2 \rightarrow H_2O \quad \triangle Ho = -286.0 \text{ MJ/kmol} \quad \text{--------}(3.5)$$

이며, △Ho는 표준상태에서 표준생성열을 나타낸다. 이 반응식은 원계 및 생성계 양쪽다 표준상태에 있어서의 총괄적인 반응을 나타내고 있는 것으로, 실제의 화염대는 고온이며 H_2O는 해리하여 복잡한 생성분포를 가지고 있다. 이와 같이 반응개시로부터 완료까지의 과정에는 많은 **소반응**(Elementary reaction)을 포함하고 있다. 그래서, 실제의 연소반응중 중요한 것만을 취하면, 적어도 다음의 5개의 기본반응이 성립한다.

(1) $H + O_2 \rightarrow OH + O$ (연쇄분지반응)
(2) $O + H_2 \rightarrow OH + H$ (연쇄분지반응)
(3) $OH + H_2 \rightarrow H_2O + H$ (연쇄이동반응)

이 연쇄반응식에 따르면, 몇개의 반응에 의해 1개의 수소원사가 생기게 되면 (1)-(3)의 사이클에 의해 2개의 수소원자와 1개의 수소기가 생성된다. 여기서 라디칼 OH, 원자 O, H를 활성화학종이라 하며, 이 활성화학종의 생성, 교체, 증가, 감소에 따라 반응 상태가 달라진다. 연쇄이동반응은 반응 전후의 활성화학종 수의

증가는 없고, 교체하는 반응이고 연쇄분지반응은 활성화학종의 수가 증가하는 반응이다. 만약, 위와같이 사이클이 반복된다면, 이 반응의 속도는 시간과 함께 지수함수적으로 증가하고, 폭발에 이를 것으로 생각할 수 있다.

이 외에,

(4) $H + O_2 + M \rightarrow HO_2 + M$ (기상정지반응)

(5) H , O , OH → 안정분자 (표면) (표면정지반응)

와 같은 연쇄정지반응도 있다. 여기서 M은 임의의 분자이며, H와 O2가 충돌하여 에너지를 교환하지만, 그 자신은 변화하지 않는다. (4)는 기상반응에 의해 활성기가 파괴되어 비교적 활성이 낮은 HO_2로 변하는 기상정지반응이다. (5)는 활성화학종이 벽면과의 충돌에 의해 활성을 잃어 안정한 화학종으로 변하는 표면정지반응이다. 이들 반응에 의해 활성화학종은 감소하면서 연소반응이 끝나기 때문에 이들 반응을 연소의 정지반응이라 한다. 이와 같은 일련의 화학반응을 **연쇄반응(Chain reaction)**이라 부른다.

(1) 연소반응의 특징

- 연소반응은 연료 종류에 따른 최적연소방법의 개발, 연소속도의 통제, 발화조건예측, 연료첨가제 개발, 연소배출가스 등에 매우 중요하다.
- 연소반응속도는 아주 빠른 발열반응, 화학발열반, 연쇄반응을 한다.
- 연료의 연소는 화학적 평형조건과 연소온도 계산에도 필요하다.
- 화학발광은 C와 H가 산소와 화학반응, 즉 연소할 때 발생된다. 고에너지, 고발열량 물질은 OH, HC, C2등의 가연성물질이고, 높은 화학발광물질이다.
- 연료인 탄화수소와 공기의 예혼합화염 색이 보라생일 때에는 공기량이 과잉의 경우이고, 녹색은 연료공급량이 과잉인 경우이고, 청색은 서서히 연료혼합비가 높아지고 있다는 상황이다.

- 가연성기체가 만일 공급공기량이 적은 연소상태에서 화염은 탄소입자가 발생해 황색을 나타낸다.
- 연소반응을 구성하는 각개의 반을을 소반응이라하고, 소반응은 활성라디칼이 아주 중요한 역할을 한다.
- 소반응은 연소반응의 경로도 다르고, 가연물질의 압력, 온도, 구성비, 종류 등에 따라서도 큰 차이가 있다. 그리고 HC계 연료는 가연성분인 HC와 O2의 연소 반응에 의해서 완전연소가 이루어지느냐, 아니면 매연, 그을음 등이 발생되느냐는 연소에 관여하는 소반응이 주된 역할을 한다.

(2) 반응속도론

① 반응속도이론

반응속도는 기상에서 분자들 사이에 상호작용하는 힘이 액체, 고체 상에 작용하는 힘보다 아주 작아서 기체분자 운동으로 설명을 한다. 반응속도론은 분자차원과 거시적인 접근방법이 있는데, 전자는 미시적인 차원 과정이고, 후자는 온도, 압력, 가연물질의 화학조성, 연소시간, 연소실 체적과 반응속도를 외관상 관찰할 수가 있다.

② 반응속도

반응속도는 거시적인 접근 방법으로 설명하되, 반응속도식은 온도와 가연물질농도에 의존한다. 반응속도식은 다음과 같다.

$$aA + bB \rightarrow cC$$

$$\Upsilon = -k[A]^a[B]^b \text{ ------------------------------ } (3.6)$$

위 반응속도식에서 a, b, c는 각각 A, B, C 물질의 양론계수이고 K는 온도에 의존하는 반응속도 상수이다. 그리고 a+b는 반응차수이다.

③ 아르헤니우스(Arrhenius) 반응속도식

연소반응속도는 온도에 민감하며, 반응속도상수(K)는 온도에 의존한다.

$$K = A\exp(E/RT) \quad \text{-------------------------------} (3.7)$$

여기서 A는 빈도인자, E는 활성화에너지, R은 기체상수, T는 연소온도이다.

(3) 열반응

① 연료와 공기가 함께 혼합한 상태에서는 균질반응을 한다.

균질반응속도는 Arrhenius식으로 나타낸다.

$$r_F = (P_F)F(P_{o2})^{o2}(A)\{\exp(-E/RT)\} \quad \text{-----------------} (3.8)$$

여기서 r_F 는 단위부피당 연료의 소비속도(kg/m3.sec),

(P_F) 및 (P_{o2})는 연료와 산소의 분압

F와 O2는 연료와 산소의 반응차수(각각 F=0.8, O2=1.0), E는 활성화에너지 (kcal/kmol)

F는 빈도계수, T는 절대온도이다.

반응속도는 혼합기체의 전압력의 1.8승에 비례한다.

② Arrhenius식으로 나타낸 반응을 열반응이라 하며, 열반응은 열운동을 하고 있는 분자가 충돌했을 때 활성화에너지 이상의 운동에너지를 갖고 있다면, 반응이 일어나는 쪽으로 이동한다. 이때의 반응속도 정수는 다음식으로 된다.

$$K = A\exp(-E/RT) \quad \text{------------------------------} (3.9)$$

③ 연소반응은 단순한 연료와 산소의 분자가 직접 충돌에 의해 일어나는 간단한 반응이 아니다. 연소시 기체속에 불안정한 화학물질이 검출되면, 이들 물질이 관여한 많은 중간단계 반응을 거쳐서 최종 생성물로 도달한다.

가장 분자량이 작은 메탄은 산소와의 주된 중간 소반응이 있다.

중간반응이 불안정한 물질인 H, OH, O, HO_2 등의 활성화학종의 수가 많은 반응이 증가하면 활성화학종의 증가 때문에 온도가 일정해도 반응이 지속된다. 이러한 반응이 연쇄반응이다.

연쇄반응은 착화과정 등에서 대개 저온반응시 일어나며, 고온연소반응시에는 열반응이 주된 역할을 한다.

(4) 연소반응속도

- 혼합기체속에서 실제로 연소반응이 일어나고 있는 부분, 즉 연소불꽃이 청생으로 보이는 부분은 연소속도가 아주 빠르고, 고압상태라면 포화탄화수소와 공기의 이론혼합 기체원소는 열발생율이 $(5\sim10)*10^9$ kacl/m³·h이며, 불포화탄화수소의 연소속도는 이보다 조금 빠르다.
- 아세틸렌은 아주 빠른 반응을 하며, 수소도 연소반응속도가 빠르다.
- 연소반응속도가 아주 빠르나, 연소할 연료를 너무 많이 증가하면 오히려 연소가 중단된다. 이 한계가 연소실의 최대열발생율이다.

고온에서의 열반응은 탄화수소류의 연소시 활성화에너지는 3000~5000 kcal/kmol이다.

(5) 연소공학에서의 무차원수

① Pr(Prandtle number)

열화학반응시 온도변화의 열전도범위에 비해 속도변화의 전도범위가 크다.

$$Pr = q^{*}\mu / \lambda = (\text{운동량 확산속도}/\text{온도 확산속도})$$

② Nu (Nusselt Number)

유체 흐르이 없는 경우의 열이동속도보다는 유체흐름이 있을 때의 열이동속도가 빠르다.

$$Nu = h^{*}L / \lambda$$ = 대류열 이동속도/전도열 이동속도

③ Le(Lewis number)

연소반응 온도범위와 가열물 농도범위의 이동을 나타내며, 물질의 확산속도를 지배한다.

$$Le = \rho ^{*}C_p{}^{*}D / \lambda$$ = 물질의 확산속도/온도 확산속도

④ Gr(Grashaf number)

주변 분위기와의 온도차가 있는 가연성분 물체는 부근 흐름성질을 지배한다.

$$Gr = L^3 \rho 2 g \beta \Delta T / \mu^2$$ = 부력 / 확산되는 점성력

⑤ Sc(Schmidt number)

가연성분 농도변화의 열전도범위보다는 속도변화와의 열전도범위가 크다.

$$Sc = \mu / \rho D$$ = 운동량에 의한 확산속도/물질의 확산속도

⑥ Re(Reynolds number)

유체흐름 중간의 난류강도등으로 흐름상태를 나타낸다.

$$Re = d\rho u_g / \mu$$

⑦ D_a (Damkohler number)

연소의 제반 현상상태와 화염이 꺼지는 소염현상과의 특성을 나타낸다.

$$Da = \delta\, rv / u_g\rho$$ = 연소실 체류시간/화학반응시간

⑧ K (Karlovitz number)

화염 신장에 대한 소염 이용에 대한 화염면의 성질이 유동장에 미치는 영향을 나타낸다.

$$K = \Sigma(du_g/dn) / u_g$$ = 화염신장율

⑨Γ (Kovasznay number)

난류에 의한 예혼합화염, 층류화염이 복잡한 형태를 유지하고 있는지 화염영역이 넓은지를 판단하는데 이용된다.

$$\Gamma = \delta\, u' / C\, S_L$$

여기서, λ 는 열전도율, ρ 는 밀도, Cp는 정압비열, h는 열전달율, L은 길이, β 는 팽창계수, ΔT는 온도차, δ 는 화염 두께, rv단위부피당 화학반응속도, ug는 가스 흐름속도, u'는 속도 변동, SL은 층류연소속도이다.

3.2.3 소반응 속도(Elementary reaction)

소반응에는 단분자반응, 2분자반응 및 3분자반응이 있다. 단분자반응(monomolecular reaction)은 다음과 같이 쓸 수 있다.

$$A \xrightarrow{k_1} B + \quad \text{------------------------------------} \quad (3.10)$$

이것은 불안정한 중간생성물인 화학종 A가 자발적으로 붕괴하여 화학종 B로 변하는 것이다. 이 경우 화학종 B의 생성속도, 즉 반응속도(reaction rate)는 다음과 같다.

$$\frac{d[B]}{dt} = k1[A] \quad \text{------------------------------------} \quad (3.11)$$

여기서 [A], [B]는 화학종 A, B의 몰농도 kmol/m^3, t는 시간(s), k_1은 비례정수로 반응속도정수이다.

2분자반응은 일반적으로 다음과 같이 나타낸다.

$$A + B \xrightarrow{k_2} C + \quad \text{------------------------------------} \quad (3.12)$$

이 경우 화학종 C의 생성속도, 즉 반응속도는 다음과 같다.

$$\frac{d[C]}{dt} = k2[A][B] \quad \text{------------------------------------} \quad (3.13)$$

3분자반응은 3개의 분자가 동시에 충돌에 의해 일어나는 반응으로, 일반적으로 다음과 같이 나타낸다.

$$A + B + C \xrightarrow{k_3} D + \quad \text{------------------------------------} \quad (3.12)$$

이 때의 D의 생성, 반응속도는

$$\frac{d[D]}{dt} = k3[A][B][C] \quad \text{------------------------------} (3.13)$$

여기서 k_1, k_2, k_3는 반응속도로 압력에 무관하고, 온도의 함수이다. 일반적으로 다음과 같은 절대온도T의 지수함수로 나타내는 경우가 많다.

$$K = f\ T^{n} \exp\left(-\frac{E}{RT}\right) \quad \text{---------------------------} (3.14)$$

f는 빈도 인자, E는 활성화에너지, R은 일반가스정수, n은 정수(−2~2 범위)이다. 이와 같이 나타내는 것을 아레니우스(Arrhenius)식이라고 한다.

총괄화학반응은 다수의 소반응으로 이루어지기 때문에, 반응속도는 그렇게 간단히 나타낼 수 없지만, 실제적으로 다음과 같이 나타내는 경우가 많다.

$$d\frac{[F]}{dt} = A\ [F]^{m}\ [O]^{n}\ [T]^{k}\ e^{-E/RT} \quad \text{--------------------} (3.15)$$

여기서 [F], [O]는 연료 및 산소의 몰농도이다. 이 경우 m, n은 반응차수로써, 실험적으로 구해지는 정수이며, 총괄반응식중의 계수와는 관계없이, 온도 및 압력에 의해 그 값이 변한다.

3.2.4 화염중의 이온생성

화염은 약간의 전기전도성을 가지고 있으며, 전장을 가하면 그 형상이 변하는 것은 이미 알려져 있다. 이러한 것은 화염 중에 이온이 존재하기 때문이다.

탄화수소화염에서 알려져 있는 이온으로서는 H_3O^+, CHO^+, OH^-, C^- 등이 있지만, H_3O^+이 제일 많아 그 농도는 10^9-10^{12}개/㎤정도 이다.

그러나, 이 정도의 농도는 연소반응의 전체에서 볼때 아주 미미한 것이다. 이 이온에 의해 수소화염 중에 탄화수소를 도입한 경우에, 전위차를 건 전극간에 미소 전류가 흐른다. 이 전류를 10－12A정도의 검출능력을 가진 전류계로 측정하면, 대단히 미소한 농도의 탄화수소 가스도 검지할 수 있어, 가스크로마토그라프 장치의 화염이온검출기(FID)로서 실용화 되어 있다. 또한 최근에는 고온의 연소가스에 알카리금속을 섞어 도전성을 높여, 자장 사이를 통과시키는 것에 의해 직접 발생을 행하는 MHD(magneto hydro dynamics) 발전의 연구가 진행되고 있다.

그런데 H_3O^+의 생성과정으로서는,

$$CH + O \rightarrow CHO^+ + e \qquad \Delta Ho = 11.9\ MJ/kmol$$

에 의해 발생한 CHO^+ (formy ion) 가,

$$CHO^+ + H_2O \rightarrow H_3O^+ + CO \quad \Delta Ho = -142.8\ MJ/kmol$$

로 되는 고속반응에 의해 H_3O^+을 생성한다. 이것은 또한,

$$H_3O^+ + OH^- \rightarrow H_2O + OH + H \quad \Delta Ho = -421.6\ MJ/kmol$$

등의 반응에 의해 활성기로 전환해 간다. 일반적으로 이온의 반응은 유리기의 반응에 비해 고속이기 때문에, 화염중에는 평균농도보다는 높은 일정량이 존재한다.

3.3 발열량 (Calorific value)

연료의 발열량은 연료단위량이 완전연소했을 때 발생한 열량이다. 이와 같은 연소반응에 있어 생성열은 연료로서의 가치 판단상 가장 중요하다. **연료의 단위량은 1kmol, 질량 1kg, 또는 체적 1㎥를 사용한다.** 연소에 의해 생긴 H_2O가 연소가스 중에 액체의 상태로 존재하는가, 또는 증기 상태로 존재하는가에 따라 증발량에 H2O의 증발열에 상당하는 만큼의 차이가 생긴다. 연소가스 중에 H_2O가 액체로

존재하는 경우의 발열량을 **고위발열량** H_h(higher calorific value) 증기 상태로 존재하는 경우가 **저위발열량** H_L(lower calorific value)이다. 어느 발열량을 사용할 것인가는 연소가스의 온도에 의하지만, 예를 들면, 연돌, 배기관등에서 배출되는 연소가스 내의 H_2O는 증기의 상태인 경우가 많다. 즉 일반적으로 열기관에서는 연소가스 중의 수증기를 전부 응축하지 않는 상태에서 방출한 열량을 사용하기 때문에 실용상은 저위발열량이 많이 사용된다.

발열량의 측정은 통상 열량계를 사용한다. 열량계의 원리는 연소에 의해 발생된 열을 냉각 매체에 흡수시키고, 이 때의 매체의 온도 변화를 가지고 (3.15)식으로 열량을 측정한다. 고발열량은 총발열량(gross calorific value)이며, 고위발열량과 저위발열량과의 관계는 (3.16)식과 같다.

$$Q = mC\ dT$$

$$H_h = H_l + \text{잠열} \quad \text{------------------------------} (3.16)$$

3.3.1 고체 및 액체연료의 발열량

연료의 화학분석 결과, 연료 1kg중에 포함되어 있는 탄소의 양이 c kg, 수소의 양이 h kg, 황의 양이 s kg, 산소의 양이 o kg, 수분이 w kg이라고 하면, 그 연료의 고위발열량 H_h 및 저위발열량 H_l 은 다음의 Dulong식으로 나타낼 수가 있다.

$$H_h = 33.9\ c + 141.8\ (\ h - o/8\ ) + 9.3\ s \quad [MJ/kg] \quad \text{-----} (3.17)$$

여기서, 각 계수는 근사적인 각 성분의 발열량을 나타내고 있다. 식 중에 0/8는 연료 중 산소가 이미 수소와 결합하여 수분의 상태로 되어있다고 보고, 연소 가능한 수소가 그 만큼 줄어든다는 것을 보정하고 있다. 이 보정한 수소의 양 (h

0/8)을 유효수소(available hydrogen) 혹은 자유수소(free hydrogen)라 한다.

한편, 저위발열량은 고위발열량으로부터 수증기의 증발열(응축열)을 뺀 것이다. 고발열량은 열량계로 정확히 측정이 가능하지만, 저발열량은 측정하기가 곤란하기 때문에 보통 다음 식으로 구한다.

$$H_h = 33.9\,c + 119.9\,(h - o/8) + 9.3\,s - 2.44w$$
$$= Hh - 2.44(9h + w) \quad [MJ/kg] \text{ ------------------ } (3.18)$$

3.3.2 기체의 발열량

기체연료의 발열량은 그 속에 포함되어 있는 일산화탄소, 수소, 메탄 등의 단순가스가 각각 독립하여 연소한 발열량의 합으로써 나타낸다. 지금 수분을 포함하지 않은 건조기체연료 1 Nm^3 중에 각 성분인 일산화탄소, 수소, 에칠렌, 메탄, 프로판, 부탄 등이 co, h_2, ch_4, c_2h_4, c_2h_6, c_3h_8, c_4h_{10} Nm^3 만큼 들어있을 때, 이 기체연료의 발열량은 다음으로 나타낼 수 있다.

먼저 고위발열량은

$$H_h = 12.63CO + 12.75h_2 + 39.72ch_4 + 62.97c_2h_4 + 69.58c_2h_6$$
$$+ 99.03c_3h_8 + 128.4c_4h_{10} \quad [MJ/kg] \text{ ------------- } (3.19)$$

다음에 저위발열량은 일산화탄소의 항은 식(3.19)와 같지만, 수소 이하의 항은 생성한 수증기의 증발열만큼 적게 되므로

$$H_\ell = 12.63CO + 10.97h_2 + 35.83ch_4 + 59.04c_2h_4 + 63.72c_2h_6$$
$$+ 91.21c_3h_8 + 118.6c_4h_{10} \quad [MJ/kg] \text{ ------------- } (3.20)$$

또한 기체연료의 성분중에는 프로필렌(C_3H_6), 벤젠(C_6H_6) 등도 있지만, 일반적으로 그 양은 적고, 분석에 의해 정확한 정량은 곤란하기 때문에 상기의 식 3.19), (3.20)에서는 이들의 중탄화수소를 에칠렌으로 보고 계산하고 있다.

〈표 3.3〉 기체연료의 발열량

연료	분자량	고위발열량			저위발열량		
		MJ/kmol	MJ/kg	MJ/m³	MJ/kmol	MJ/kg	MJ/m³
수소	2.0156	286	142	12.77	241	119.6	10.76
일산화탄소	28	283	10.13	12.64	283	10.13	12.64
메탄	16.03	891	55.6	39.9	801	49.9	35.8
아세틸렌	26.02	1310	50.8	59.0	1265	48.7	56.9
에탄	16.03	1561	52.0	70.4	1426	47.4	64.4
프로판	44.06	2220	50.4	101.8	1937	46.3	93.6
부탄	58.08	2880	49.6	134.0	2650	45.7	123.6

3.4 연소계산

연료의 연소에 필요한 산소는 일반적으로 공기중의 산소를 이용한다. 그리고 공기 중에 함유되어 있는 산소량은 일정하기 때문에 연료의 연소에 필요한 공기량도 계산할 수 있다. 이와 같이 연소 조작을 적절하게 하기 위해서는 연소효율, 환경오염 방지 등 균형이 이루어져야 하고, 연소에 사용되는 공기량, 생성되는 연소가스량, 조성, 온도 등 연소에 관한 사항 등은 정확히 파악되어야만 한다.

3.4.1 공기와 연료의 혼합기체 표시

연소를 위해서는 반드시 연료와 공기(산화제)가 혼합되어야만 연소가 진행된다. 이와 같은 공기와 연료의 혼합기체를 표시하기 위하여 공연비(A/F), 연공비(F/A), 당량비, 공기비 등을 사용하고 있다.

(1) 공연비

공연비는 공기와 연료의 공급 질량비로 정의된다. 이론공연비는 공기와 연료와의 혼합과 반응이 완전하고, 연소반응 진행시 주입된 공기가 100% 효율로 사용되었을 때의 공연비로서 이론공기량 Ao와 같다.

(2) 연공비

공연비의 역수로 혼합기체속의 연료와 공기의 공급질량비이다.

이론혼합비를 연공비로 나타낸 것을 이론연공비라 하며, 이론공기량의 역수이다.

(3) 당량비

일정량의 공기에 대해서 양론비의 몇 배의 연료가 공급되었는가를 나타내는 양으로 다음과 같이 정의할 수 있다.

$$당량비(\phi) = (연공비)_{실제} / (연공비)_{이론}$$

따라서 $\phi > 1$ 인 경우 연소는 과농연소이고, $\phi < 1$ 인 경우는 희박연소가 된다.

(4) 공기비

일정량의 연료에 대해서 양론비의 몇배의 공기가 공급되는가를 표시하는 양으로 다음과 같이 정의한다.

$$공기비(\alpha) = (공연비)_{실제} / (공연비)_{이론} = 1/\phi$$

3.4.2 이론산소량 및 이론공기량(Theoretical amount of air)

(1) 액체 및 고체연료

연료 단위량에 포함된 가연성 성분을 완전연소시키는데 이론상 필요한 공기량을 이론공기량이라 한다. 연료가 완전연소하는데 필요한 최저공기량은 연료의 조성을 알면 탄소, 수소, 유황 등의 가연원소의 연소용 산소 및 공기량을 구할 수 있고, 이것은 연료마다의 고유특성치이다.

탄소 1kg의 연소에 필요한 산소량은 2.664 kg, 수소 1kg중에서는 8kg의 산소가 필요하며, 또 황 1kg에 대해서는 산소 1 kg이 필요하다. 지금 고체, 액체연료 1kg 중에 탄소, 수소, 산소, 황, 질소, 수분, 회분이 각각 c, h, o, s, n, w, a kg 들어있다면, 이 연료가 완전연소하는데 필요한 이론산소량(O_o)은 다음 식으로 나타낼 수 있다.

$$O_o = 2.664c + 8(h - 0/8) + s \quad [kg/kg_f] \quad \text{-----------} (3.21)$$

따라서 이론공기량(A_o)은 공기의 조성으로부터 다음과 같이 된다.

$$A_o = \frac{1}{0.232}(2.664c + 8(h - 0/8) + s)$$

$$= 11.48c + 34.5(h - 0/8) + 4.31s \quad [kg/kg_f] \quad \text{-------------------} (3.22)$$

기체는 대부분 체적으로 나타내는 경우가 많다. 질량으로 구한 것과 같은 방법으로 이론 산소량을 체적으로 나타내면 식(3.23)과 같으며, 이론공기량(A_o)은 식(3.24)와 같다.

$$O_o = \frac{22.4}{12}c + \frac{1}{2} \cdot \frac{22.4}{2}(h - \frac{o}{8}) + \frac{22.4}{32}s$$

$$= 1.867c + 5.6(h - o/8) + 0.7s \ [Nm^3/kg_f] \quad \text{------------------} (3.23)$$

$$A_o = \frac{1}{0.21}(1.867c + 5.6(h - o/8) + 0.7s)$$

$$= 8.69c + 26.47(h - o/8) + 3.33s \quad [Nm^3/kg_f]$$

-------------------- (3.24)

이들 식을 사용하여 계산하면 이론적으로 정확한 값이 얻어지지만, 계산이 복잡하므로 연료의 발열량을 이용한 다음 경험식으로 간단히 계산할 수 있다.

석탄의 경우 $Ao=1.09 * H\ell /1000 - 0.09$ m^3/kg -------- (3.25)

중유의 경우 $A0=1.04 * H\ell /1000 + 0.02$ m^3/kg -------- (3.26)

(2) 기체연료

기체연료의 연소에 관한 공기량, 연소가스등에 관한 계산에는 〈표 3.4〉에 나타낸 것과 같이 각 성분단순가스의 연소반응 및 공기량, 연소가스량에 대하여 알아야 한다. 기체연료에 관한 계산은 전부 체적 Nm^3으로 나타낸다.

지금 기체연료 1 Nm^3 중에 포함되어져 있는 가스의 체적을 h_2, co, ch_4, c_2h_4, c_2h_6, c_3h_6, c_4h_{10}, c_6h_6, o_2, n_2, co_2 라고 하면, 이들 혼합물의 기체연료 1 Nm^3을 완전연소시키는데 필요한 이론공기량은 단순가스에 대한 이론산소량은 〈표 3.4〉와 같으며, 공기량으로 환산하면 된다.

$$A_o = 1/0.21*(0.5H_2 + 0.5CO + 2CH_4 + 3.5C_2H_6 + 5C_3H_8 + 6.5C_4H_{10} + 7.5C_6H_6 - O_2) \ (Nm^3/m^3)$$

------------ (3.27)

이 식(3.27)을 메탄 이외의 불포화 및 방향족 탄화수소의 합을 탄화수소 cmhn으로 하는 경우 다음과 같이 간단히 정리할 수 있다.

$$A_o = 1/0.21*(0.5H_2 + 0.5CO + 2CH_4 + (m+n/4)CmHn - O_2) \ (Nm^3/m^3)$$

-------------------- (3.28)

이론공기량 A_0와 이론습연소가스량 G_{do}는 연료의 조성에 의해 결정되는 특성치이지만, 가끔 연료성분의 분석 결과로부터 얻을 수 없는 경우도 있다.

A_o의 개략치를 연료의 발열량으로부터 구하면 다음의 경험식을 사용할 수 있다.

$$A_o=1.10 * H\ell /1000 - 0.32 \ (m^3/m^3) \quad \text{------------------} (3.29)$$

상식적으로는 연료의 이론공기량은 대략 1000 kcal당 약 $1m^3$로 이해하면 크게 차이가 없다. 예로 6000 kcal/kg 석탄의 이론공기량은 약 $6m^3$/kg이고, 가스의 경우 5000 kcal/m^3의 이론공기량은 약 $5m^3/m^3$ 정도이다.

3.4.3 실제 공기량 및 공기비(Air ratio)

실제의 연소에서는 이론공기량만으로는 완전연소가 어렵기 때문에, 이보다도 많은 공기량을 공급해 연소시킬 필요가 있다. 실제의 연소에 있어서는 가연성분과 공기중의 산소와의 확산, 접촉, 전열 등의 관계가 있기 때문에 이론공기량만으로는 일부 불완전연소를 일으키며, 부분적으로는 미연소성분이 그대로 방출하는 경우가 있어 이론공기량 이상의 공기가 필요하다. 여기서 여분으로 이용하는 공기를 과잉공기라고 하며, 이 양은 연료의 종류 혹은 연소상태, 연소장치의 종류에 따라 다르다.

일반적으로 과잉공기는 기체연료, 액체연료, 고체연료의 순으로 많이 필요로 한다. 과잉공기는 완전연소를 하기 위한 관점에서만 보면 많을수록 좋겠지만, 너무 많게 되면, 연소가스량이 증가하여 통풍을 저해하고, 배기가스의 열손실을 증대시켜 연소온도 저하, 열효율을 감소시킨다. 따라서 과잉공기는 연료의 종류, 연소실의 구조 등에 따라 적정하게 공급해야만 한다. 일반적으로 CO_2%가 최고이고, CO% 또는 O_2%가 최저인 상태를 유지하는게 좋다.

이론공기량에 대한 실제공기량의 비를 공기비라 하며 식(3.30)으로 나타낸다.

지금 연료 1 Nm^3(혹은 1kg)을 연소할 때 실제로 이용하는 공기량을 A Nm^3(혹은

kg)로 하고, 이론공기량을 A_0 Nm^3(혹은 kg)로 하면 다음의 관계가 성립한다.

$$A = \alpha \ \ Ao$$

여기서 α 은 **공기비**(Excess air ratio)로 양호한 연소를 행하기 위한 공기의 공급 지표로서 이용되어진다. 즉

$$\alpha = \frac{\text{사용공기량}}{\text{이론공기량}} = \frac{A}{A_o} = \frac{\text{사용공기중 산소량}}{\text{이론산소량}} = \frac{O}{O_o} \qquad (3.30)$$

이다.

3.4.4 연소가스량 (Amount of combustion gas)

연료가 연소해 생성하는 고온의 가스를 연소가스라 하고, 이것이 피가열물에 열을 전달한 후에 연료를 통해 밖으로 배출될 때 연소배기가스라 한다. 연료가 이론공기량 이상의 공기로 완전연소했을 때, 연소가스 성분은 CO_2, H_2O, SO_2 및 공기중에 포함되어 있는 질소(N_2), 과잉산소(O_2)이다. 연료 중에 수증기 및 질소가 함유되어 있으면 이들도 질소가스 (N_2), 수증기(H_2O)로 되어 연소가스의 일부가 된다.

연소가스 중에 연소생성 수증기는 100℃이상의 고온에서는 기체상태로, 상온에서는 응축해 액체상태로 존재한다. 전자의 수증기를 포함한 연소가스는 습연소가스(G_W)이고, 후자의 수증기가 응축해 있는 가스는 건연소가스이다. 일반적으로 연소가스는 습연소가스를 의미한다. 일반 연소성분인 탄소, 수소, 황성분의 반응식은 다음과 같다.

(1) $C + O_2 + 3.76N_2 \rightarrow CO_2 + 3.76N_2$ + 열

(2) $H_2 + 1/2*O_2 + 3.76N_2 \rightarrow H_2O + 1/2*3.76*N_2$ + 열

(3) $S + O_2 + 3.76N_2 \rightarrow SO_2 + 3.76N_2$ + 열

(1) 이론습연소가스량

① 액체, 고체연료

액체 및 고체연료 중 탄소, 유효수소, 황성분은 연소해 연소가스가 된다. 또한 질소는 연소열에 의해 기화되고, 산소분, 수분은 수증기로 변화한다. 이것들의 총합이 바로 연소가스량이 되므로, 연료 1kg중에 탄소 ckg, 수소 hkg, 황 skg, 수분 wkg, 산소 okg, 질소 nkg이 들어 있는 연료를 공기를 사용하여 완전연소시켰을 때 이론습연소가스량은 다음과 같이 계산할 수 있다.

$$Gw = 12.44c + 35.3(h-0/8) + 5.29s + n + 1.125o + w$$
$$= 12.44c + 35.3h + 5.29s + n + w - 3.35o \ (kg/kg) \quad ---- (3.31)$$

$$Gw' = 8.88c + 32.3(h - 0/8) + 3.33s + 0.8n + 1.4o + 1.25w$$
$$= 8.88c + 32.3h + 3.33s + 0.8n + 1.25w - 2.63o \ (m^3/kg) \quad (3.32)$$

발열량을 알면 다음식 이용해 습연소가스량을 개략적으로 구할 수 있다.

$$\text{석탄} \ G_w = 1.17 \times \frac{H_w}{1000} + 0.05 \ (m^3/kg)$$

$$\text{중유} \ G_w = 1.11 \times \frac{H_w}{1000} + 0.04 \ (m^3/kg)$$

② 기체연료

기체연료의 경우에 산소는 가스로 존재하고, 수분도 포함하지 않으므로 간단히 생각할 수 있다.

$$G_w = 2.88\,co + 2.88\,h + 10.52\,ch_4 + 25.81\,c_3h_8 + \text{--------} \quad (3.33)$$

$$\cdots\cdots + co_2 + n_2 - 3.76\,o_2\ (m_3/m_3)$$

여기서 맨 끝항 ($-3.76O_2$)는 기체연료 중에 포함된 산소는 전부 연소에 이용되므로 이에 해당하는 이론공기량은 적어도 된다. 따라서 연소가스 중에는 이 산소에 해당하는 질소분만큼 (O_2*79/21=3.76*O_2) 빼주어야 한다. 이상의 계산식은 계산이 복잡하므로 발열량으로부터 다음 경험식을 이용해 습연소가스량을 개략적으로 구할 수 있다.

가스의 경우 God = 1.06*Hℓ / 1000 + 0.88 (m^3/m^3_f) ------ (3.34)

(2) 이론건연소가스량

건연소가스는 완전히 건조된 가스를 의미하는 것은 아니고, 상온에 있어서 연소가스인 것을 의미한다. 연소생성 수증기를 뺀 가스, 즉 상온에 있어 과포화 수증기를 포함하지 않은 가스이다.

① 액체, 고체연료

G_d = G_w - 수증기분

$= 8.89c + 21.06(h-0/8) + 3.33s + 0.8n$

$= 8.89c + 21.06h + 3.33s + 0.8n - 2.63o \quad (m^3/kg_f)$ - (3.35)

② 기체연료

$G'_d = 2.88co + 1.88h + 8.52ch_4 + 21.8c_3h_8$

$+ co_2 + n_2 - 3.76o_2 \quad (m^3/kg_f)$ ----------------- (3.36)

연료의 발열량으로부터 다음 경험식으로 간단히 계산할 수 있다.

$$석탄\ G_d = 1.07 \times \frac{H_w}{1000} + 0.09 \quad (m^3/kg_f)$$

$$가스\ G_d = 0.74 \times \frac{H_w}{1000} + 0.08 \quad (m^3/kg_f)$$

〈표 3.4〉 가연원소의 이론공기량 및 이론연소가스량

가연원소		연소생성물		단위	가연원소 1kg당				
종류	분자량	조성	분자량		소비 산소량	소비 공기량	공기중 질소량	연소 생성물	연소 가스량
탄소(C)	12	CO_2	44	kg	2.67	11.6	8.03	3.67	12.6
				Nm^3	1.87	8.89	7.02	1.87	8.89
수소(H_2)	2	H_2O	18	kg	8.00	34.5	26.5	9.2	35.5
				Nm^3	5.60	26.7	21.1	11.2	32.3
황(S)	32	SO_2	64	kg	1.00	4.31	3.31	2.00	5.31
				Nm^3	0.70	3.33	2.63	0.70	3.33

3.5 연소온도

3.5.1 이론연소온도(Theoretical combustion temperature)

연소에 의해 발생하는 연소가스의 온도, 즉 연소온도는 연료의 발열량에 의해 정해진다. 발생열량은 전부 연소생성물에 전달되며, 이 생성물이 나타내는 최고온도가 연소온도 또는 화염온도이다. 연소열을 유효히 이용하는 측면에서 보면 발열량뿐만 아니라 연소온도의 크기도 중요하다. 연소생성물에 의해 피열물로의 전열속도는 연소에 의해 도달 가능한 온도 크기에 큰 영향을 미친다. 따라서 이론적으로 도달할 온도를 예측하는 것은

$$Tth = \frac{H\ell}{\sum Gi*Cpmi} + To \qquad [K] \qquad \text{-----------------} (3.37)$$

대단히 유효하다.

이론연소온도는 공기비 m=1인 상태의 연소과정에 있어서 주위로의 열손실이 전혀 없이 완전연소하여 생성된 열을 받아 연소가스가 도달하는 최고온도를 말한다. 이론연소온도에 영향을 미치는 인자는 연료의 발열량, 공기비, 산소분압, 공기 혹은 연료의 예열온도 등이 있으며, 공기비가 증가할수록 과잉공기에 의해 희석되어지므로 이론연소온도는 저하한다.

이론연소온도 T_{th}는 반응생성물이 가지고 있는 열량이 저발열량과 같고, 이 열량을 받아 온도 To의 기준상태에서 연소를 시작하여 이론연소가스온도가 Tth로 되었다면 다음식과 같이 나타낼 수 있다.

$$
\begin{array}{rl}
 & G_1 * Cpm_1(Tth-To) = q_1 \\
+ & G_2 * Cpm_2(Tth-To) = q_2 \\
\hline
 & \Sigma Gi * Cpmi * (Tth-To) = Q(H\ell)
\end{array}
$$

여기서, $H\ell$은 연료의 저발열량(MJ/연료단위량), G_i는 연소가스중의 i성분의 가스량(Nm^3/연료단위량), C_{pmi}은 i성분의 T_{th}에 있어서 평균정압비열(MJ/($Nm^3 \cdot K$))로 $T_o \sim T_{b\cdot th}$의 평균치이다.

$$
Cpmi = \int_{To}^{Tth} \frac{Cpmi * dT}{(Tth-To)} \quad \text{----------------------} (3.38)
$$

T_0 = 298K일 때 몰평균비열을 〈표 3.6〉에 나타낸다.

3.5.2 단열평형연소온도(Adiabatic combustion temperature)

연소 과정에서 열손실 없이 완전연소를 했을 때의 도달하는 연소가스의 온도는 이론연소온도이다. 그러나 실제로 연소생성물은 연소가스온도가 1400℃이상으로 높아지면 연소생성물중의 안정 분자 CO_2, H_2O의 일부는 식(3.39) 및 식(3.40)과 같이 각각 CO, O_2, H_2 및 OH로 분해하기 시작한다. 이와 같은 현상을 **열해리**(Thermal dissociation)라 한다.

〈표 3.5〉 각종 연료의 최고이론연소온도

연 료	고발열량 (MJ/㎥)	최고화염온도 (이론연소온도) (℃)	연료	고발열량 (MJ/㎥)	최고화염온도 (이론연소온도) (℃)
수소(H_2)	12.77	2182	에탄	70.4	2043
일산화탄소	12.64	2182	프로판	101.8	2120
메탄(CH_4)	39.9	2005	부탄	134	2130

〈표 3.6〉 주요 가스의 평균정압비열 (1atm, MJ/mol·K)

온도(K)	CO	CO_2	O_2	H_2	H_2O	N_2	SO_2
298	0.02914	0.03713	0.02937	0.02884	0.03358	0.02912	0.03987
400	0.02924	0.03935	0.02973	0.02904	0.03385	0.02914	0.04170
600	0.02963	0.04277	0.03062	0.02920	0.03476	0.02947	0.04486
800	0.03025	0.04546	0.03156	0.02929	0.03584	0.02999	0.04725
1000	0.03090	0.04760	0.03235	0.02947	0.03702	0.03057	0.04905
1200	0.03153	0.04932	0.03300	0.02971	0.03823	0.03117	0.05041
1400	0.03207	0.05074	0.03355	0.03000	0.03943	0.03171	0.05148
1600	0.03255	0.05191	0.03451	0.03036	0.04059	0.03219	0.05233
1800	0.03297	0.05289	0.03441	0.03073	0.04169	0.03261	0.05303
2000	0.03334	0.05373	0.03479	0.03110	0.04271	0.03299	0.05362
2200	0.03366	0.05446	0.03513	0.03147	0.04366	0.03332	0.05412
2400	0.03394	0.05509	0.03544	0.03184	0.04454	0.03361	0.05456
2600	0.03420	0.05564	0.03574	0.03219	0.04534	0.03388	0.05494
2800	0.03442	0.05614	0.03603	0.03252	0.04608	0.03411	0.05528
3000	0.03462	0.05658	0.03631	0.03284	0.04677	0.03432	0.05559

$$CO_2 \rightarrow CO + 1/2\ O_2 \qquad \Delta H_0 = 283.0\ \text{MJ/kmol} \quad \text{--------}(3.39)$$

$$H_2O \rightarrow H_2 + 1/2\ O_2 \qquad \Delta H_0 = 241.8\ \text{MJ/kmol} \quad \text{-------}(3.40)$$

열해리는 흡열반응을 동반하므로 고온으로 되면 될수록 해리도는 크게 되며, 이에따라 연소온도는 저하된다. 이와 같이 완전한 단열계에서 연소반응이 일어나 반응이 평형에 달하는 상태에서의 연소온도를 단열평형연소온도라 한다. 단열평형온도는 식(3.46)과 같이 단순히 저발열량을 연소생성물의 평균열용량으로 나누어서 얻어지는 연소온도보다 낮은 것이 보통이다. 그러나 연소가스가 냉각되면 이것들이 역반응인 재결합반응이 일어나 발열을 동반한다.

해리전의 몰수에 대한 분해한 몰수의 비율을 해리도(α)라 하며, 〈표 3.7〉에 이를 나타낸다.

〈표 3.7〉 해리도 (%)

온도 (K)	CO_2 분압(atm)				H_2O 분압			
	0.03	0.05	0.10	0.20	0.03	0.05	0.10	0.20
1600	0.2	0.2	0.2	0.1	0.1	0.1	0.1	0.1
1800	1.1	0.9	0.7	0.6	0.5	0.4	0.3	0.2
2000	3.7	3.2	2.5	2.0	1.4	1.2	0.9	0.7
2200	9.9	8.4	6.7	5.4	3.4	2.9	2.3	1.8
2400	20.9	18.1	14.7	11.9	7.2	6.1	4.9	3.9
2600	36.6	32.2	26.9	22.3	13.2	11.3	9.1	7.3
2800	54.0	48.9	42.2	35.8	21.5	18.6	15.2	12.3
3000	69.4	64.6	57.7	50.7	31.7	27.8	23.0	18.9
3200	80.6	85.1	80.6	75.2	43.0	38.3	32.3	27.0

3.5.3 실제연소온도(Actual combustion temperature)

실제 연소장치 내에서의 연소온도는 버너, 연소실벽에의 전도, 대류, 복사열손실, 불완전연소의 영향 등에 의해 단열연소온도보다 낮은 것이 보통이다.

또한 가연혼합기 초기온도 T_o가 298K 이외일 때 298K를 기준으로 한 미연혼합기가 가지는 현열을 저발열량에 계산해 넣어야 한다. 즉 실제연소온도 T_{ac}는 식(3.41)과 같다.

$$T_{ac} = \frac{\eta_c \cdot H_l + Q_p - q_r}{\Sigma G_i \cdot C_{pmi}} + 298\ [K] \quad \text{----------------} (3.41)$$

여기서 q_r은 연소실로부터 연료의 단위량당 방열량, η_c는 연소효율이다.

3.5.4 (CO_2)max%

연료중의 대부분의 가연성분은 탄소 및 탄화수소이다. 이들이 연소하면 CO_2로 되어 배출된다. 공기를 충분히 공급하고, 연소 빙법이 좋으면 (CO_2)%가 상승하지만, 공급되는 공기가 이론량을 넘으면 연소가스 중에 과잉공기가 있어 (CO_2)%는 낮아진다. 따라서 연료에 공급한 공기가 부족한가, 최적량인가, 과잉인가에 따라 (CO_2)%는 달라진다.

연소가스중의 (CO_2)%는 연료중 탄소가 모두 (CO_2)로 되고, 건연소가스량(G)가 최소가 될 때, 즉 이론공기량(A_o)로 연소를 시킬 때이다. 이 때의 (CO_2)% 값을 (CO_2)max%라 한다.

(1) 고체, 액체연료

$$(CO_2)max\% = \frac{1.87*c}{Gd} * 100 \quad \text{-------------------} (2.51)$$

(2) 기체 연료

$$(CO_2)max\% = \frac{(co + co2 + ch4 + 2c2h4)}{Gd} * 100 \quad \text{---------} (2.52)$$

또한 배기가스 분석결과로부터도 구할 수 있는데, 완전연소의 경우 단위체적 건연소가스 중의 과잉공기 체적은 $(O_2)/0.21$이므로, 이론건연소가스체적은 $1-(O_2)/0.21$이 되어 $(CO_2)max\%$는 다음과 같이 계산된다.

$$(CO_2)max\% = \frac{(CO_2)}{1-(O_2)/0.21} * 100 \quad \text{-----------------} (2.53)$$

3.6 열효율

기체연료나 연료증기가 적당량의 공기와 미리 혼합되어 있는 경우, 완전연소에 가까운 연소를 한다.

그러나 실제 연소는 항상 완전연소만을 하지는 않는다. 미연분의 일부는 배기중 미연성분으로 배출되므로 어느 정도가 완전연소 되었는가를 아는 평가의 하나로 연소효율(η_c)을 다음과 같이 정의한다.

연소효율(η_c) = 실제연소시의 발열량/완전연소시의 발열량

여기서 분모는 연료의; 화학적 조성, 분자는 연소가스의 화학적 조성으로 계산에 의해 연소효율(η_c)를 결정할 수 있다. 따라서 연소효율(η_c)는 다음 식(3.42)으로 나타낼 수 있다.

$$\text{연소효율}(\eta_c) = \frac{\rho_g F_g w_g C_{pg} \Delta T}{\zeta m_a H_l} \quad \text{-----------------------} (3.42)$$

단, ζ :(연료/공기)질량비, m_a : 공기질량 유량 H_l :저발열량 ρ_g : 연소가스밀도, F_g : 연소가스 유출단면적 w_g : 연소가스 속도 C_{pg}: 연소가스 비열 ΔT :

온도상승치

여기서, $C_{pg}\Delta T = \zeta \ H_\ell$ 이며, Fg는 연소실 단면적 Fc에 비례하고 유입공기 속도를 wa라고

ma = $F_c * \rho_g * W_a$ 이므로

$$연소효율(\eta_c) = \frac{\rho_g F_g w_g}{\rho_a F_c w_a} \text{ ------------------------------ } (3.43)$$

따라서 연소효율은 연소가스의 유출질량 유량과ㅣ 유입공기의 질량유량의 비에 비례하게 된다.

연료의 저발열량 Hℓ (MJ/kg) 중, 불완전연소에 의한 미발열분으로의 손실열을 qℓ (MJ/kg)이라고 하면, 불완전연소에 의한 발열량 qr은

$$qr = H\ell - q\ell \text{ 이므로}$$

$$\eta = qr/H\ell = 1 - q\ell/H\ell \text{ -------------------------- } (3.44)$$

연소효율은 연소실의 구조, 연소방법 등에 의해 많은 영향을 받는다. 연소효율을 높이기 위해서는 배기가스를 분석하여 미연성분이 발생하지 않도록 공연비나 온도를 가감할 필요가 있다. 연소효율은 화격자 및 유동층연소로에서 0.8~0.97, 미분탄 및 중질유연소로에서 0.9!0.98, 가스연소로에서 0.95~0.99 정도로 연료의 질이나 운전조건에 따라 값이 변한다.

3.7 열정산(Heat balance)

연소장치는 연료의 연소에 의해 발생한 열을 가열용, 동력용으로 이용하는 것이

므로, 열의 합리적 이용은 매우 중요하다. 공급한 열을 가능한 유효하게 이용하기 위해 적당한 연료 선택, 연소방법 채용, 양호한 연소장치 선정, 작업 조정 등 열관리가 필요하다. 적절한 열관리를 하기 위해서는 먼저 장치에 공급된 열이 어떻게 분배되고 있는가의 열흐름을 정확히 파악해야만 한다. 이와 같이 어느 연소장치에서 열의 출입 관계를 상세히 계산하는 것을 열정산(Heat balance)이라 한다.

열정산의 결과는 연소장치가 설계대로 운전되어지고 있는가를 판단할 수 있을 뿐만 아니라, 장치의 고장이나 결함 발견, 효율 향상을 위한 개조, 운전 조건의 개선 등 설계의 기초 자료를 얻을 수 있다.

3.7.1 열정산의 방법

열정산의 대상인 장치에 들어오는 열(입열), 빠져나가는 열(출열)의 주요 항목으로 다음을 들 수 있다.

(1) 입열 Qi

① 재료가 보유하는 열량 Q_{i1} (재료의 발열량)

재료의 발열량과 온도T_o을 기준으로 한 현열과의 합으로 나타낸다. 고발열량을 채용하면,

$$Q_{i1} = H_h + C_{pf} (T_f - T_o) \quad [kJ/kg_f] \text{ ----------------- } (3.45)$$

저발열량의 경우는,

$$Q_{i1} = H_L + C_{pf} (T_f - T_o) \quad [kJ/kg_f] \text{ ----------------- } (3.46)$$

단, C_{pf} 는 연료의 정압 비열 [kJ / (kg·K)], T_f는 연료의 유입온도 [K]이다.

② 연소용 공기의 보유열 Q_{i2} (현열)

주입 공기량을 A [kg/kg−fuel], 유입 공기의 온도를 Ta[K], 정압비열을 C_{pa}라 하면 공기가 가지고 들어가는 열량은 다음과 같다.

$$Q_{i2} = AC_{pa} (T_a - T_o) \quad [kJ/kg_f] \text{ ----------------- } (3.47)$$

③ 수증기의 보유 열량 Q_{i3} (현·잠열)

수증기의 유입량을 G_s [kJ/kg$_f$], 그때 온도를 T_s[K], r을 온도T_o에서의 증기의 잠열[kJ/kg], C_{ps}를 정압비열 [kJ/kg]이라 하면 수증기의 보유 열량은 다음과 같이 나타낼 수 있다.

$$Q_{i3} = G \{ C_{ps} (T_s - T_o) + r \} \quad [kJ/kg_f] \text{ ------------ } (3.48)$$

이 식은 유입 수증기와 온도T_o의 포화수의 비엔탈피 dh_s와 h_p[kJ/kg]로부터 바꿔 쓰면 다음과 같다.

$$Q_{i3} = G (h_o - h_s) \quad [kJ/kg_f] \text{ --------------------- } (3.49)$$

④ 피열물의 보유 열량 Q_{i4} (현·잠열)

피가열물의 질량을 M[kg/kg−fuel], 정압비열을 C_{pm}[kJ/(kg·K)], 그때 온도를 T_{mi}라 하면 Q_{i4}는 다음과 같이 나타낼 수 있다.

$$Q_{i4} = MC_{pm} (T_{mi} - T_a) \quad [kg/kg_f] \text{ ----------------- } (3.50)$$

(2) 출열 Q_o

① 피가열물이 가지고 나가는 열량 Q_{o1}

(현 · 잠열 또는 흡열반응이 있는 경우는 그 반응열)

피가열물의 온도를 T_{mo}[K], w를 건조에 의한 피가열물의 감량율 [kg/lg], r을 증발, 용융 등의 상변화의 잠열이다.

$$Q_{o1} = M(1 - w)\{C_{pm}(T_{mo} - T) + r\} \quad [kJ/kg_f] \text{ --- } (3.51)$$

② 연소가스에 의해 배출되어지는 열량 Q_{o2} (현열)

건연소가스량을 G_d, 습연소가스량을 G_w [kJ/kg-fuel], C_{pg}는 건연소가스의 정압비열이다.

$$Q_{o2} = MC_{pm}(T_g - T_o) \quad [kJ/kg_f] \text{ ------------------ } (3.52)$$

③ 불완전연소에 의한 열손실 Q_{o3}

$$Q_{o3}=V_d\{12630(CO)+59030(HC)+33800(C)+10790(H_2)+33900\triangle C \quad [kJ/kg_f]$$

④ 연소 회분에 의해 배출되어지는 열량 Q_{o4} (현열 및 미연탄소분)

미연분을 $\triangle C$ [kg/kg_f], 연소 회분량을 a[kg/kg_f], 비열을 Cpa, 그때 회분의 온도를 T_a라 하면 Q_{o4}는 다음과 같이 된다.

$$Q_{o4} = (a + \triangle C)C_{pa}(T_a - T_o) + 33900\triangle C \quad [kJ/kg_f] \text{ - } (3.53)$$

⑤ 복사, 전도 등에 의한 방열손실 Q_{o5}

⑥ 축열손실 Q_{o6}

장치가 열용량을 가진 것에 의한 열손실로, 연속 조업의 경우에는 무시 가능하다.

⑦ 들어온 수증기가 가지고 나가는 보유열 Q_{o7}

장치내에 들어온 수증기량을 G_s[kg/kg-fuel]라 하면, 배기와 함께 배출되어질 때 수증기가 가지고 나가는 보유열을 계산해 넣어야 한다.

$$Q_{o7} = G_s(h_s - h_c) \quad [kJ/kg_f] \text{ ------------------- } (3.54)$$

3) 계산 및 열효율

이상의 계산은 열정산의 정의에서 논한 바와 같이 입열($Q_{i1}+Q_{i2}+\cdots$)과 출열($Q_{o1}+Q_{o2}+\cdots$)은 당연히 같아야 한다. 그리고, 이 계산은 수 시간 이상의 연속 작업의 경우에 있어서 측정한 평균치를 기준으로 하고 있지만, 연속 작업이 아닐 경우에는 1주기를 기준으로 계산한다.

장치의 조업 목적에 유용하게 사용되어지는 열량이 유효열량이며, 입열과의 비가 열효율(Thermal efficiency)이다.

연습문제

1. C_3H_8을 연소할 때 건연소가스 중의 CO_2가 10%였다. 이 때 C_3H_8이 완전연소하고 있다고 할 때 공기비 m을 구하라. (m=1.34)

2. C_3H_8=40%, C_4H_6=60%의 기체연료 1Nm³를 연소하여 31.2Nm³의 건연소가스를 얻었다. 이 때 공기비를 구하라. (m=11.19)

3. 프로판가스를 공기비 1.2로 완전연소시켰을 때 프로판 1kg당의 연소가스량을 구하시오.

4. C=86%, H=14%의 소성을 가진 액세연료를 매시 100kg 연소한 경우의 배기가스 분석 결과 CO_2=12.5%, O_2=33.7%, N_2=83.8%였다. 이 때 한 시간당 연소용 공기량을 구하라. (A=1365)

5. H_2=50.0%, CO=40.0%, CH_4=0.5%, N_2=4.5%로 되어 있는 가스연료를 완전연소할 때 건연소가스의 분석 결과가 CO_2=13.7%, O_2=6.9%, N_2=79.4%이었다고 한다면 이 때 공기비는 얼마인가? (m=1.5)

6. C=87%, H=10%, S=3%의 중유의 $(CO_2)_{max}$는 얼마인가? 또한, 그 중유를 50%의 과잉공기로 연소시킬 때 연소가스를 오르자트가스 분석기로 분석할 경우 그 연소 가스중 CO_2%는 얼마인가? ($(CO_2)_{max}$=0.163, CO2=10.8%)

7. C=84.0%, H=12.5%, S=2.5%, N=1.0% 조성의 중유를 15 Nm³/kg의 공기로 완전연소시킬 때 배기가스중의 유황산물은 몇 ppm인가? 단, 중유중의 유황은 전부 SO_2로 되는 것으로 한다. (1200ppm)

8. C=86%, H=12%, S=2%의 중유를 과잉공기로 완전연소시켜 배기가스를 분석한 결과, CO_2가 10%이었다. 이 경우 O_2, SO_2, N_2의 농도는 몇 %인가? (O_2=7.58%, SO_2=0.087%, N_2=82.3%)

9. CO_2=17.7%, CO=23.9%, H_2=2.9%, N_2=55.5%조성의 기체연료를 공기량 0.67 Nm³/Nm³으로 완정연소시킬 경우 공기비, 건연소가스 조성 및 연소가스 중의 수분량을 구하라.
(m=1.05%, (CO_2=27.6%, O_2=0.445%, N_2=71.9%), WW=0.0152kg/Nm3)

10. 메탄 (HL=39.9 MJ/Nm³)을 사용하여 온도 773K의 건조용 연소가스를 얻으려 한다. 방열손실이 없을 경우 연소가스의 절대습도를 구하라. 단, 메탄 및 연소용 공기의 온도는 293 K이며 건조하다. 그리고, 연소효율은 100%로 하고 배기가스의 비열은 1.34 KJ/(Nm³·K)로 한다. (2.07×10^{-2} kg/kg)

11. 순수한 탄화수소를 이론공기량으로 연소시켜, 그 배기가스의 분석 결과 CO_2=12%, O_2=5%, CO=0%였다. 이 탄화수소는 어떠한 조성으로 되어 있는가? (CH_4)

12. 가솔린의 조성은 옥탄에 의해 대표시킬 수 있다고 할 때, 다음 값을 구하라.

(a) 저발열량은 44.3MJ/kg이다. 고발열량을 구하라.

(b) 옥탄의 이론공기량 [N㎥/kg]

(c) 양론혼합에 있어서의 공기비 [kg/kg]

(d) 양론혼합기의 단위체적당의 저발열량 [KJ/N㎥]

((a)47.58MJ/kg, (b)11.7N㎥/kg, (c)15.09, (d)3.73MJ/N㎥)

13. 해리가 없다고 할 때 다음의 혼합기의 이론연소온도를 구하라. 단 혼합기는 298K로 공급되는 것으로 한다.

(a) 40%과잉공기의 수소-공기화염

(b) 양론혼합에 의한 수소-공기화염

(c) 양론혼합에 의한 메탄-공기화염

((a)2061K, (b)2327K, (c)2241K)

14. 어떤 중유 연소로의 연소배기가스조성은 Co_2(SO_2 포함)=11.3%, CO=0%, O_2=5.7%, N_2=83.0% 였다. 중유의 분석 결과는 C=84.6%, H=12.9%, S=11.6%, O=5.7%이며, 비중은 0.924kg/ℓ 이다.

(a) 연소용 공기의 공기비는 얼마인가? (m=1.35)

(b) 2297K, 760mmHg에서 중유 1ℓ 당의 공급 공기량을 구하라.

(A=13.69, Vair=14.89㎥)

15. 탄화수소의 이론완전연소를 위한 일반반응식을 나타내시오.

16. 연쇄반응을 설명하시오.

17. 열정산에 대해 설명하시오.

18. 반열량에 대해 설명하시오.

19. 공기비를 크게 해도, 또는 작게 해두 연소장치의 효율이 떨어지는데 그 이유를 설명하시오

04

기체연료의 연소

착화

착화과정 / 강제점화 / 자발착화

소염현상

소염 현상의 개요 / 소염의 조건

기체연료의 연소형태

예혼합연소 / 난류 예혼합 연소 / 확산 연소

화염의 안정화

경계속도 구배론 / 화염신상 이론 / 고속 기류중에서 화염의 안정화 /보염 방법

제4장

기체연료의 연소

기체 연료의 연소는 연소현상을 이해하는데 있어서 가장 기본이 된다. 즉, 연료의 표면반응을 제외한 액체연료의 증기, 고체연료의 휘발분과 같이 통상의 연소반응은 기상중에서 진행한다.

여기서는 먼저 연소반응이 개시되고 지속하는 과정을 설명하고, 기체연료의 연소형태에 의해 예혼합연소 및 확산연소로 분류하여 각각의 층류화염 및 난류화염의 구조에 대하여 설명하기로 한다.

4.1 착화(Ignition)

연소반응을 개시하고, 지속하는 과정을 **착화, 점화 또는 발화**라고 한다. 일반적으로 불을 붙이려고 하는 조작을 점화라 하고, 가연물이 타기 시작하는 것을 착화라 한다.

4.1.1 착화과정

연소범위 내에 있는 혼합기에 에너지를 공급하면 착화한다. 이 때 물질에 따라

착화에 필요한 에너지는 다르다. 이것은 착화 과정이 다르기 때문이다. 이와 같이 다양한 착화과정을 전반적으로 설명하기는 쉽지 않지만 몇 가지로 분류해 그 개요를 설명할 수가 있다. 착화과정 중 가장 이해하기 쉬운 것은 가연성기체와 산화제가 연소범위 내의 농도로 혼합해 있는 혼합기 즉 가연조건에 있는 기체의 착화과정이다. 이 가연 조건에 있는 기체의 일부에 열이 가해져 온도가 상승한다면 이 부분에 있어서는 연소 반응이 시작하고 발열, 활성기가 생성되며, 이와 동시에 외부에로 열, 활성기가 또한 소멸한다. 이때 발열속도보다 열손실속도가 작으면 온도는 상승하고 활성지수가 증가하여 반응속도는 증대한다. 착화원이 다르면 기체에의 에너지 전달 방법이 다르고 또 기체의 종류, 농도 등 그 성질이 다르면 반응속도의 온도 의존성, 발열량이 달라지지만 착화과정을 구성하는 각 과정의 지속시간, 반응기구등의 차이점을 제외하면 가연조건에 있는 기체에 착화하기까지 과정은 같다고 보아도 좋다.

〈그림 4.1〉에 가연성기체의 착화과정을 보인다.

가연성 액체의 착화과정은 액체연료증기가 산화제 중에 확산, 혼합하여 가연성 혼합기가 되고, 여기에 착화원에 의해 열이 부가되어 착화된다. 즉 가연성액체가 증발하여 가연성기체를 만든 이후 착화과정은 가연성기체 착화와 같다.

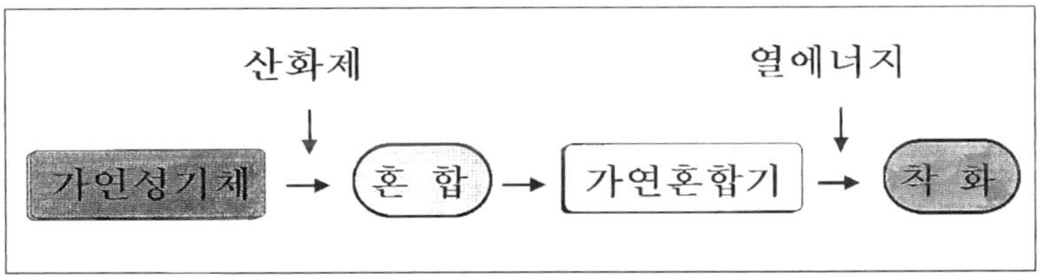

〈그림 4.1〉 가연성기체의 착화과정

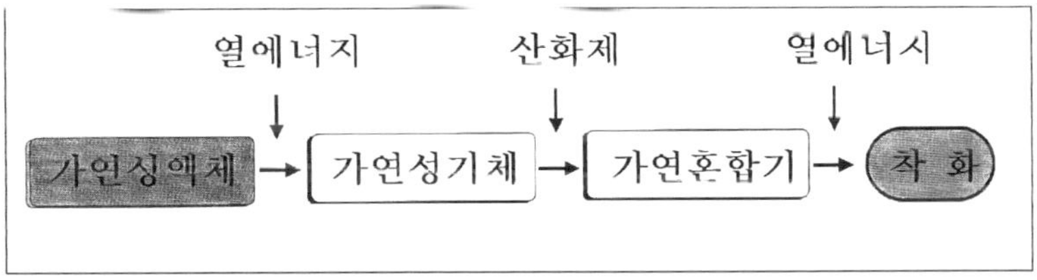

〈그림 4.2〉 가연성액체의 착화과정

가연성 고체의 공기 중에서의 착화과정도 가연성 액체와 마찬가지로 기화과정이 불가피하다. 이 경우 기화과정으로서는 열분해, 용융후 증발, 승화 등이 있으며, 가연성액체보다 다양하다. 또한 기화과정이 착화현상에 크게 영향을 미친다.

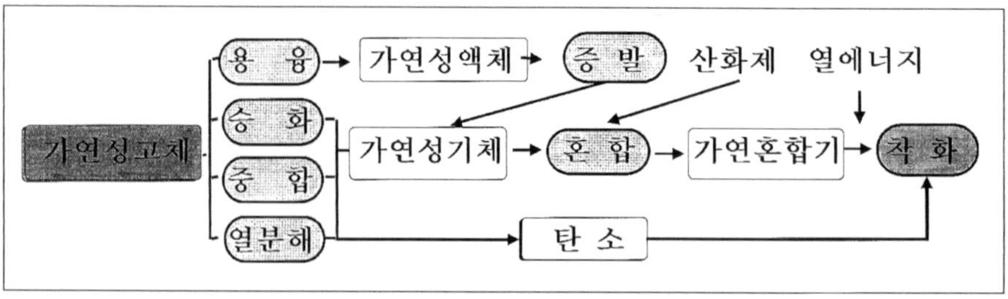

〈그림 4.3〉 가연성고체의 착화과정

4.1.2 강제점화(Forced ignition)

별도의 점화원을 사용해 가연혼합기의 연소를 개시시키는 것을 말하며, 점화원의 종류에 따라 점화형태가 약간 다르다. 강제점화는 오토사이클 기관과 같이 전기불꽃에 의해 화염핵을 만드는 화염점화, 전열선등의 뜨거운 표면을 혼합기와 접촉시키는 열면점화, 혼합기 중에 화염을 삽입하는 토오치점화, 혼합기 중에 고온가스 및 프라즈마를 불어 넣는 프라즈마점화 등이 있다.

이 중에서 전기불꽃점화는 가솔린기관등 많은 연소장치에 폭넓게 사용되고 있다. 이때 에너지는 국소적으로 고온을 얻기 위한 수단으로, 단시간에 좁은 공간에 있어서, 통상 화염보다도 높은 온도를 만들 수 있다. 이 경우 개시하는 연소반응이 그 주위의 기체에 얼마만큼 잘 전파하는가가 점화에 직접 관계한다. 즉 국소적으로 들어간 에너지로 공간에 있는 기체의 온도를 상승시켜 연소반응을 개시하고, 안정하게 연소를 지속하려 하는 것이 착화의 조건이 된다. 이와 같이 점화시 점화를 위해 필요한 최소한의 에너지를 **최소점화에너지**(Minimum ignition energy,Ec)라 한다. 실제로 최소점화 에너지를 구할 때에는 전기불꽃을 이용하는 경우가 많다.

〈그림 3.4〉는 가연성 혼합기 혹은 분해연소성 기체에 놓아둔 2장의 유리원판에 전극을 부착하여 원판의 간격 d를 변화시켜 가면서 전기불꽃에 의한 점화의 가부를 검토한 결과이다. 여기서 Ec는 최소점화에너지이며, d를 너무 좁게하면 전극의 소염작용에 의해 Ec는 증가 한다. 다음에 d를 넓혀 나가면, Ec는 저하하며 전극의 소염작용이 없어진 순간에 극소적 Ec으로 된다. 이 상태는 어느 범위동안에 유지되지만, d가 임계치를 넘으면 Ec는 다시 증가하기 시작한다. 이것은 화염의 형상이 구형에서 원주형으로 변화하고, 점화효율이 저하하기 때문이다. 또한, Ec는 압력이 증가하면 압력의 제곱에 역비례하여 감소하는 것으로 알려져 있다.

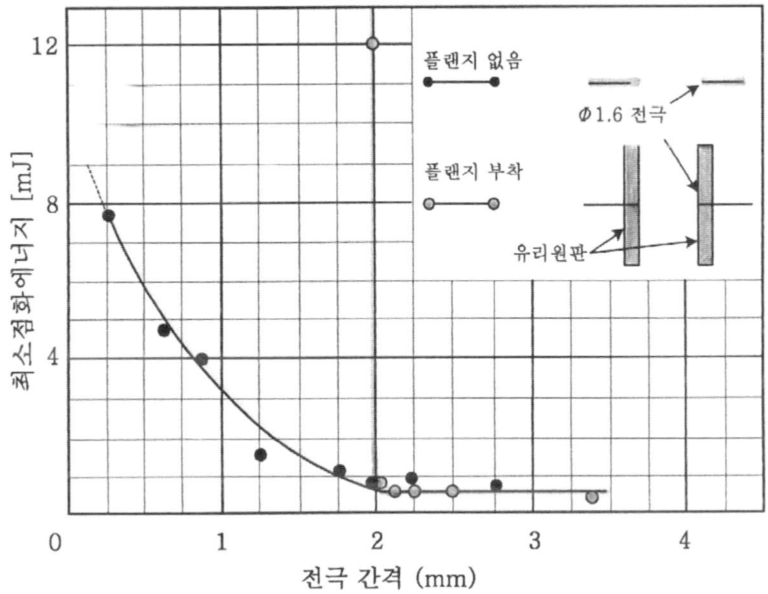

〈그림 4.4〉 전극간격과 최소에너지 (천연가스(CH483%+C2H1617%, 양론비)

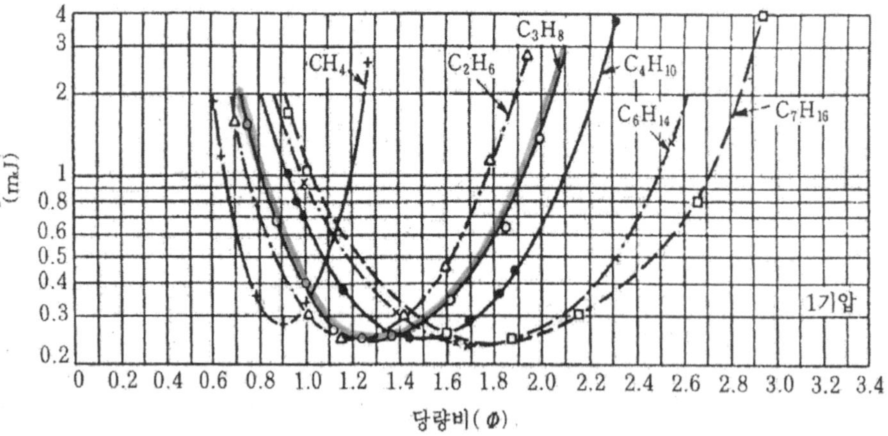

〈그림 4.5〉 최소점화에너지

다음에 Ec와 당량비와의 관계를 대기압하에서, 각종연료와 공기의 혼합기에 대하여 측정한 결과를 〈그림 3.5〉에 나타낸다. 최소치는 0.2-0.3 mj정도이며, 메탄을 제외한 나머지는 양론비보다 진한 혼합비에서 최소치를 나타내고 있으며, 그 당량비는 탄소원자수의 증가와 함께 커지며, 강한 불꽃을 가해도 점화하지 않는 농도한계가 존재하는 것을 알 수 있다. 또한 불꽃점화에서는 전극의 소염작용이 점화를 방해하지만, 프라즈마점화에서는 고체면으로부터 떨어진 곳에서 점화가 일어나므로 소염작용의 영향을 작게 받게 할 수 있다.

4.1.3 자발착화(Self ignition)

가연혼합기를 넣은 용기를 어느 일정한 온도로 유지하면, 어느 정도의 시간 지연이 있은 후에 혼합기가 자연적으로 착화한다. 이러한 현상을 **자발착화, 자연발화 또는 자가착화**라 한다. 이때 착화에 필요한 시간을 **착화지연**(ignition delay time, ignition lag), 온도를 **착화온도**라 한다. 자발착화온도는 연료의 종류에 따라 다르며 측정방법, 장치에 의해 다른 값들이 얻어지고 있다. 이것은 연료, 용기 등에 의해 열의 축적, 방열속도가 다르기 때문이다. 이 자발착화현상은 열착화이론과 연쇄반응이론으로서 착화과정을 간단히 이론적으로 설명할 수 있다.

1) 열착화이론

어느 반응계 내부에서 발열반응에 의한 열의 발생속도와 계에서 외부에의 열 방출속도를 비교하여 계에서의 열적인 안정성을 검토하고 착화를 논하는 이론이다. 계 내부에서 반응에 의해 단위시간에 발생하는 열량 q_1은 열발생이 Arrhenius 반응속도법칙에 따른다고 하면 다음과 같이 표시할 수 있다.

$$q_1 = QvC^nB\exp(-E/RT) \quad \text{------------------------} \quad (4.1)$$

v : 반응계의 체적, Q : 단위체적당 발열량,
Cn : 반응속도의 속도항, C : 반응속도의 몰수

한편 반응계에서 단위시간에 유출하는 q_2는

$$q_2 = \alpha A(T - T_0) \quad \text{-------------------------------} \quad (4.2)$$

A: 계 경계면적 h: 열전달율 T: 내부온도 T_0: 계 경계온도

반응계에 있어 발열속도와 방열속도와의 관계를 개략적으로 〈그림 4.6〉에 나타낸다.

계의 온도가 상승하면 발열량(q1)은 지수적으로 증대하는 것에 비해 방열속도 (q_2)는 온도차에 비례해 상승한다.

$q_1 > q_2$이면 계의 온도는 상승하고 $q_1 < q_2$이면 계의 온도는 내려간다.

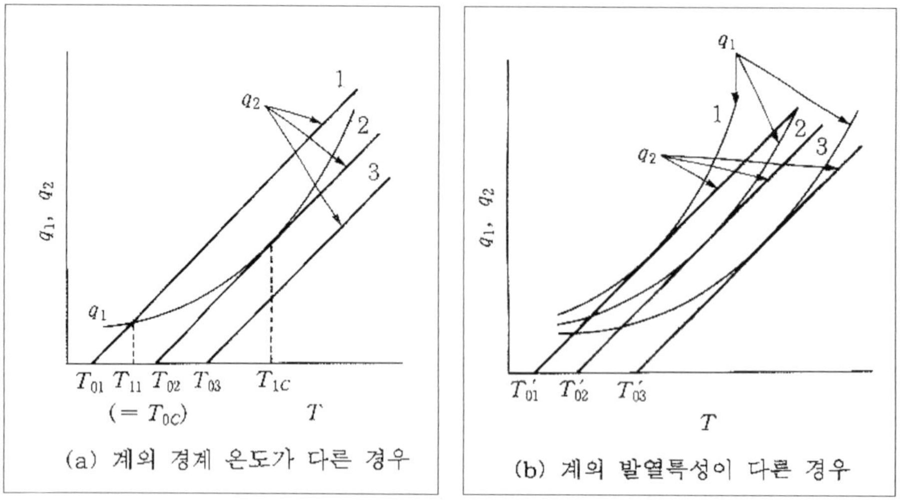

〈그림4.6〉 발열속도와 방열속도와의 관계

계의 경계온도가 T_{01}인 경우, q_2와 q_1의 교점 T_{11}까지는 q_2가 q_1보다 작으므로 계의 온도는 상승한다. 계의 경계온도가 이대로 라면, $T>T_{11}$에서는 $q_1<q_2$이므로 온도는 상승하지 않는다. 따라서 계의 온도는 T_{11} 이상으로 되지 않는다. 계의 경계온도를 상승시켜 T_{03}로 하면 항시 $q_1>q_2$이므로 온도는 계속 상승한다. 항시 $q_1>q_2$인 계의 경계온도의 최저치, 즉 그림에서 T_{02}가 착화되기 위한 최저온도 T_{0C}이다.

어느 경우에도 계의 경계온도가 T_{0C}일 때 q_1과 q_2값이 T_{1C}에서 일치하고, 온도에 의한 변화, 즉 구배도 일치한다. 바꾸어 말하면 착화한계에서는 T_{1C}에 있어 $q_1=q_2$ 및 $\frac{\partial q_1}{\partial T}=\frac{\partial q_2}{\partial T}$가 성립한다. 이들 관계에 (4.1), (4.2)의 q_1 및 q_2를 대입해 얻어진 식에서 $T=T_{1C}$, $T_0=T_{0C}$로 놓으면 다음 식이 얻어진다.

$$QvC^nB\exp(-E/RT_{iC})=\alpha A(T_{1C}-T_{0C}) \quad \text{------------------} \quad (4.3)$$

$$\frac{E}{RT_{1C}^2}Q_1 vC^n B\exp(-E/RT_{1C}) = \alpha A \quad \text{------------------- (4.4)}$$

윗 식을 풀면

$$T_{1C} = (E/2R)(1-\sqrt{1-4RT_{0C}/E}) \quad \text{--------------------- (4.5)}$$

또 $4RT_{0C}/E \ll 1$이므로 T_{0C}^2항까지 정리하면 착화한계온도상승 $\triangle T_C = T_C - T_{0C}$는 다음과 같이 근사시킬 수 있다.

$$\triangle T_c \equiv T_{1C} - T_{0C} \fallingdotseq RT_{0C}^2/E \quad \text{------------------------- (4.6)}$$

식(4.6)을 식(4.3)에 대입하고, RT0C/E≪1이라 하면

$$QvC^n B\exp(-E/RT_{oC}) = \alpha ART_{oC}^2/E \quad \text{------------------- (4.7)}$$

양변에 대수를 취하고 Q, v, B, A, α 가 일정한 경우에 대해 정리하면

$$\text{In}(C^n/\alpha T_{0C}^2) = E/RT_{0C}^2 + C_1$$

농도 C가 압력 p에 비례하고, 온도 T에 반비례하고, 열전달율 α 가 $T^{1/2}$에 비례하고, p에 반비례하는 것을 고려하면 근사적으로 다음식이 얻어진다.

$$\text{In}P_c = \frac{A}{T_{0C}} + C_3 \quad \text{------------------------------ (4.8)}$$

이 (4.8)식을 **Semenov의 착화 한계식**이라 하며, Pc와 Toc의 관계를 나타내고 있다. 이 식에서 온도가 높을수록 한계압력이 낮아지고, 역으로 압력이 높을수록 착화온도가 낮아짐을 알수 있다.

2) 연쇄반응이론

착화는 활성기의 수가 증가하면서 연소를 지속하는 현상이라 할 수 있다. 활성기가 증가하면 반응계에 있어 단위시간, 단위체적당 반응에 관여하는 입자수가 증가하므로 반응속도는 커진다. 따라서 연소반응이 자발적으로 발생, 진행하기 위해서는 활성 반응기가 필요한 농도만큼 공급되면 된다는 것에 착안해 착화를 논하는 이론이다. 예로 수소 연소에 대해 생각해 보자. 일반 총괄 반응식은

$$H_2 + \frac{1}{2}O_2 \rightarrow H_2O \quad \text{------------------------------------} (4.9)$$

로 쓸 수 있다. 그러나 실제 반응이 이 식을 따라 진행하는 것은 아니고, 많은 소반응이 존재한다.

최종적인 반응물이 생성하기 전의 많은 소반응을 크게 나누면,

① 안정한 분자에서 활성기를 발생하는 반응 (연쇄개시반응)

$H_2 + O_2 \rightarrow HO_2 + H$

$H_2 + M \rightarrow H + H + M$

② 활성기의 종류가 바뀌는 반응 (연쇄이동반응)

$OH + H_2 \rightarrow H_2O + H$, $O + HO_2 \rightarrow O_2 + OH$

③ 활성기의 수가 증가하는 반응 (연쇄분지반응)

$H + O_2 \rightarrow OH + O$, $O + H_2 \rightarrow OH + H$, $O + H_2O \rightarrow OH + OH$

④ 기상중의 안정분자와 충돌해 활성을 잃는 반응(기상정지반응)

$H + OH + M \rightarrow H_2 + M$, $H + O_2 + M \rightarrow HO_2 + M$,

$OH + HO_2 + M \rightarrow H_2O + O_2 + M$

⑤ 고체 표면에 충돌해 활성을 잃는 반응(벽면정지반응)

$$H_2O_2 \rightarrow H_2O + \frac{1}{2}O_2,\ H,\ OH,\ O \rightarrow \text{안정분자}(H_2,\ O_2,\ H_2O)$$

이 연쇄반응이론을 사용하면 열이론으로 설명할 수 없는 폭발반도, 냉염현상의 해석이 일부 가능하다.

3) 착화의 조건

착화현상을 충분히 이해한다면 착화를 지배하는 인자 상태 등을 알 수 있다. 착화현상에 비교적 강한 영향을 미치는 인자를 들어 착화조건에 대해 서술한다.

지금까지 많은 자료가 있지만 이들 중, 착화 가능한 농도범위에서는 연소범위, 최소착화에너지, 착화온도, 착화 가능한 온도범위, 압력범위, 착화에 미치는 첨가물질 등이 있다.

① 착화지연시간(Ignition lag)

자연발화는 물론이고 강제점화에 있어서도 착화에 필요한 외부조건이 만족되었다 해도 착화현상이 일어나는 데까지는 어느정도 시간이 필요하다. 이 기간을 **착화지연시간**이라 하며, 착화지연시간은 착화조건에 의해 다르다. 예로 전기점화 시는 에너지가 감소할 수록 착화지연시간은 길어진다. 또 희박 및 과농혼합기로 될수록 착화지연시간은 길어진다. 일반적으로 착화하기 어려운 조건일수록 착화지연시간은 길어진다.

착화하기까지 기화 및 주위와의 혼합이 필요한 가연성액체연료, 가연성고체연료의 착화지연시간에는 기화 및 혼합에 필요한 시간도 포함된다. 이와 같은 경우, 기화, 혼합에 필요한 시간을 **물리적 착화지연시간**이라고 하고, 이후 반응과 발열에 의해 착화원을 만들어 착화할 때까지의 시간을 **화학적 착화지연**이라 한다.

전체의 착화지연시간은 이 물리적 지연과 화학적 지연의 합을 말한다.

② 가연범위(Inflammable limit)

혼합기 중에서의 화염전파는 모든 혼합기 중에서 가능한 것이 아니고, 혼합기의 조건, 즉 연료와 산화제의 혼합비율, 온도, 압력 등이 어느 범위에 있을 때만 가능하다. 이와 같이 물질이 연소할 수 있는 압력, 온도, 농도 등의 범위를 가연범위라 한다. 가연성 기체와 산화제를 어느 비율로 혼합한 혼합기가 연소한다고 할때, 이 론혼합기는 연소범위 내에 있는 것이 되며, 같은 가연성기체와 산화제를 혼합한 혼합기라도 혼합비율에 따라 연소하지 않기도 한다. 즉, 가연성 기체가 너무 많은 진한 혼합기, 또는 가연성 기체가 너무 적은 희박 혼합기에서는 연소를 하지 않는다. 연소하는 한계의 가연성 기체의 농도한계를 가연한계라 한다. 가연성 기체농도가 낮은 희박한계를 **하한계**, 농도가 높은 쪽 한계를 **상한계**라 하며, 이들 한계 사이의 농도범위에서 연소가 일어난다. 즉 가연한계이다.

이와 같은 연소범위는 산화제의 성질, 압력, 온도, 실험장치 및 방법 등에 따라 달라진다. 〈표 4.1〉에 표준화된 측정장치를 이용하여 측정된 가연한계 값을 보인다.

이 표준장치는 미국광산국에서 개발한 길이 150cm, 직경 5cm의 석영관 중에 혼합기를 넣고, 이 밑부분에서 불꽃점화 시켜 화염이 상단까지 전파할 때의 혼합기 조성의 한계를 구하는 것으로, 대기압 하에서의 실험에서는 하단을 개방한 상태로 점화한다.

〈표 4.1〉 가연성기체-공기혼합기의 가연한계 (연료의 체적 %, 25℃, 대기압)

연료	하한vol% (당량비)	상한vol% (당량비)	연료	하한vol%, (당량비)	상한vol%, (당량비)
메탄	5.0(0.50)	15.0(1.69)	에탄	3.0(0.52)	12.5(2.39)
프로판	2.1(0.51)	9.5(2.51)	부탄	1.86(0.50)	8.4(2.85)
펜탄	1.5(0.58)	7.8(3.23)	헵탄	1.05(0.56)	6.7(3.76)
헥산	1.1(0.50)	7.5(3.66)	옥탄	1.0(0.60)	6.5(4.27)
에틸렌	2.7(0.40)	36.0(8.04)	메탄올	6.0(0.46)	36.0(4.03)
아세틸렌	2.5(0.31)	100	에탄올	3.3(0.49)	19.0(3.36)
벤젠	1.3(0.49)	7.1(2.74)	수소	4.0(0.10)	75.0(7.17)
톨루엔	1.2(0.52)	7.1(3.27)	이소옥탄	1.1(0.66)	6.0(3.80)

이 석영관 속을 화염이 위쪽으로 전파하는 경우, 하방에 전파하는 경우에서는 중력에 의한 부력의 영향에 의해 전자쪽이 그 가연한계는 넓게 된다.

이 측정에서 중요한 것은 발생한 화염이 자력으로 전파하는 능력이 있는 것을 확인하는 것으로, 이를 위해서는 관경이 충분히 크고, 관 길이도 점화원의 영향없이 화염이 전파하는 것을 확인하는 것, 또 점화가 충분히 강하게 일어나는 것이다.

일반적으로 관직경이 5cm 이상에서는 가연한계에 미치는 영향은 거의 작고, 또 점화에 불꽃 점화가 사용되는 경우, 이 에너지는 1~20mJ 정도가 적당하다고 알려져 있다.

③ 최소착화에너지와 착화온도

가연성기체가 연소를 시작하기 위해서는 공기 또는 산소와 혼합하고 어느 온도 이상으로 가열되든지 또는 혼합가스에 어느 정도 이상의 에너지를 공급해야만 한다. 즉 어느 공간에서 국소적으로 에너지를 공급하여 이 공간에 있는 기체의 온도를 상승시켜, 연소반응을 시작하고, 안정하게 지속하는 것이 착화의 조건이다.

이와 같이 국소적으로 고온으로 만들기 위해 전기점화와 같은 착화원으로 착화할 때의 최소에너지값을 최소착화에너지라 한다.

착화온도는 혼합가스를 가열해 갈 때, 다른 점화원없이 연소를 시작하는 최저온도를 말하며, 착화온도는 혼합기의 산화반응에 따라 발생하는 열량과 주위에 방출하는 열량의 균형에 의해 결정되므로 측정방법, 혼합기의 공기비, 압력, 유속 등의 제조건에 따라 변화한다.

공기중의 가연성 기체 또는 가연성 물질이 기화해 생긴 기체는 공기와 확산 혼합해 가연조건 영역을 만들어간다. 이 영역 중에서 가장 착화하기 쉬운 위치, 즉 최저착화온도의 최저치를 갖는 혼합비에서 착화를 한다. 이와 같은 방법으로 구한 각종 가연성 물질의 최저착화온도의 측정치를 〈표 3.2〉에 보인다.

〈표 4.2〉 가연성기체의 최저착화온도

가연성기체	최저착화온도(℃)	가연성기체	최저착화온도(℃)
메탄	537	아세틸렌	305
에탄	472	벤젠	498
프로판	432	톨루엔	480
부탄	287	메탄올	385
펜탄	260	에탄올	363
헥산	223	수소	500
헵탄	204	일산화탄소	609
옥탄	260	포름알데히드	424
헥사데칸	202	암모니아	651
에틸렌	450	이소옥탄	415

액적 상태에서 가열하여 공기중에 혼입한 경우나 고체의 온도를 상승시켰을 경우, 가연성물질은 착화전에 기화한다. 발생한 기체온도는 기화열이 필요한만큼 주위온도보다 낮게 되므로 착화온도로서 측정된 주위의 온도는 기화한 후 공기와 혼합해서 얻어진 혼합기의 최저착화온도보다 높게 된다.

④ 착화에 미치는 압력과 온도의 영향

상대적으로 압력이 높으면 낮은 온도에서 자기착화하고, 온도가 높으면 낮은 압력에서 자기착화하는 것은 열착화이론에서 얻어진 Semenov식(4.8)에서 알수 있다. 압력, 온도가 변화하면 자기착화 현상뿐만 아니고, 연소범위, 착화특성이 변화한다. 연소범위의 압력의존성 및 온도의존성을 각각 그림4.7 및 그림4.8에 보인다. 그림에서와 같이 압력이 낮아지면, 착화가 일어나지 않는 영역이 존재하고, 압력이 높아짐에 따라 연소범위는 넓어진다.

압력이 낮아지면 국소적으로 열을 가해도 또 화학반응이 일어나 발열해도 열, 활성기가 잘 전달되어 벽에서의 열활성기의 손실에 의해 온도가 상승하기 어려워 연소반응이 지속되지 않게 된다.

온도가 높을 때는 열의 방열속도가 늦어지므로 연소범위는 좌우로 넓어지며, 반대로 온도가 낮을 때는 방열속도가 빨라져 연소범위는 좁아진다.

압축하여 압력을 상승시키면 반응의 분자 농도가 증대하여 반응속도는 증가하고 전도 전열은 압력에 거의 영향을 받지 않고, 복사 전열은 압력에 비례, 대류 및 분자 확산은 압력에 반비례하므로 방열 속도는 압력에 의해 거의 변하지 않는다. 이 때문에 압력 상승시 발열속도는 촉진되나 방열속도는 변화하지 않으며, 결국 폭발이 심해지고, 연소범위도 넓어진다.

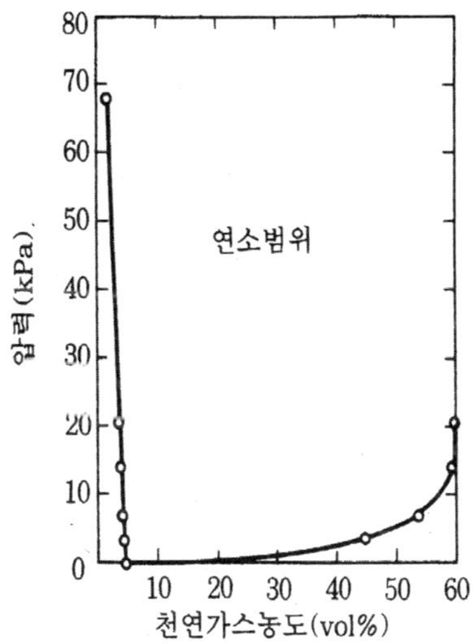

〈그림 4.7〉 연소범위의 압력의존성
(천연가스)

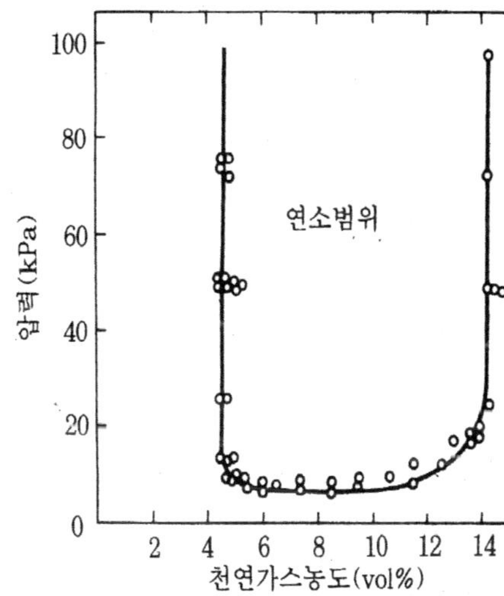

〈그림 4.8〉 연소범위의 온도의존성
(수소-공기혼합기)

4.2 소염현상

4.2.1 소염 현상의 개요

화염이 소멸하는 현상, 즉 기상 중에서 연소가 지속될 수 없는 현상을 **소염** (Extinction, quenching)이라 한다. 화염이 소멸하는 주요한 이유로써는 1)연소에 필요한 가연성기체 또는 산화제가 화염반응대에 공급이 불충분할때 2)연소반응에 불가결한 열 및 활성기가 화염으로부터 미연소물질에 피드백이 불충분할때 등을 들 수 있다. 여러 원인으로 소염이 일어나지만, 어느 경우도 1) 또는 2), 1)2) 양방의 원인으로 일어난다.

예혼합화염의 경우에는, 미연소혼합기축에서 공기가 혼입하여 가연성기체의 농도가 연소범위 하한계 이하로 되는 경우, 불활성기체가 혼입하여 가연범위를 초과하는 경우, 가연성기체의 농도가 증대하여 연소범위의 상한계 이상되는 것 등이 소염의 원인이 된다.

확산화염의 경우에는 화염에의 가연성기체 및 산화제의 공급이 **확산 율속**(Rate controlling)이기 때문에, 화염반응대에의 가연성기체의 공급이 불충분하면 연소는 지속되지 못한다. 그리고, 확산속도는 확산하는 물질의 농도구배가 저하하면 화염에의 산화제 및 가연성기체의 공급이 감소하게 된다. 산소농도가 저하하거나, 가연성 기체에 다량의 불활성 기체가 들어 있을 때는 소염이 일어난다. 화염에서의 발열속도가 주위의 열복사등에 의한 열손실의 속도보다 적게 될때, 즉 화염으로부터의 혼합기에의 열 피드백 현상이나 확산화염의 흐름의 의존성 등이 소염발생의 원인으로 된다. 화염이 예혼합화염이든, 확산화염이든 연소반응에 꼭 필요한 열, 활성기가 충분히 공급되지 않을 때 소염현상은 일어난다.

4.2.2 소염의 조건

이상과 같이 소염은 연소현상을 제어하는데 있어서 대단히 중요한 현상이다. 여기에서는 실제의 장치에서 일어날 가능성이 있는 소염현상 중 고체벽에 의한 열과 활성기의 손실에 대하여 설명하기로 한다. 이외에 물질첨가 및 화염신장등에 의한 소염이 있지만 여기서는 생략한다.

고체면을 화염중에 삽입하면 고체면에서 어느 정도 거리 이내에서는 열과 활성기의 손실에 의해 화염반응대에 있어서 연소반응이 지속할 수 없게되어 소염이 일어난다. 또, 가연 혼합기 내에 2장의 평판을 삽입하고, 그 간격을 서서히 감소시켜 가면 평판 사이를 화염이 전파하지 못한다. 이러한 현상을 정량적으로 나타낸 것으로 소염거리(quenching distance)가 있다. 소염거리는 2장의 평판사이를 화염이 전파할 수 없는 최대의 평판 간격 d0을 말한다. 그림4.9에 소염거리를 측정한 예를 나타낸다. 이 때 화염이 전파하는 통로가 원관이라면 소염직경 dr이라고 한다. 이들 사이에는 다음의 관계가 있다.

$$d_p \ / \ d_r = 0.65 \quad \text{(4.10)}$$

여기서 d_p는 평판소염거리, d_r은 원관소염거리이다. d_p, d_r은 상온, 상압하에서는 1mm 전후이고, 압력과 층류연소속도가 증가하면 작아진다. 특히 압력과는 반비례 관계를 갖는다.

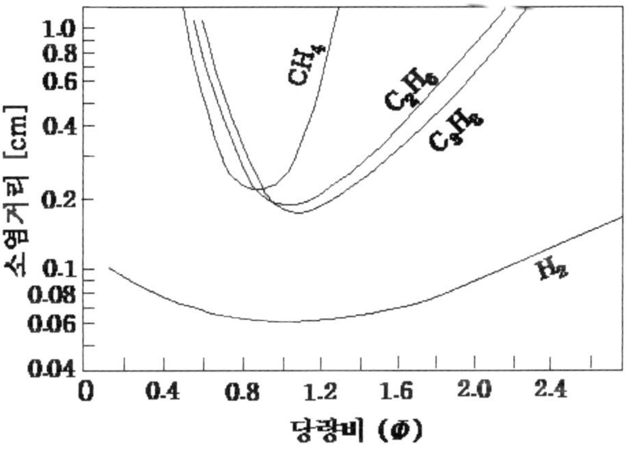

〈그림 4.9〉 기연성기체-공기혼합기의 소염거리

또한, 소염거리는 〈그림 3.8〉에 나타낸 것과 같이 최소착화에너지와도 밀접한 관계가 있다. 이 관계는 근사적으로 다음 식으로 나타낼 수 있다.

$$d_p = 0.35 \ Ec^{0.5} \quad \text{(4.11)}$$

4.3 기체연료의 연소형태

우리 주위에서 일어나는 연소현상은 대부분 기상에서 일어나며, 화염의 형태는 연소상태에 크게 의존한다. 화염의 형상을 관찰하는 것은 연소현상을 규명하는데 가장 중요한 과정이다. 여기서는 먼저 화염을 형태에 따라 분류하고, 연소에 관여하는 물질의 상태들의 관계에 대해 설명한다.

1) 반응체의 초기의 물리적 상태

연료 또는 산화제의 처음 상태가 기체, 액체, 또는 고체인가에 따라 연소현상을 분류하는 경우가 있다. 고체 활성성분의 연소 등 특수한 경우를 제외하고 액체나 고체 표면상에서 산화반응이 진행하는 것은 아니다. 대부분은 증발, 승화하여 기체 상태에서 반응이 일어난다.

연료, 산화제 모두가 기체인 것을 균일 연소, 그렇지않은 것을 불균일연소라 한다. 불균일연소의 경우에는 상이 다른 연료와 산화제의 초기 물리적 상태가 달라, 이들 상의 계면에 발생하는 승화, 열분해, 표면화학반응 등의 현상이 지배하기 때문에 충분한 검토가 중요하다.

① 균일연소(Homogeneou combustion)

② 불균일연소(Heterogeneous combustion)

2) 반응체의 혼합상태

① 예혼합연소(Premixed combustion)

② 확산연소(Diffusion combustion)

일반적으로 관찰되는 화염은 기체 또는 기화한 가연성 물질과 산화제, 즉 가연성 기체와 기체 산화제에 의해 형성되는 것이다. 가연성 기체와 산화제가 미리 혼합한 후 연소하는 경우에 형성되는 예혼합화염과 각 측에서 화염에 공급되면서 형성되는 확산화염이 있으며 이들의 성질은 많이 다르다.

예혼합화염은 혼합기 중을 전파하는 일종의 연소파이고, 이 속도는 화학반응속도와 온도전도율에 의존한다. 그러나 확산화염은 화염에의 가연성기체와 산화제의 확산에 의해 유지되며, 연소반응강도는 이들의 확산속도에 의존한다.

3) 반응대에서의 유동상태

① 층류연소(Laminar combustion)

② 난류연소(Turbulent combustion)

화염부근에 있어 열, 물질의 이동은 연소현상에 크게 영향을 미치지만, 이것들은 확산이나 대류에 의해 일어나므로 유동상태와 밀접한 관계가 있다. 화염부근의 유동이 층류이면 얇은 반응대의 층류화염이 되며, 난류중의 화염은 반응대에서 복잡한 형상 및 분포를 가지는 시간적으로 불규칙하게 변동하는 난류화염이 된다.

4) 화염의 시간적 변화

① 정상연소(Steady combustion)

② 비정상연소(Unsteady combustion)

화염의 형상, 거동이 정상상태인 경우와 그렇지 않은 경우가 있다. 이것은 연소하는 혼합기의 상태, 화염에의 가연성 기체, 산화제의 공급상태, 화염부근의 유동상태 등이 정상상태인가, 그렇지 않은가에 의존한다. 형상, 거동이 정상상태인 화염을 정상화염, 그렇지 않은 화염을 비정상화염으로 분류한다.

5) 화염의 이동상태

① 정재연소(Stationary combustion)

② 전파연소(Propagation combustion)

화염이 특정한 장소에 정지해 있는가, 어느 속도로 이동하고 있는가에 따라 화염의 형태를 정지화염, 전파화염으로 분류할 수 있다.

6) 연소 형태

① 연속연소

② 간헐연소

연속연소는 버너를 사용해 연소실내에 정지한 화염을 만드는 것으로 가능한 변동이 작은 연소를 시킨다. 가장 대표적인 것으로 터빈연소기를 들 수 있다. 이에 비해 간헐 연소는 가솔린, 디제기관에서처럼 용기 내에 압입된 가연 혼합기를 점화하거나, 고온, 고압의 용기 내에 연료를 분사해 간헐적으로 연소를 시키는 것이다.

이와 같이 화염의 형태를 관찰, 측정함으로서 연소현상을 파악할 수 있다.

4.3.1 예혼합연소(Premixed combustion)

1) 층류예혼합화염의 구조

예혼합화염을 화염의 형태에 의해 분류해 보면 위에서 설명한 것처럼 층류예혼합화염, 난류예혼합화염이 있으며, 이들 중 가장 간단한 것은 평면상의 층류예혼합화염이다. 또한 이 화염은 연소현상의 기초가 되는 중요한 화염으로 연소특성은 연료와 산화제의 혼합비, 압력, 온도 및 혼합기의 물리적, 화학적 성질에 따라 결정된다.

층류예혼합화염은 분젠화염이 그 좋은 예이다. 이와 같이 가장 단순한 평면상태의 화염의 속도, 온도, 농도분포에 관하여 생각한다. 〈그림 4.10〉은 1차원 층류예혼합화염(laminar premixed flame)을 모형적으로 그린 것이다. 혼합기는 속도 U_u로 화염대에 들어가고, 반응 및 팽창한후 속도 U_b로 나온다. 화염대에 있어서 혼합기의 속도 U_u는 정상상태에 있어서, 연소에 의한 연료혼합기의 소비속도 즉, 화학반응속도와 같게 되며, 이 화학반응속도가 연소속도로 정의 된다. 이 화염대는 **예열대**(preheat zone) 및 **반응대**(reaction zone)로 되어 있으며, 화염대의 폭은 대기압하에서 일반적인 연소에 있어서 0.1-1 mm정도로 대단히 얇다.

미연혼합기의 온도 T_u는 예열대에서 반응대로부터 열을 공급받아 온도가 상승한다. 반응대에서는 연소반응에 의해 발열하여 온도가 상승한다. 온도 T_i 의 변곡점은, 발열속도와 방열속도가 평형을 이루는 점으로 여기서부터 반응대가 시작한다고 정의하는 경우가 많으며, 착화온도로 보는 경우도 있다. 반응대에서 얻은 온도 T_b는 열손실을 무시하면 단열화염온도로 된다. 한편, 반응물질은 예열대에서는 주로 분자의 확산에 의해, 반응대에서는 반응과 분자확산에 의해 농도가 저하하고 출구에서는 소멸한다. 이과정에 있어서 연소의 소반응에 따른 중간생성물이 발생하고, 반응대를 나올때에는 최종연소생성물로 된다. 이 중간생성물은 예열대에서도 확산을 하며 중간생성물의 활성기가 연소반응을 촉진한다.

혼합기중의 가연성 기체와 산화제의 농도는 반응대에 도달하기 이전에 반응대에 확산해 감소하기 시작한다. 이 농도가 감소하기 시작하는 점은 온도가 상승하기 시작하는 점과 반드시 일치하는 것은 아니고, 혼합기의 성질에 의하지만, 일반적으로 크게 다르지는 않다. 반응대에 있어 가연성 기체와 산화제의 농도는 반응에 의해 감소해 가고, 반응과정에서 중간생성물이 발생한다. 중간생성물은 반응대 중에서 농도가 최고로 되며, 일부는 고온 연소가스에 잔류하고, 하류, 상류에 확산된다. 또한 연소가스 중의 중간생성물은 연소가스온도가 저하함에 따라 감소한다.

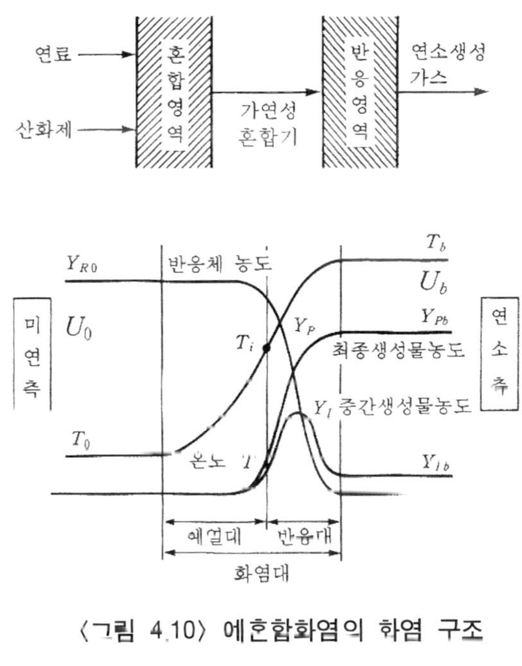

〈그림 4.10〉 예혼합화염의 화염 구조

2) 연소속도(Burning velocity)

〈그림 3.13〉에 나타낸 것과 같이 층류예혼합화염의 반응대에 있어서 일정속도로 화학반응이 일어나고, 열, 활성기가 주위에 전달되어 반응이 순차적으로 확장되어 간다. 연소반응은 일반적으로 어느 폭을 가지고 일어나며, 이 화염대가 점화원에서부터 점점 이동, 전파된다. 이와 같은 화염대의 전파를 연소파, 이 끝면을 화염면이라 하며, 화염면의 이동속도를 화염속도라 한다. 이것은 연소가스의 팽창에 기인하는 기체운동을 포함한 속도이다. 이에 대해 연소파의 본질적인 전파속도로서는 화염면에 대해 수직방향에 전파해 갈 때의 미연혼합기에 대한 상대속도를 사용한다. 이것을 연소속도(burning velocity)라 한다.

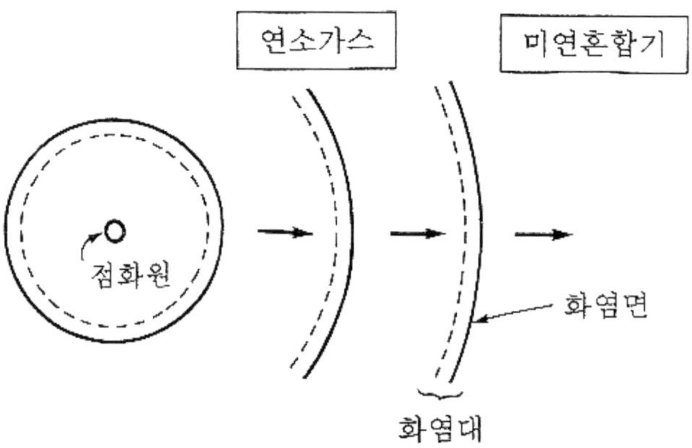

〈그림 4.11〉 연소파의 전파

연소속도는 혼합기의 초기온도에 의해 영향을 받는다. 즉 초기온도가 증가함에 따라 연소속도는 증가한다.

층류연소속도의 측정법에는 여러가지 방법이 제안 되고 있지만, 비교적 많이 이용되어지고 있는 방법은 (1)**평면화염버너법**(Flat flame burner method), (2)**비누방울법**(Soap bubble method), (3)**슬롯트 버너법**(Slot nozzle burner method),

(4) **분젠버너법**(Bunsen burner method) 등이 있다.

평면화염버너법은 가연성혼합기를 일정속도분포로 만들어 유속과 연소속도를 균형화시켜, 그 유속을 연소속도로 한다. 이 측정방법은 화염의 가장자리를 엄밀히 정하는 것이 어렵고, 안정화된 1차원화염을 만들기가 어렵다.

슬롯트노즐버너법은 가로/세로의 비가 3이상의 균일한 속도분포를 얻을 수 있는 노즐을 이용하여, 노즐 위에 역V형의 화염을 만드는 것으로 〈그림 4.15〉와 같이 된다. 이 화염은 버너림에 부착된 비교적 넓은 범위에서 평면상으로 곡률의 영향을 거의 받지 않는 이점이 있다. 또한, 화염이 혼합기의 흐름에 완전히 둘러싸고 있으므로 혼합기가 화염대에 들어갈 때까지 혼합기의 유선은 거의 직선을 유지한다. 따라서 평면상화염과 혼합기의 흐름의 각 α는 정확히 측정할 수 있다. 혼합기의 유속을 U_u라 하면 연소속도 S_u는 다음과 같이 나타낼 수 있다.

$$S_u - U_u \sin\alpha \quad (\text{m/s}) \quad \text{-------------------------} \quad (4.12)$$

분젠버너법도 슬롯트노즐버너법과 거의 같은 방법으로 연소속도를 결정할 수 있다. 그러나 단위화염면적당 단위시간에 소비되어지는 미연혼합기의 체적으로 연소속도를 정의하여 연소속도를 결정한다.

$$S_u = V \;/\; A_f \quad (\text{m/s}) \quad \text{-------------------------} \quad (4.13)$$

여기서, V는 미연혼합기의 체적유량(m^3/s), A_f는 화염사진으로부터 계산한 화염면적(m^2)이다. 이 방법은 연소속도가 높은 연료에 이용되어 진다.

이와 같이 스롯트버너법 및 분젠버너법에는 화염의 직접사진, 그림자 사진, 슈리렌사진등이 이용 가능하며, 상호간의 오차는 약15%정도이다. 일반적으로 슈리렌사진법이 가장 적합한 것으로 알려져 있다.

비누방울을 이용한 연소속도 측정법은 〈그림 3.16〉에 나타낸 것과 같이 혼합기로 비누방울을 만들어 그 중심에서 전기점화시키면 화염은 구상화염으로 되어 바깥방향으로 전파하지만, 비누방울은 연소의 진행과 함께 팽창하기 때문에 정압연소가 진행된다. 미연가스 및 연소생성가스의 밀도를 각각 ρ_u, ρ_s라 하고, 화염전파속도를 S_p라 하면, 연속의 조건으로부터 $\rho_u S_u = \rho_b S_p$ 로 된다.

따라서, 〈그림 4.14〉에서 화염구경 r_f의 증가율 dr_f/dt는 S_p와 같다.

$$S_u = \left(\frac{\rho_b}{\rho_u}\right) S_p = \left(\frac{\rho_b}{\rho_u}\right)\left(\frac{dr_t}{dt}\right) = \left(\frac{V_u}{V_b}\right) S_p = \left(\frac{R_u}{R_b}\right) S_p \quad \text{------------------------ (4.14)}$$

여기서 V_b, V_b는 비누방울의 초기체적 및 화염구의 최종 체적이며, R_u, R_b는 각각의 반경이다.

이상의 여러가지 방법에 의해 측정한 몇 종류의 혼합기에서는 공기비가 1.1 부근에서 최고연소속도가 나타나고 있다.

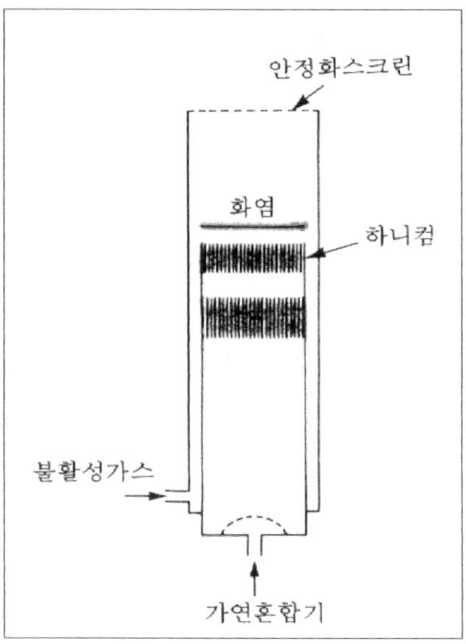

〈그림 4.12〉 평면버너 화염버너법

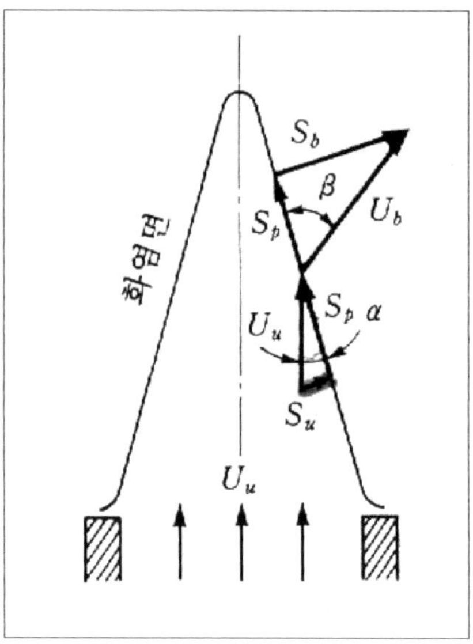

〈그림 4.13〉 슬롯 노즐 버너법

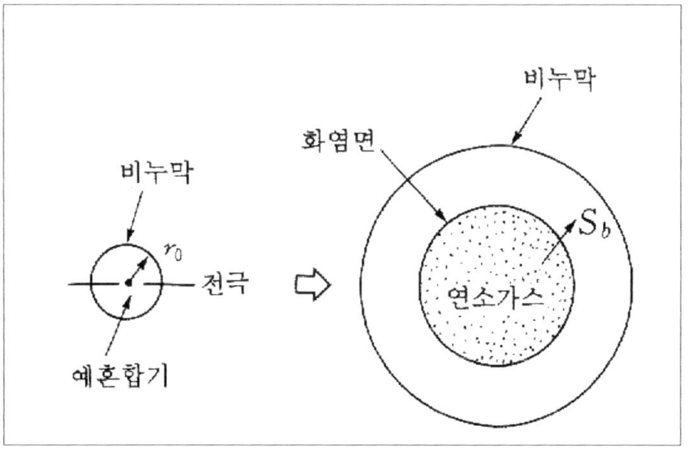

〈그림 4.14〉 비누방울법

3) 층류예혼합화염의 전파이론

층류연소속도를 이론적으로 해석할 때 일반적으로 단순한 모델로 1차원 정상층류화염을 이용한다. 일자원 정상화염 진파연구에는 열이론, 확산이론, 종괄이론이 있다. 열이론은 화염전파의 중요한 과정을 열전도에 기초한 것이며, 확산이론은 활성화학종의 확산속도가 화염전파를 지배한다는 이론이다. 여기서는 간단히 화염전파의 본질을 어느정도 설명할 수 있는 열이론에 대해 설명한다.

화염전파의 열이론을 유도하는데 있어서 다음과 같은 가정을 한다.

① 화염은 일정한 전파속도 S_u로 전파한다.

② 열손실은 무시하며, 열전도에 의해 상류가스에 열이 전달된다.

③ 화염온도 T_b에 대단히 가까운 점화온도 T_i 가 존재하며, 혼합기의 온도는 T_u이다. 여기서 q는 반응열(J/kg), C_p는 정압비열(J/kg.k), w는 연소율(kg/m³.s), k는 열진도 계수(J/m.s.K)이다.

〈그림 4.15〉은 〈그림 4.10〉 중에 화염의 온도곡선만을 나타낸 것이다. 이것과 상기의 가정으로부터 화염의 예열영역두께 δ_p는 다음과 같이 구할 수 있다.

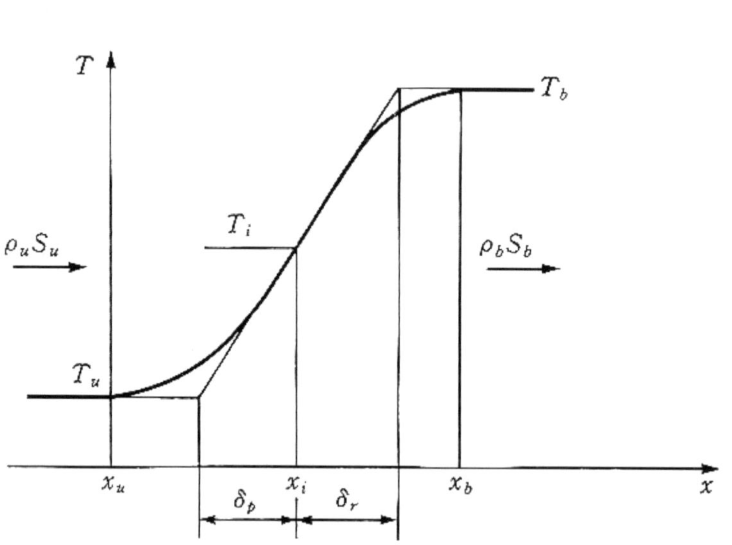

〈그림 4.15〉 층류예혼합화염의 열모델

① 열이론

위 그림에서 온도 T_u의 가연혼합기가 유속 S_u로 좌측에서 공급되고, 반응대에서의 열전도에 의해 착화온도 T_i까지 예열되고 있는 영역(예열대)의 폭은 δp, 자신의 발열에 의해 화염온도 T_b까지 온도가 상승하고 있는 영역(반응대)폭을 δr이라 한다.

예열대에서의 열수지를 취하면, x=xi면에서 열전도에 의한 입열은 미연혼합기의 엔탈피 상승과 같으므로 다음 식을 얻을 수 있다.

$$-\lambda(dT/dx)_{x=xi} + C_p \rho_u S_u (T_i - T_u) = 0 \quad \text{-----------------} (4.15)$$

여기서 λ는 미연혼합기의 평균열전도도, ρ_u는 평균밀도, C_p는 평균비열이다.

화염대의 온도분포를 그림과 같이 직선으로 근사하면,

$$(dT/dx)_{x=xi} \fallingdotseq (T_i - T_u)/\delta_p \quad \text{-------------------------} (4.16)$$

가 되므로 식 (4.15)은

$$-\lambda(T_i - T_\omega)/\delta p + C_p\rho_u S_u(T_i - T_u) = 0 \quad \text{------------------} (4.17)$$

으로 되어

$$\delta p = \lambda/C_p\rho_u S_u \quad \text{------------------------------------} (4.18)$$

가 얻어진다.

화염은 미연가스공급속도와 층류연소속도가 균형을 이루어 정상화염을 형성하고 있으므로 S_u가 연소속도이다. 따라서 층류화염의 예열대폭은 연소속도에 반비례한다.

한편, 반응대에서도 온도구배는

$$(dT/dx)_{x=xi} \fallingdotseq (T_b - T_i)/\delta r \quad \text{--------------------------} (4.19)$$

이므로 식(4.15)은 다음과 같이 된다.

$$-\lambda(T_b - T_i)/\delta r + C_p\rho_u S_u(T_i - T_u) = 0 \quad \text{------------------} (4.20)$$

여기서 w를 반응계에서 평균화학반응속도라 하면 물질수지 관계에서

$$\rho_u S_u = \omega\delta r \quad \text{------------------------------------} (4.21)$$

이다.

식(4.20), (4.21)에서 반응대폭 δr을 소거하면,

$$S_u = \frac{1}{\rho_u}\sqrt{\frac{\lambda}{C_p}\omega\frac{(T_b - T_i)}{(T_i - T_u)}} \quad \text{------------------------} (4.22)$$

이다.

반응속도에 Arrhenius형 관계 $\omega \propto P^n \exp(-E/RT_b)$, 또 이상기체 방정식 관계

$\rho_u \propto P$를 이용하면 식(4.18), (4.22)로부터

$$S_u \propto P^{(\frac{n}{2})-1} e^{-E/2RT_b} \quad \text{----------------------------} (4.23)$$

$$\delta p \propto p^{-\frac{n}{2}} \quad \text{--------------------------------------} (4.24)$$

이 얻어진다.

여기서 p는 혼합기 압력, n은 반응차수이다.

이상의 고찰로부터 층류연소속도 S_u 및 예열대 두께 δp에 대해 다음 사항이 명확하다.

① Su는 반응속도의 평방근에 비례한다.

② 화염온도 T_b와 착화온도T_i의 차가 클수록 미연혼합기온도 T_u가 착화온도 T_i에 접근할수록 Su는 커진다.

③ 열전도도 λ가 클수록 열용량 C_p, ρ_u가 작을수록 S_u는 커진다.

④ δ_p는 압력이 저하하면 증대한다.

4.3.2 난류 예혼합 연소

1) 난류의 개념

지금까지의 층류화염은 화염기부에서의 유동이 층류상태이기 때문에 화염대가 시간적, 공간적으로 정상이고, 화염구조는 간단해 이해하기 쉽다. 이에 비해 화염기부의 유동이 난류이면 화염대가 시간적, 공간적으로 변동을 한다. 이와 같이 난류는 점성유체가 어떤 위치에서 순간유속이 시간평균치를 중심으로서, 시간적 공간적으로 불규칙하게 3차원적으로 변동하는 흐름이다.

따라서, 난류층에는 크고 작은 소용돌이로 구성되어 있으며, 큰 소용돌이에는 또한 미세 소용돌이를 포함하고 있다. 이러한 현상은 흐름의 현상, 열전달, 혼합, 화염전파에 있어서 대단히 중요한 요소이다. 난류화염은 층류화염에 비해 연소반응속도가 현저히 증대하므로 실용연소장치에서도 열부하가 큰 고부하연소를 실현하기 위해 난류화염을 이용할 필요가 있고, 실용의 연소장치내의 화염은 거의 대부분이 난류상태이므로 그 상황이 매우 복잡하다. 이로 인해 전반적인 연소성능을 파악할 수는 있으나 화염구조 등 상세한 해석이 아직 부족한 상태이다. 이와 같은 난류의 기본적 개념을 중심으로 난류연소의 이론에 관련된 용어를 설명한다.

유속성분의 순간속도는 시간평균속도와 유속 변동성분의 합으로 나타낼 수 있다.

$$
\begin{aligned}
U &= \overline{U} + u \\
V &= \overline{V} + v \qquad (4.25) \\
W &= \overline{W} + w
\end{aligned}
$$

여기서, $\overline{U}$, $\overline{V}$, $\overline{W}$는 x, y, z방향의 시간평균유속, u, v, w는 유속의 변동성분이다.

변동성분을 긴 시간에 걸쳐 적분하면, +, −의 값이 상쇄되어 0으로 되므로 이들의 크기를 표시하기 위해 변동성분의 2승의 시간평균평방근(rms값)을 사용한다. 즉, 이 RMS값 $\sqrt{u^2}$ $\sqrt{v^2}$ $\sqrt{w^2}$ 이 난류의 **절대강도**(absolute turbulent intensity)이고, 이에 대하여 이것들의 평균치에 대한 비는 난류의 **상대강도**(relative turbulent intensity)로 다음과 같이 나타낸다.

$$I_X = \frac{\sqrt{u^2}}{U}\ I_Y = \frac{\sqrt{v^2}}{U} = I_Z = \frac{\sqrt{w^2}}{U} \quad \text{---------------} \ (4.26)$$

여기서, $I_x = I_y = I_z$의 난류를 **등방성난류**(isotropic), 그렇지 않은 경우를 비등방성난류라 한다.

난류는 구조가 매우 복잡하기 때문에 그 성질을 표시하기 위해 일반적으로 통계적인 상관값을 사용한다. 등방성 난류에 있어서는 가장 기본적인 량으로서 x방향의 2점(y=0, y=y)에 있어서 속도 변동성분 U의 상관계수를 과 같이 쓸 수 있다.

$$g(y) = u(0)*u(y) \,/\, \sqrt{u(0)^2} * \sqrt{u(y)^2} \quad \text{------------------} \ (4.27)$$

g(y)는 근접한 점에서는 1, 멀리 떨어진 점에서는 0이 된다.

등방성이론에 의하면 g(y)의 곡선은 x=0에 있어서 다음식으로 표시되는 포물선에 접한다.

$$go(y) = 1 - y^2 / l_T^2 \quad \text{---------------------------------} \ (4.28)$$

여기서 l_T는 등방성 난류의 Micro scale(Taylor scale)라 하며 그림에서 포물선이 y축과 교차하는 점에 대응한다. l_T는 소용돌이 중에서 가장 작은 소용돌이 크

기, 또는 소용돌이 표면의 요철폭의 정도라 생각할 수 있다. 그 또한 g(y)를 적분해서 얻어진 값, 즉

$$L_E = \int_0^\infty g(y)dy \quad \text{-------------------------------} (4.29)$$

를 **오일러스케일(Euler scale, Macro scale)**이라 한다. L_E는 곡선 g(y)의 면적과 같은 면적을 갖는 단위 길이의 사각형의 한면에 대응한다. L_E는 큰 소용돌이의 크기라 할 수 있다.

큰 소용돌이가 작은 소용돌이와 에너지를 교환하는 비율은 난류 에너지 K에 비례하고, 소용돌이 운동의 특성시간 $L_E/\sqrt{u^2}$ 에 반비례한다. 따라서 작은 소용돌이가 받는 에너지 비율은 $(\overline{u^2})^{\frac{3}{2}}/L_E$에 비례하는 것이 된다. 정상상태에서는 이것은 점성에 따라 와운동에서 분자운동으로 천이하는 난류에너지의 소산율 ε 과 균형을 이루어야만 한다. 따라서 $\varepsilon \propto (\overline{u^2})^{\frac{3}{2}}/L_E$ 관계를 갖는다. l_T는 ε과 밀접한 관계를 갖는데 Kolmogorov는 ε과 ν만을 사용해 **Kolmogorov scale** l_K를 정의했다.

$$l_K = (v^3/\varepsilon)^{\frac{1}{4}} \quad \text{-------------------------------} (4.30)$$

이것은 분자운동으로 변하기 직전의 미세 소용돌이의 크기라 생각할 수 있다. 이와 같이 크게 나누어 난류층에는 l_K, l_T, l_E 의 스케일의 소용돌이가 포함되어 있다.

이상의 관계는 난류가 등방성일 경우에만 적용 가능하다. 비등방성의 경우는 유체역학에서 자세히 참고 바란다. 연소장치에 있어서 등방성난류가 관찰되는 영

역은 극히 제한되어 있다. 즉 등방성이론을 적용할 수 없는 스케일이 더욱 많지만, 아직 난류연소에 난류의 비등방성을 적용할 단계까지 와있지 않기 때문에 등방성 난류로 가정한 예들이 많이 있다.

2) 난류예혼합화염의 구조

실제 연소장치에 있어서 유체의 흐름은 대부분이 난류이다. 난류예혼합화염이 층류예혼합화염과 다른 점은 다음과 같다.

① 연소 속도가 층류화염의 수배에서 수십 배에 달한다. 이것은 난류 성분이 층류화염을 찌그러지게 하여 요철을 만들어 화염 면적을 증가시키기 때문이다.

② 화염면 두께가 두꺼워진다. 커다란 소용돌이에 의해 화염요소들이 운반되므로 속도가 가속하기 때문이다.

③ 화염의 휘도가 높아진다.

버너의 화염은 난류의 강도 $(u'/\overline{u})$ 를 그다지 크게 할 수 없기 때문에, 거의가 〈그림 4.16〉에 나타낸 형태이지만, 난류의 강도가 아주 큰 경우에는 미연가스덩어리와 연소가스덩어리가 엉키게 되어 반응대의 두께를 증대시킨다. 이 경우 화염의 배후에는 다량의 미연가스가 남아 고온연소가스에 둘러싸여 연소를 한다. 이러한 화염을 분산형화염 (distributed flame)이라 한다. 이와 같은 화염의 실험조건으로써, Kovasznay 수(α)를 사용하는데 $\alpha \ll 1$일 때 주름상층류화염, $\alpha \gg 1$일 때 분산형화염이 형성되고 있다.

$$\alpha = \frac{(u'\delta_r)}{(1_T S_u)} \quad \text{------------------} (4.31)$$

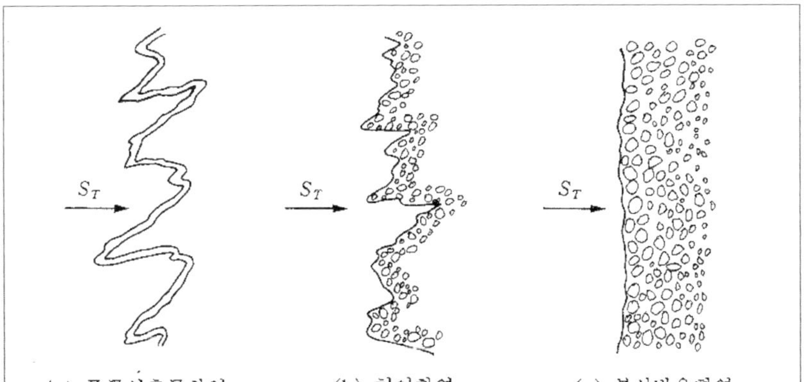

〈그림 4.16〉 난류화화염의 구조

난류의 스케일 강도에 의해, 난류화염의 구조가 (a)주름모양층류화염, (b)천이화염, (c)분산형화염으로 변화한다고 추측하고 있다.

난류가 약하고 ($u' \langle 2S_L$, $u' = (u^2)^{1/2}$), 스케일이 크면 ($l_k \rangle \delta$) 주름모양층류화염이 된다. 이 때에 경험식을 다음과 같이 나타내고 있다.

$$\frac{S_T}{S_L} = \left[1 + k_1\left(\frac{u'}{S_L}\right)^2\left(\frac{L_E}{\delta}\right)^2\right]^{0.5} \quad \text{-----------------------} \quad (4.32)$$

또한, 작은 소용돌이에 의해 형성된 분산형 부분이 큰 소용돌이 물결부에 들어가는 현상, 즉, $u' = 2\ S_L$, $l_k = \delta$ 에서는 4.14(b)에 나타난 것과 같이 천이 화염이 형성된다. 이를 경험식으로 나타내면 다음과 같다.

$$\frac{S_T}{S_L} = \frac{2u'}{S_L} \quad \text{-----------------------------------} \quad (4.33)$$

주름모양층류화염과 반대로 난류가 약하고 ($u' \langle 2S_L$, $u' = (u^2)^{1/2}$), 스케일이 크면 ($l_k \langle \delta$) 강하고 미세한 소용돌이가 층류화염의 구조와 성질을 변형시키며,

강하고 크고 작은 소용돌이가 화염을 엉키게 하여, 연소가스 덩어리와 미연소가스 덩어리를 혼합한 분산화염을 형성 시킨다. 이를 다음의 경험식으로 나타내고 있다.

$$\frac{S_T}{S_L} = k_2\left(\frac{u'}{S_L}\right)\left(\frac{\delta}{l_K}\right) \quad \text{-----------------------------} \quad (4.34)$$

Anderews는 난류에 의한 열과 물질의 전달속도에 주목하여, 난류연소속도 S_T의 실험치를 다음과 같이 정리하고 있다.

$$\frac{S_T}{S_L} = \left(\frac{\lambda_T}{\lambda}\right)^{0.5} = \left(\frac{D_T}{\alpha}\right)^{0.5} \quad \text{-------------------------} \quad (4.35)$$

여기서, $D_T(=\lambda_T / C_p\rho)$는 소용돌이 확산계수, α $(=\lambda / C_p\rho)$는 열확산율이다. 프란틀의 수 $Pr(=\upsilon/a)$을 도입하여, 프란틀의 혼합거리가 마이크로스케일 L_E에 비례한다고 가정하면, $D_T \propto L_E u'$, $a = \upsilon/Pr$이 되므로, 이식을 (4.35)에 대입하고 Pr =일정 하다고 두면,

$$\frac{S_T}{S_L} \propto \left(\frac{L_E u'}{\upsilon}\right)^{0.5} \quad \text{--------------------------------} \quad (4.36)$$

또한 다음식으로 유도할 수 있다.

$$\frac{S_T}{S_L} = K_3 R_T \quad \text{--------------------------------} \quad (4.37)$$

이 식에서 K_3는 정수이며, R_T는 미크로스케일에서 정의하는 난류 레이놀즈수로

서 다음과 같다.

$$R_T = \frac{L_y u'}{v} \quad \text{------------------------------------} \quad (4.38)$$

Scurlock의 실험에 의하면, $k_3 = 0.048$로 여러가지 연료에서 얻은 실험치들과 비교적 일치하고 있다.

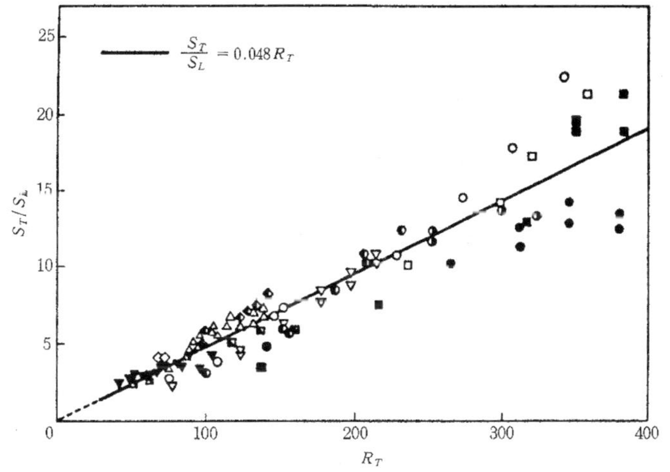

〈그림 4.17〉 ST/SL와 RT와의 관계

4.3.3 확산 연소

확산화염이란 연료가스와 산소의 농도 차이에 의해 반응대로 이동하여 연소하는 과정이다. 이 이동과정을 확산이라 하며, 농도가 높은 곳에서 낮은 곳으로 이동한다는 Fick's Law에 지배된다. 잉크 한방울을 물에 떨어뜨리면 물속으로 확산하여 푸른 빛의 물이 된다. 화학반응에 의하여 화염대에서 산소가 소모되면 공기 중의 산소는 화염 쪽으로 이동하고, 연료는 화염의 반대 쪽에서 산소와 같은 원리로 화염대로 이동한다. 또한 연소생성물은 화염대에서 양방향으로 확산된다.

확산화염의 대표적인 예로 촛불을 들 수 있다. 촛불은 전형적인 확산화염으로서 순수한 분자 확산에 의해 지배된다.

우리 주위에서 많이 볼 수 있는 촛불, 가스라이터 화염과 같이, 연료와 공기가 경계를 형성하여, 연료와 산소가 확산, 혼합하면서 유지되어지는 화염을 **확산화염**(Diffusion flame)이라 한다. 확산화염에 있어서, 반응대는 가연성 기체와 산화제의 경계에 존재하고 반응대를 향해 가연성 기체 및 산화제가 확산해 간다. 확산화염은 예혼합화염에 비해 역화, 폭발이 일어나지 않으므로 안전하게 연소를 시킬 수가 있다. 그래서 공장, 실용의 대형 연소기에서 많이 이용된다. 확산화염의 성질 및 이에 관련된 것을 이해한다는 것은 연소의 본질을 이해하고, 실용연소기 및 화재시 연소현상을 파악하는데도 매우 중요하다. 기체연료의 확산화염에는 **층류확산화염**과 **난류확산화염**으로 구분된다.

기체연료에 의해 형성되는 확산화염은 〈그림 4.17〉과 같이 (a)자유분류 확산화염, (b)동축류 확산화염, (c)대향류 확산화염, (d)대향분류 확산화염, (e)경계층 확산화염으로 분류할 수 있다.

1) 확산 화염의 구조와 특징

층류확산화염에서 화학반응속도는 확산속도에 비해 충분히 빠르기 때문에 가스성 기체와 산화재가 반응하는 속도 즉, 연소율은 확산속도에 의해 결정된다. 따라서, 반응대의 두께는 얇고, 실제로는 영으로 보아도 되며, 관찰되는 화염은 혼합의 경계면이다. 이와 같은 확산화염의 특징으로는

① 예혼합화염과 같은 화염전파성이 없다.

② 연소과정은 화학반응 속도보다도 화염대에 향해 들어오는 연료와 산소의 확산속도에 의존한다

③ 연소 반응과 혼합이 같은 영역에서 일어나는 것을 들 수 있다.

확산화염의 구조를 〈그림 4.17〉에 보인다.

그림에서와 같이 반응생성물 및 중간생성물은 그와 역방향으로 확산한다. 따라서 확산연소에 있어서는 예혼합연소에서와 같은 연소속도의 물리량은 존재하지 않는다.

반응대에 양측에 생기는 확산영역, 연료와 산화제와의 상호확산에 의해 생기는 혼합층은 화염부근의 유동장에 의해 크게 영향을 받는다. 확산역의 폭은 두꺼운 반면에 반응대는 매우 얇다. 반응대 두께 δ_r은 그림에서와 같이 연료와 산소의 확산층 두께를 $2l_d$, i성분의 확산속도를 U_{di}라 하면

$$\delta_r = U_{di}\tau_c = (l_d / \tau_d) \cdot \tau_c = l_d / \alpha \quad \text{------------------------} (4.39)$$

여기서 τ_c : 화학 반응 측정 시간, τ_d : 확산의 측정 시간, $\alpha = \tau_a / \tau_c$이다.

(4.39)식에서 τ_d는 공기역학적 특성시간에 비례하므로 Damkohler 수 $D = \tau_a / \tau_c$ 를 사용하면 (4.40)은 다음과 같이 표시된다.

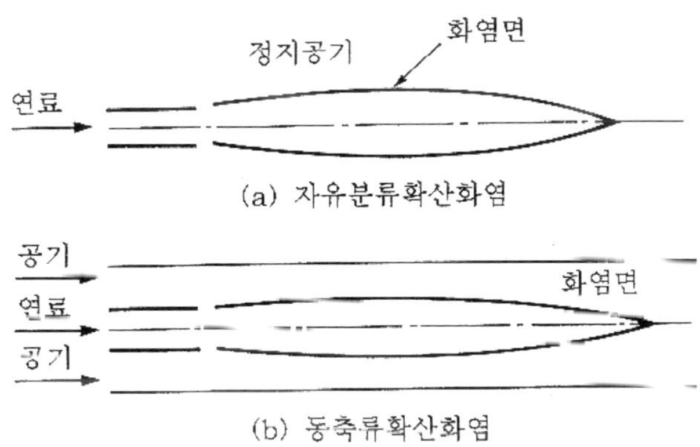

〈그림 4.18〉 확산화염의 형태

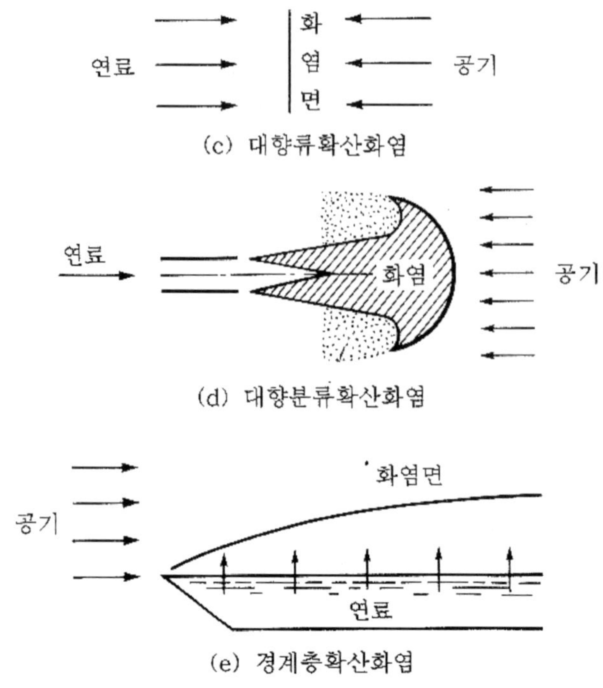

〈그림 4.18〉 확산화염의 형태

난류확산화염은 흐름의 난류가 열 및 물질수송현상에 영향을 미치는 난류확산에 의해 지배된다. 이 때문에 단위체적당 연소율(반응량)이 층류확산화염에 비해 대폭 증가하고, 고부하연소가 가능하다. 이 것은 난류확산화염에서는 화염면에 요철이 생겨 화염면적이 증가하고, 화염대에서의 물질농도 구배가 급격하게 되어, 연료와 산소의 확산속도가 증가하기 때문이다. 이러한 현상은 단독으로 일어나거나 혹은 복합적으로 일어나 난류확산화염의 연소율은 증가한다. 난류확산화염은 예혼합화염에 비해 연소제어가 용이하고 취급이 쉽기 때문에 공업적으로 많이 사용되어지고 있다. 또한 확산화염에는 연료와 산소의 흐름의 모양을 입자궤적법에 의해 관찰하면 연료는 화염에 따라 단조롭게 따라 상승하고, 산화제의 공기는 부력에 의해 화염면을 따라 상승하면서 화염면의 방향으로 확산해 나간다. 확산화염부근의 연료는 열분해를 받아 유리탄소로 되기 쉽고, 발생한 탄소입자는 화염면으로부터 열을 받아 발광하고 황색 휘염으로 되어 방출된다.

확산화염의 구조를 〈그림 4.19〉에 보인다.

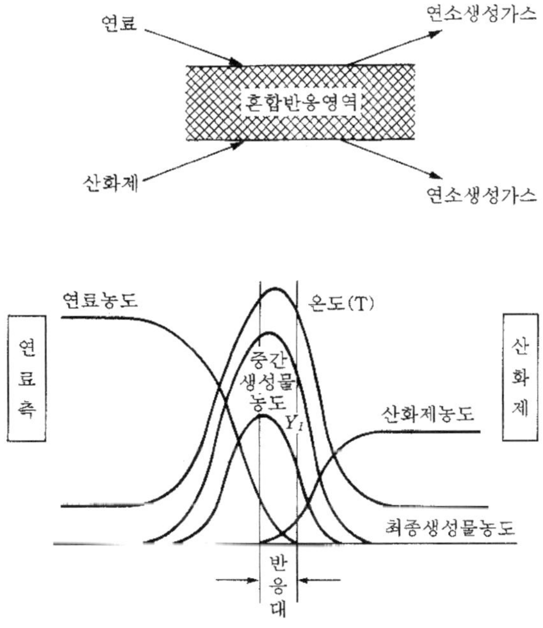

〈그림 4.19〉 확산화염의 구조

$$\delta_r = l_d / D \quad \text{------------------------------------} (4.40)$$

2) 분류 확산화염

확산화염의 하나인 연료 분류 화염은 역화의 위험도 없고, 화염 안정성도 좋고, 또한 제어도 용이하기 때문에 공업용 연소장치 등에서 넓게 이용되고 있다. 또한 연소실 설계에 있어서 화염의 길이는 중요한 요소이고, 화염의 길이는 유동장의 유속, 확산계수 등의 영향을 받는다. 따라서 예혼합화염의 경우의 연소속도와 같이 연료분류 화염의 화염길이는 공업적으로도 연소학적으로도 중요한 인자가 된다.

원관을 통해 정지된 주위 분위기에 연료를 분출하는 자유분류확산화염과 연료와 공기가 같이 불출되는 동축류확산화염을 합쳐서 분류확산화염이라 한다.

확산화염의 실용적인 면에서 논의 되고 있는 것은 화염의 길이에 관한 것이 많이 있다. 노즐을 통해 연료를 공기중에 분출시켜 자유분류확산화염을 형성하는 경우, 연료유속을 변화시키면, 화염길이와 화염 성상은 그림과 같이 변화한다.

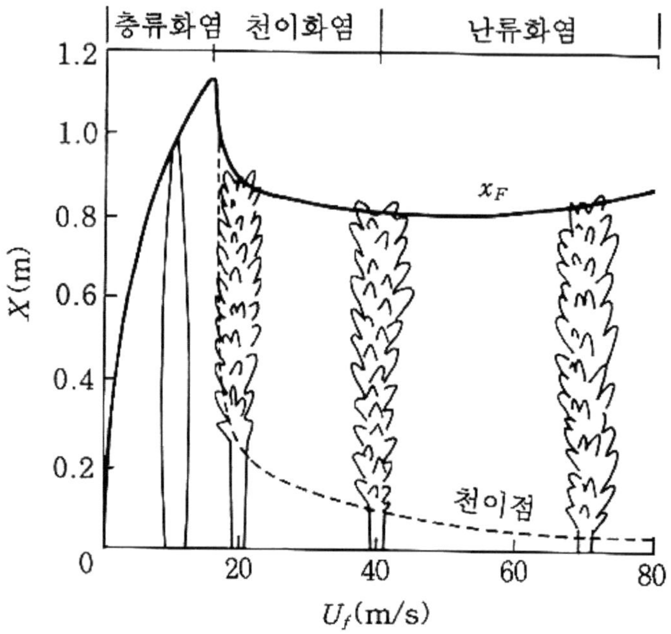

〈그림 4.20〉 **분류유속에 의한 확산화염의 변화**

분류의 속도가 낮은 때는(레이놀즈수가 작은 영역) 화염은 난류가 없는 완전한 층류확산화염이 형성된다. 이때 층류화염의 길이는 분류속도에 거의 비례해서 증가한다. 그러나 어느 임계의 유속에 달하면 화염의 끝쪽에서 난류가 발생하기 시작해 난류화염이 된다. 이 점을 **천이점**(Break point)이라고 한다. 그리고, 층류화염으로부터 난류화염에 천이하는 위치는 유속의 증가와 함께 급격히 상류쪽으로 이동하고, 화염의 길이는 오히려 감소한다. 천이점이 화염의 시작점에 거의 달하는 난류확산화염이 나타나면, 유속이 증가해도 일반적으로 천이점도 화염의 길이도 거의 변하지 않는다.

어떤 한계유속에 달하면 화염은 노즐출구로부터 조금 떨어진 위치에서 화염을 형성하는 **부상화염**(Lifted flame)이 된다. 또한 노즐에 가까운 부근에서는 주위의 공기와 혼합하여 예혼합화염으로 되고, 더욱 유속이 빨라지면 화염이 꺼져버리는 현상(blow off)이 일어난다.

이와 같은 연료분류 화염은 연료의 분출속도, 따라서 분류의 레이놀드수(Jet Reynold Number)에 따라서, 일반적으로 층류화염, 완전히 발달한 난류화염 및 이들 중간의 천이화염 3형태로 분류할 수가 있다.

분류화염의 길이 변화는 잘 알려진 바와 같이 Jost에 의해 간단히 다음과 같이 평가된다.

즉, 반경 r_0의 원관 출구에 있어서 연료측으로 확산하기 시작한 산소가 분류에 실려 하류로 흐르면서 분류 중심축을 향해 확산을 계속한다. 이 중심축에 달한 위치를 화염의 선단이라 생각하면, 이 위치에 의해 화염의 길이를 구할 수가 있다. 이 중심축까지의 확산시간을 τ_d, 확산계수를 D라하면, 층류인 경우

$ro^2 = 2D\tau_d$가 성립한다.

층류분류화염 길이 (L), 연료분출 속도(wj), 연료 체적유량을 V라 하면, 근사적으로

$L \fallingdotseq wj\tau_d = wj\ ro^2 = 2D = V/2\pi D$ 가 되어,

층류분류화염의 길이는 연료유량에 비례, 확산계수에 반비례하고, 버너직경 및 분사압력에는 무관하다.

또한 유동이 난류로 되면 분자확산계수 D대신에 와확산계수 εD를 사용하여 난류이론을 적용하면, 난류화염 길이 Lt는 다음과 같다.

$Lt = wj\ ro^2 = 2\varepsilon\ D$

즉 난류화염 길이는 원관 반경에 비례하고, 연료 유속에는 무관하다.

4.4 화염의 안정화

일상생활에서 사용하고 있는 가스버너에서 미연혼합기(연료)의 속도가 너무 빠르거나 너무 느리면 화염이 꺼지는 것을 경험할 수 있다. 이와 같이 실제 연소기에 화염을 안정하게 유지하면서 정상적으로 연소시키는 것을 **화염안정화**(Flame stabilization)라 한다.

화염을 연소장치 내에 안정하게 유지시키는 것은 장치의 정상적인 운전, 안전 확보, 열에너지 유효 이용면에서 매우 중요한 기술이다. 화염안정화 문제는 주로 **고부하연소**(High intensity combustion)나 고속기류 중에서의 화염유지, 저부하 연소시는 에너지 유효 이용 기술에 관련해 연구개발이 활발히 진행되고 있다.

4.4.1 경계속도 구배론(Boundary velocity gradiants theory)

버너화염이 안정하기 위해서는 가연성혼합기의 유속과 연소속도가 균형을 이루는 것이 필요하다. 일반적으로 버너화염은, 화염의 기부에서 유속과 연소속도가 같고, 그외 부분에서는 유속이 연소속도보다 커 경사화염을 이룬다. 버너화염의 blow-off와 **역화현상**(Flash-back)은 버너림 부근에서 국소적인 유속과 국소적인 연소속도의 균형이 깨어지므로서 일어난다.

버너림 부근에 있어서 흐름과 화염전파에 미치는 저온벽의 영향을 고려한 모델로부터 예혼합층류화염의 안정성은 화염의 기부에서의 연소속도와 혼합기의 속도구배 관계로 설명할수 있으며, 또한 화염의 blow-off 현상과 역화가 일어나는 조건을 정성적으로 설명할 수 있다.

이들 현상을 도해한 것이 〈그림 4.21〉이다. (a)의 화염의 위치 B,C,D에 대응하는 혼합기류속분포 및 연소속도분포를 나타낸 것이 (b)이다. B,C,D에서는 SL과 Uf가 반드시 어디에선가 접하여 SL=Uf가 되는 점이 있다. 이 점이 부착점이 되어 화염을 안정하게 유지한다. E에서는 혼합기속도가 항시 연소속도를 상회하여

Blow-out되는 것을 의미한다. A의 경우는 혼합기속도가 연소속도보다 작은 곳이 있기 때문에 이 부분에서부터 역화한다.

이와 같이 혼합기의 속도가 Blow-out를 일으키는 속도와 역화를 일으키는 속도 사이에 있으면 안정한 화염이 형성된다. 버너림 부근의 속도분포는 직선성이 성립하므로 속도분포는 속도구배 즉 경계속도구배로 대표시킬 수 있다.

$$Uf = g^{*}y \quad \text{-----------------------------------} \quad (4.42)$$

여기서, Uf : 혼합기유속(cm/s) g : 경계속도구배 (1/s)

y : 분류경계로부터의 거리 (cm)

〈그림 4.21〉(b)에는 A에서 E까지 직선적 속도분포를 나타내고 있다. 여기서 E는 화염이 완전히 날라가는 blow-off화염의 경우, D는 Blow-off 현상 직전의 화염, C은 안정한 화염, B는 역화 직전의 화염, A는 완전한 역화(flash-back)현상을 나타내고 있다. 그리고, 굵은 직선은 각각의 화염 기부에서의 가연성혼합기의 연소속도를 나타내고 있다. (a)는 이에 대응하는 화염의 위치를 모형적으로 나타내고 있다.

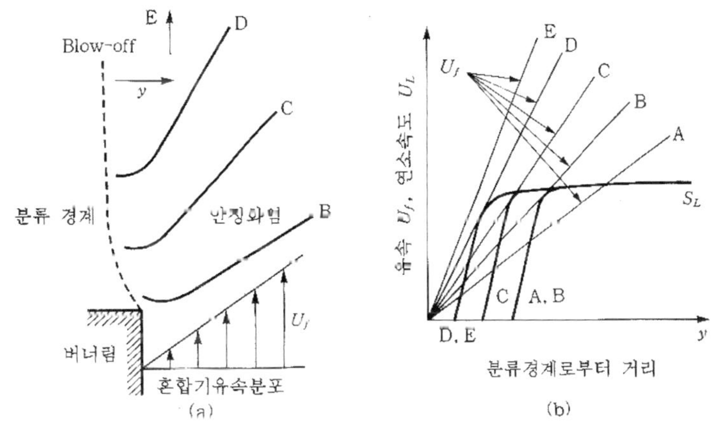

〈그림 4.19〉 버너화염의 화염안정성

연소속도의 곡선 B는 버너 중앙부의 넓은 범위에 있어서 일정한 연소속도 SL를 유지하고 있다. 화염대의 상류단이 버너림의 고체벽에 접촉할 때까지 화염은 일정 속도로 전파하지만, 그 후 고체벽에서 열손실이 있기 때문에 화염속도와 연소속도가 저하하고 결국은 연소속도가 0으로 되어 그 이상 화염은 고체벽에 접근하지 않게 된다. 이와 같이 고체벽이 화염부근으로부터 열 및 활성화학종을 빼앗아 연소속도를 저하시키는 **소염작용**(quenching effect)을 한다.

화염기부에서의 연소속도의 분포의 형상은 y가 조금씩 증가해도 그다지 큰 변화는 보이지 않고, 곡선 B, C, D와 같이, 연소속도곡선은 거의 같은 형상으로 분류의 경계를 향하여 조금씩 이동한다. 그러나 곡선의 이동은 y가 대단히 커지면, 주위가스에 의한 가연성 혼합기의 희석효과가 커지기 때문에 B와 같이 거의 한계의 분포로 된다.

B와 D의 속도범위 내에서 형성되는 화염은, 속도분포를 나타내는 직선과 연소속도곡선이 접하는 위치에서 균형을 이루고, 이 위치에서 화염은 흐름에 대하여 수직이며, 이외 부근에서 속도는 연소속도보다 커 화염은 흐름에 대하여 경사진다. 이 경우 화염기부에 있어서 유동과 연소속도가 안정한 균형을 이루며, 이와 같은 안정한 균형이 유지되는 범위 내에서는 화염기부는 어느 위치에선가 안정화된다. 이 위치점을 화염의 부착점이라 한다.

직선A와 같이 속도구배가 직선B보다 작게되면, 연소속도곡선과 교차하게 되어 국소연소속도가 국소유속을 초과하는 부분이 나타나 화염은 역화한다. 이때 직선B의 속도구배를 **역화한계속도구배**(critical boundary velocity gradient for flash-back)라 한다. 또한 직선E과 같이 속도구배가 직선D보다 크게되면, 연소속도가 흐름의 유속보다 작게되어 화염은 날라가는 현상이 발생한다. 이때 직선D에 상당하는 속도구배를 blow-off **한계속도구배**(critical boundary velocity grandient for blow-off)라 한다. 버너화염의 안정한계는 혼합기의 압력, 온도, 산소, 질소 농도비, 버너 길이, 단면 형상, 직경 등에 크게 영향을 받는다. S.B.Reed의 연구결과에 의하면 버너관 출구의 경계속도 구배 q는 관내류가 완전 발달한

층류인 경우는

$$g_b = 8u / d \quad (4.43)$$

또한, 완전발달한 난류의 경우

$$g_b = 0.023Re^{0.8}u / d \quad (4.44)$$

이다.

〈그림 4.22〉는 버너직경에 대한 화염안정범위 측정결과로 직경의 크기에는 관계가 없고, 혼합기의 공기비에 의존하고 있음을 알 수 있다.

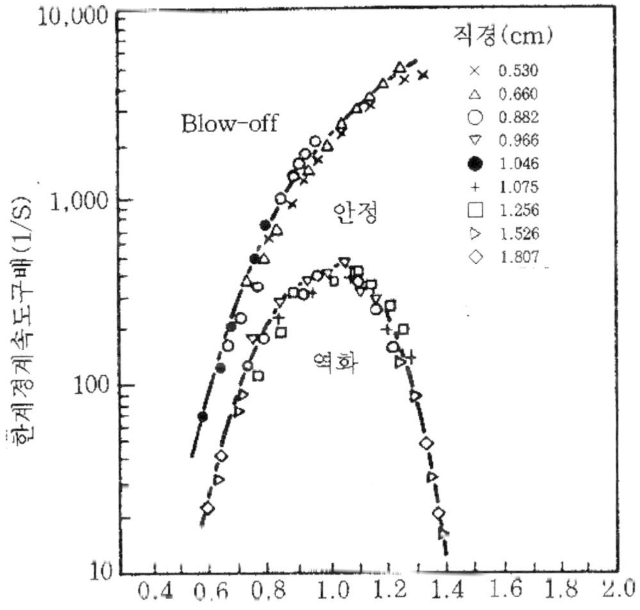

〈그림 4.22〉 CH_4-Air예혼합버너 화염의 안정범위

4.4.2 화염신장 이론

경계속도 구배 이론은 버너림에 화염부착점이 있는 경우의 설명이다. 그러나 예혼합기 중에 물체를 놓아 화염을 안정화 시킬수가 있다. 즉 예혼합기가 흐르는 원관위에 철사를 놓으면 역삼각형의 화염이 형성된다, 이와같은 화염의 blow-out는 화염의 부착점이 혼합가스 흐름장 속에 있고, 주위대기의 영향을 받지않기 때문에 경계속도구배이론으로 설명하기 어렵다. 이에 대해 Karlovitz는 화염신장에 의한 blow-out이 일어나는 것을 제창했다. 혼합기에 속도구배가 있을때에는 화염대는 상류를 향해 곡선으로 신장한다. 이 결과 신장부의 화염은 입열에 비해 출열이 많아지고, 온도가 저하해 연소속도가 저하해 blow-out에 도달한다.

〈그림 4.23〉에 이 개념도를 보인다. 그림에서 Ti면의 A점에서 속도 및 유입가스 유량은 각각 U_i, $\rho_u u_u \cos\theta$ 이고, T_I면에서 수직으로 η 떨어진 B점에서의 유속 및 유입가스유량은 각각 $U_u + \frac{\partial y}{\partial u}\eta_0 \sin\theta$, $\rho_u (u_u + \frac{\partial u}{\partial y}\eta \sin\theta)\cos\theta$이다.

화염면은 T_I면상에서 이것에 수직방향으로 이동하므로 그림에서 이해할 수 있듯이, 상류로 이동함에 따라 면적은 증가한다. 이 증가량은 유입가스 유량의 증가에 비례하므로 η 거리만큼 떨어진 2점 사이에서의 증가량 비는 $1 : 1 + \frac{\partial u}{\partial y}\frac{\eta}{u}\sin\theta$가 된다. 여기서

$$K = \frac{\partial u}{\partial y}\frac{\eta}{u_u} \qquad (4.45)$$

로 표시하고, 이 K를 **Karlovitz수** 또는 **화염신장도(Flame Stretch factor)**라 한다. 여기서 η를 층류화염의 예열대두께로 취해 $\eta = \lambda / c_p \rho s_u$라 한다면 K는 예열대 두께분을 전파하는 사이의 화염면적의 증가율 지표가 된다. 이와같이 화염대의 신장으로 화염대에서의 열손실의 증가, 화염온도 저하로 화염연소속도가 저하해

blow-out이 일어난다.

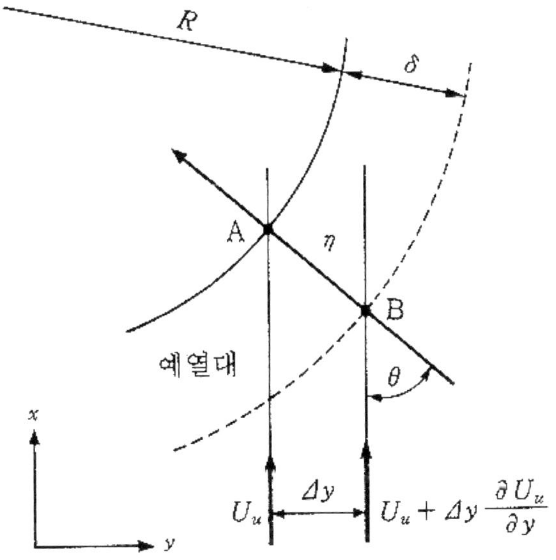

〈그림 4.23〉 화염신장 Blow-out 기구

4.4.3 고속 기류중에서 화염의 안정화

공업적으로 이용되는 고부하연소기에서는 고속기류중에서 연소를 시켜야 한다. 그러나 고속기류중에서는 화염을 안정화시키기가 어려워 진다. 이와같이 고속기류중에서 화염안정화를 위해서는 유동장 중에 연소속도와 같은 정도의 유속을 만들 필요가 있다. 이와같은 유속을 만들어 주기위해 고속기류중에 원형, 구형, V형 등의 저항물체를 놓고, 그 후류에 형성된 재순환영역을 이용하면 된다. 이러한 물체를 **보염기**(Flame holder)라 한다.

가연혼합기속에 물체를 놓으면 후류측의 재순환영역에 의해 화염이 유지된다. 재순환영역에 화염을 유지하기 위해서는 재순환영역 내의 고온의 연소가스가 주위류와의 경계에 있는 전단층을 통해 미연혼합기에 열,활성기를 연속적으로 충분히 전달 공급해야한다.

〈그림 4.24〉은 고속기류 내에 저항물체를 놓고, 화염을 유지하는 그림으로, 여기서 미연혼합기 유속(u_f), 재순환영역 길이(L)이라 하면, 미연혼합기가 재순환영역과 접촉해 흐르는 시간은 다음과 같이 나타낼 수 있다.

$$\tau_a = L / u_f \quad \text{------------------------------------} \quad (4.46)$$

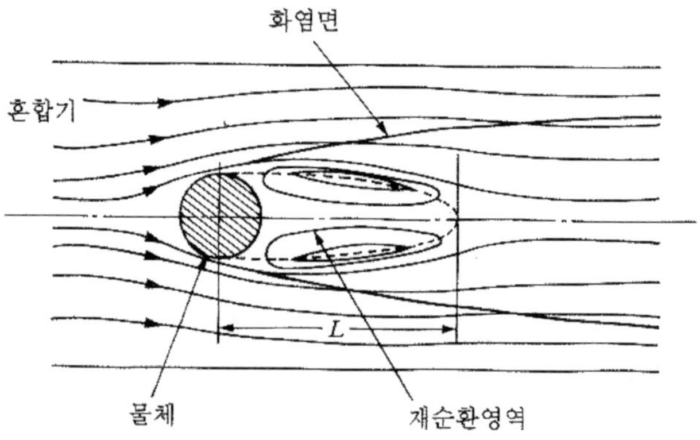

〈그림 4.24〉 고속기류 중에서의 화염 안정화

이 접촉시간 τ 가 미연혼합기의 화학반응 특성시간을 $\tau_C=\delta$ $/S_L$보다 짧게 되면, 화학반응시간이 따라가지 못해 화염이 꺼지게 된다. 재순환영역 길이L은 일반적으로 물체의 직경에 비례한다. 이 때

$$D_I = \tau_a / \tau_c \quad \text{------------------------------------} \quad (4.47)$$

D_I를 **Damköhler수**라 한다.

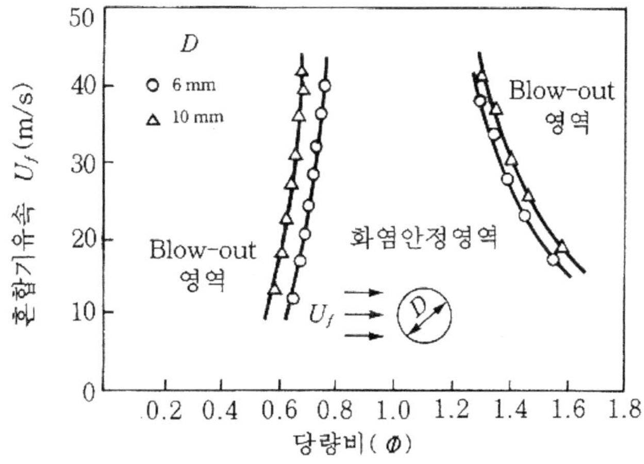

〈그림 4.25〉 원주상 물체의 화염안정범위

4.4.4 보염 방법

앞에서 서술한 바와같이 연소장치를 안정하게 정상적으로 운전하기 위해서는 화염의 안정화가 대단히 중요한 기술이다. 안정화를 위해서는 유체의 흐름 중에 화염을 변동이 없이 안정하게 연소, 유지시켜야 하는데, 이렇게 하는 것을 **보염** (Fiame holding)이라고 한다. 일반 연소장치에서 화염의 안정화기술은, (1)파일롯트 화염을 사용하는 방법, (2)순환류를 이용하는 방법, (3)대항분류를 이용하는 방법, (4)가열된 고체면을 이용하는 방법, (5)예연소실을 이용하는 방법, (6)다공판을 이용하는 방법 등이 있다.

1) 파일롯트 화염

공업용 연소기 및 일반 가정용 가스기구에는 시동성의 향상과 안전 확보를 위해서 고속가연성 혼합기류와 평행 방향에 별도로 가연혼합기를 공급하여 보조화염을 형성시킨다. 이 보조화염을 파이롯트 화염이라 하며, 그 역할은 이것과 접해 있는 가연혼합기에 화학반응의 개시에 필요한 열과 활성화학종을 공급하여 착화와 보염 특성을 확보하는 것이다. 일반적으로 버너등의 고속가연혼합기 출구 주위나 보염가 뒤에 설치한다. 이와 같은 파이롯트 화염은 다른 화염안정화법과 병행하여 많이 사용되고 있으며, 또한 저칼로리 가스나 희박혼합기를 연소시키기 위해서 사용된다. 파일롯트 화염을 발생하는 버너에는 액체를 사용하는 것과 기체연료를 사용하는 것이 있다. 액체연료용 파일롯트 버너는 보통 유압 분사밸브를 사용하고, 액체연료를 분사하여 전기착화기로 착화하여 파일롯트 화염을 얻고 있으며, 용량이 큰 버너에 많이 사용한다.

기체연료를 사용하는 파일롯트 버너는 가스와 공기가 예혼합되어 있으며, 전기착화하는 방식을 택하고 있다.

2) 순환류를 이용하는 화염

제트기관이나 고부하연소기 등은 고속기류 중에 연소를 행하기 때문에 화염의 Blow off 가 일어나기 쉽다. 이러한 현상을 막기 위해서는 흐름 중에 저항물체를 놓든가, 유로를 스텝으로 넓혀 후류에 재순환영역을 만들어 화염안정화를 도모한다. 이와 같은 목적에 사용되는 것으로는 원주, 원판, 구, V면 등이 있다. 이러한 물체를 보염기(flame holder)라 한다.

〈그림 4.26〉에서와 같이 저항 물체에 의해 형성된 재순환영역은 고온의 연소가스와 활성기들을 새로운 혼합기에 공급하는 역할을 하며 안정하게 화염을 유지하도록 한다.

또한, 충분한 선회를 갖는 선회류를 사용해서도 순환류를 만들 수 있다. 선회류를 이용하는 방법은 흐름에 선회를 주면 중심부가 부압으로 되어 순환류가 발생되고, 이를 이용하여 화염을 안정화 시키고자하는 것이다.

이 때 선회의 강도는

$$Su = Ga / (Gt^{*}R) \quad \text{------------------------------} \quad (4.48)$$

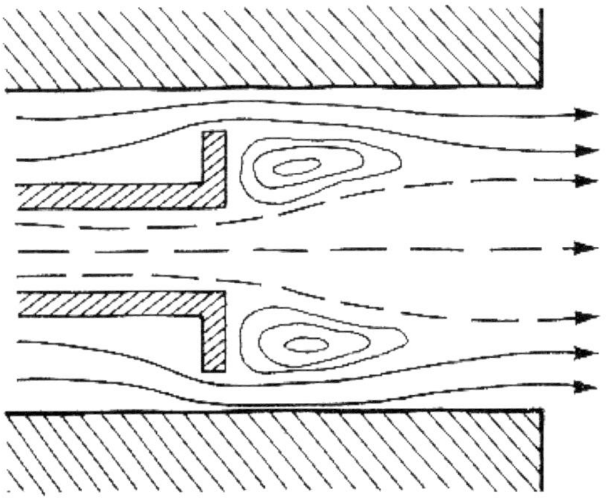

〈그림 4.26〉 순환류를 이용한 화염 안정

로 정의되는 **선회수(Swirl number)**로 나타낸다.

여기서, R은 관로 반경, Ga와 Gt는 각각 각운동량유량과 축방향운동량유량으로 다음식으로 나타낼 수 있다.

$$Ga = \int_0^R (w^* r)(\rho u)(2\pi r)\, dr \quad \text{------------------------} \quad (4.49)$$

$$Ga = \int_0^R (\rho u^2 + p)(2\pi r)\, dr \quad \text{------------------------} \quad (4.50)$$

여기서 u, w, p, r은 각각 분류의 임의 단면에 있어서 축방향 속도성분, 접선방향 속도성분, 정압 및 반경방향의 거리이다.

반경 일정의 관내류의 경우 S〉0.5에서 중심부에 순환류가 발생한다. 확대관에서는 더욱 발생하기 쉽다.

다음은 공업용의 버너에 잘 사용되어지는 말광노즐로부터 분출하는 선회분류의 기본적인 3패턴을 〈그림 4.27〉에 나타내고 있다. (a)는 선회강도가 제로 혹은 대단히 약할 때의 경우로, 환상공기류가 노즐로부터 박리하는 경향이 있으며, 그 결과 선회를 동반하는 환상분류와 유사한 분류가 형성되어 버너의 출구에서 진동을 일으키는 화염이 발생한다. (b)는 중간정도 혹은 강한 선회의 경우로, 공기류는 노즐벽에 안정하게 부착하고, 분류중심에 위치한 큰 소용돌이가 역류현상을 보이고 있다. 이 유형은 화염의 안정성이 좋아 고농도의 연료영역과 강한 난류의 영역을 일치시키는 고부하의 연소에 적합하다. (c)는 대단히 강한 선회의 경우이며, 화염은 버너의 표면 및 연소실 벽면에 부착하고 있다. 이 때 화염은 벽면의 온도를 상승시키기 때문에 미연가스가 복사 가열되어 희박 가연 혼합기 및 저발열량 연료의 연소에 적당하다.

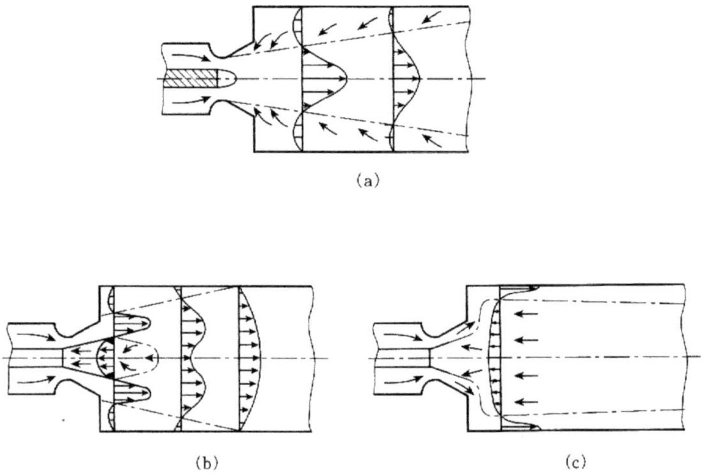

〈그림 4.27〉 확대노즐에서의 선회분류

3) 대향 분류

일정한 흐름에 정반대의 방향에서 가연혼합기를 분사시켜, 분류의 끝부분에 형성되어지는 저유속영역에 화염을 안정화 시키는 방법이다. 여기에는 공기의 흐름에 연료분류를 대향하는 방법과 예혼합기의 흐름에 공기분류 혹은 연소가스를 대향시키는 방법이 있다.

4) 가열된 고체면

가열 평판을 따라 가연성혼합기가 흐르면 속도경계층 및 온도경계층이 발달하고, 온도가 상승하여 발열화학반응이 진행된다. 즉 층 내의 온도는 평판으로부터 열전달과 화학반응에 의해 급격히 상승하여 화염이 안정화 된다.

또한 노즐출구의 확대부에 내화재를 부착하므로써 그 표면이 가열되어 표면에서 화염이 안정된다. 더욱 선회가 강한경우와 같이 화염이 벽면을 따라 형성하게 되면, 내부에 부착한 내화벽면이 가열된다. 따라서 충분한 열용량을 가진 표면을 따라 혼합기가 흘러가므로 예열이 되어 화염이 안정화된다. 그러나 평판온도를 정상적으로 유지하기가 어렵고, 이로써 화염의 부착점이 변동하는 화염이 되기 쉽다.

5) 예연소실

연속연소를 행하는 원동기, 예를 들어 가스터빈용 연소기는 연소실내의 공기유속이 빠르며, 연소부하율이 높다. 그림 3.26는 가스터빈 연소기의 한 예를 나타내고 있다. 이 연소기는 분사변과 선회기를 가진 대표적인 분사형 연소기이다.

1차연소영역에서는 선회기를 통해 들어오는 공기와 공기공에서 들어오는 분류에 의해 큰 순환류를 발생시키고, 여기에 연료를 분사한다. 이 영역은 연료농도는 불균일하지만 평균적으로는 연료과농의 상태로 연소속도가 높고 보염력이 높다. 여기에 계속해서 2차연소영역에서는 보급되는 공기에 의해 연소를 완결한다. 또 최하류의 희석영역에서는 더욱 공기를 공급해 연소가스의 온도를 허용온도까지 내린다.

이것은 1차연소영역에서는 반응시간에 비해 체류시간이 긴 가스괴가 보염역할을 하고, 2차연소영역에서는 가스괴의 연료농도와 체류시간을 갖추어 반응을 완결시키는 것이다. 이로써 연소실의 체적을 유효하게 이용하고, 연소부하율을 높일수 있다.

가스버너에서도 이와 같은 개념으로 예연소실에서 1차연소를 하고, 주연소실에서 반응을 완료한다.

6) 다공판 및 기타

평면 화염버너에서 유속이 낮아지면, 화염은 다공판에 밀착하여 안정하게 된다. 이때에 열은 화염으로부터 다공판에 흘러 화염온도가 낮아진다. 즉, 연소에 의해 발생한 열의 일부를 고체표면에서 복사열로 변환하는 적외선버너가 여기에 속한다. 이 연소기는 세라믹스 다공판과 같은 내열성고체내에 보통의 화염대의 두께 δ보다 충분히 작은 직경d의 평행한 통로에 혼합기를 흘려 연소시킨다. 이때 하류의 고온 연소가스로부터 열이 전달되고, 이 열은 열전도성이 좋은 고체내를 통과하여 하류에 운반되어 저온의 혼합기에 전달되어진다. 이러한 내부열순환법에 의하여 화염온도는 단열화염온도보다 높은 초과단열화염을 형성하게 된다. 이러한 현상을 이용하여 보통 연소속도보다 빠른 혼합기의 속도에서도 화염을 안정화 시킬 수 있다.

연습문제

1. 가연성 기체의 착화과정에 대해 설명하시오.

2. 최소점화에너지에 대해 설명하시오.

3. 자발착화, 착화지연을 설명하시오.

4. 착화의 조건에 대해 설명하시오.

5. 예혼합연소와 확산연소의 특징을 비교 설명하시오.

6. 예혼합화염의 구조에 대해 설명하시오.

7. 연소속도에 대해 설명하시오.

8. 화염의 안정화에 대해 설명하시오.

9. 보염방법을 들고 설명하시오.

10. 확산화염의 구조를 설명하시오.

05

액체연료의 연소

액체연료의 연소형태
액면연소 / 심지연소 / 증발연소 / 분무연소

액체연료의 미립화
미립화의 방법 / 미립화 기구 /
분무를 지배하는 요소 / 분사 노즐의 종류

분무 특성
무화 / 입도 분포 / 평균 입경 / 분산도 / 관통도

유액적의 증발과 연소
액적의 증발 / 액적의 연소

분무의 연소
분무연소의 특성 / 분무화염의 구조

제5장

액체연료의 연소

우리 주위에서 주로 쓰이는 가정용, 산업용 액체연료로서는 가솔린, 등유, 중유, 각종 알콜 등이 있다. 액체연료가 연소할 때는 일부의 예를 제외하고는 액상으로 반응하는 것이 아니고, 먼저 증발하고 이 증발가스가 산소와 반응해 연소한다. 따라서 증발과정과 반응과정과는 밀접하게 관련이 있으며 연소상태는 연료 속의 휘발분에 따라 달라진다.

연소형태는 거시적으로 기체연료연소와 거의 같고, 증발 방법에 의해 분류된다.

액체연료의 연소과정의 개략을 〈그림 5.1〉에 보인다.

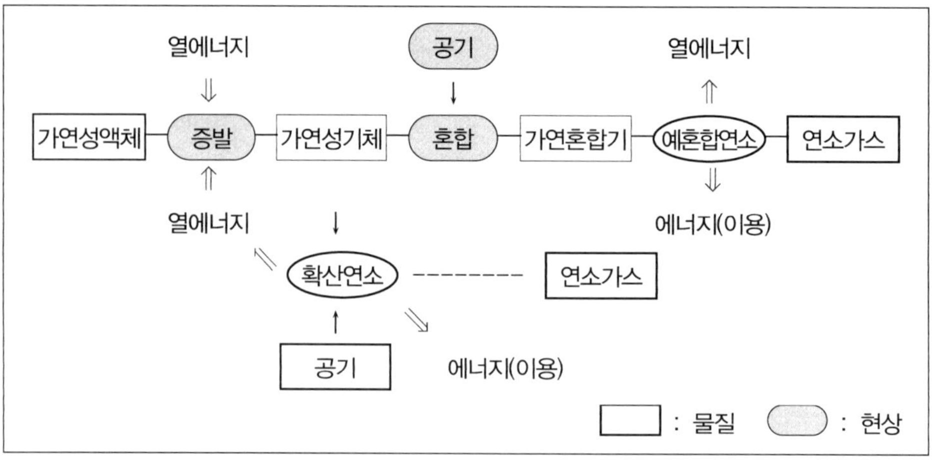

〈그림 5.1〉 액체 연료의 연소 과정(공기가 산화제)

5.1 액체연료의 연소형태

액체연료를 실제로 연소시키는데는 여러 방법이 있다. 이 액체연료의 연소형태를 크게 분류하면 액면연소, 등심연소, 증발연소, 분무연소가 있다.

〈그림 5.2〉에 그 개략도를 보인다.

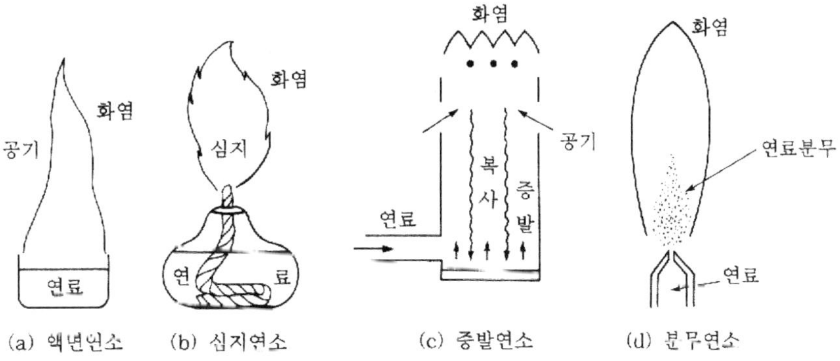

〈그림 5.2〉 액체연료의 연소형태

5.1.1 액면연소(Pool type combustion)

연료유를 용기에 넣고, 화염으로부터 연료 표면에 복사, 대류 및 열전도에 의해 연료는 가열되어 증발하고, 이 발생한 증기가 공기 중에서 연소를 하는 것이다. 이때 형성된 화염은 확산화염이 되며, 액면의 면적이 클수록 또 증발율이 클수록 화염은 커진다. 또 공기의 환기를 좋게 하면 연료 소비속도(액면 강하속도)는 커지지만 너무 공기 유속이 빠르면 Blow-out이 된다.

(a) **액면경계층연소**는 액면과 평행으로 공기를 보내지만 연소속도 및 공기의 흐름속도는 밀접한 관계가 있다. 연소속도는 공기속도가 증가할 수록 어느 범위까지

는 증가하지만 공기속도가 임계치를 넘으면 연소속도는 급격히 떨어져 화염은 꺼지고 만다

(b) **포트액면연소**는 액면에서 증발한 연료가스 주위를 흐르는 공기와 혼합하면서 연소하는 것으로 연소속도는 주위의 공기의 흐름속도에 거의 비례하여 증가한다.

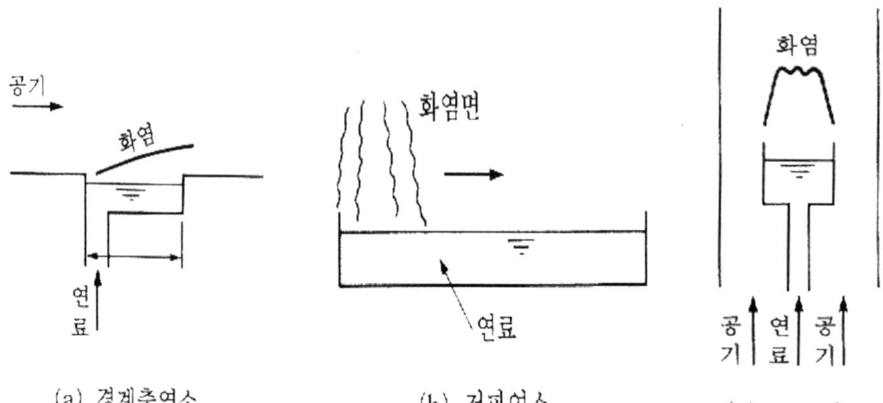

〈그림 5.3〉 액면연소의 형태

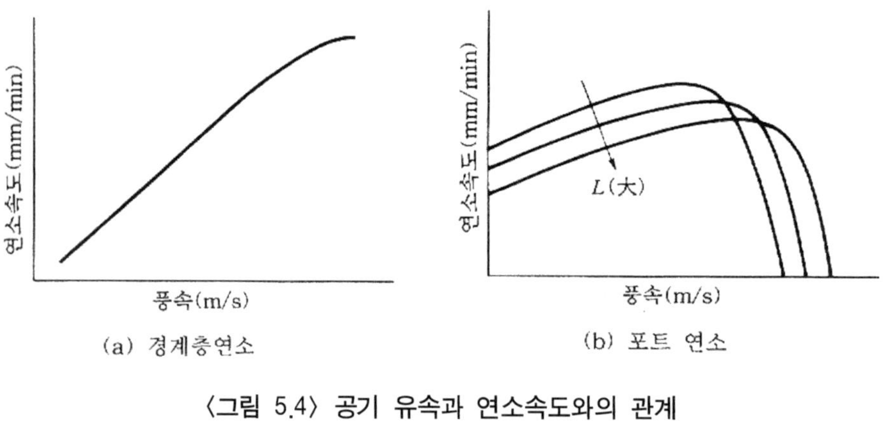

〈그림 5.4〉 공기 유속과 연소속도와의 관계

(c) **액면전파연소**는 넓고, 얕은 용기에 액체연료를 주입하여 용기의 한쪽 끝에서 점화하면 화염이 다른 면으로 전파하는 방식의 연소를 말한다. 화염으로부터의 대

류열전달, 복사열전달 및 액면 내부에서의 열전도에 의해 액면이 증발온도 이상으로 되며, 또한 화염으로부터의 열전달에 의해 표면 근처에는 표면 장력 및 밀도 구배가 형성되어 액체의 유동이 일어나면서 여러 현상이 복합되어 화염이 액체의 표면을 전파해 나간다. 이러한 현상은 주로 기름 화재 시에 나타난다

5.1.2 심지연소(Wick type combustion)

연료유를 면등의 심지로 흡인하고, 대류 및 복사에 의해 화염으로부터 열이 전달되어 증발한 연료 증기가 상부 및 측면에서 확산 연소하는 방식으로 석유램프, 가정용 석유 버너 등에 널리 사용되고 있다. 액체연료는 모세관현상에 의해 심지를 통하여 올라가며, 심지의 노출을 많이 하면 증발이 활발하게 되고, 연료소비속도는 커지지만 흡입공기량을 증가시키지 않으면 불완전연소가 일어나 많은 매연, 일산화탄소가 발생한다.

공급공기의 유속이 낮을수록, 공기의 온도가 높을수록 화염의 높이는 높아진다. 공기유속이 늦을 때는 안정된 확산 화염이 형성되지만, 공기유속이 빨라지면 등심 상부에 환류영역이 생겨 화염이 심지로부터 떨어져 불안정연소가 일어난다.

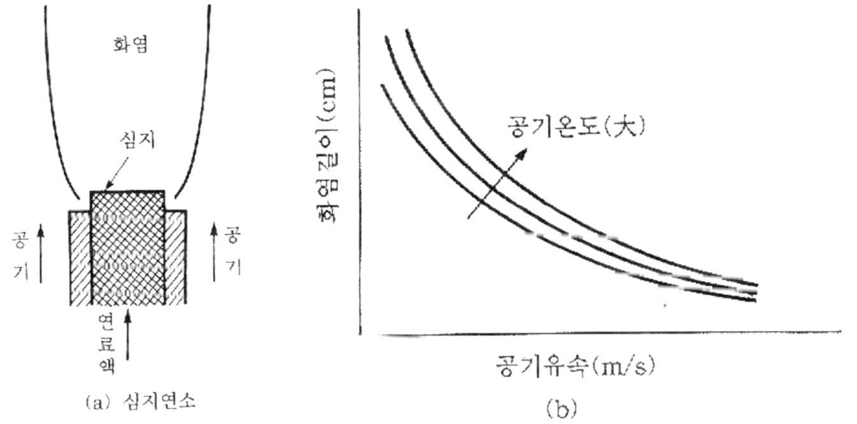

〈그림 5.5〉 심지 화염의 화염길이

5.1.3 증발연소 (Vaporizing combustion)

앞에서 설명한 연소방식들은 간단하지만, 형성된 화염은 확산화염이 되기 때문에 매연발생, 연료낭비, 유지관리에 단점을 가지고 있어 연소형태를 예혼합 형태로 해 이런 결점을 보완하는 방법으로 증발연소방식, 분무연소방식을 들수 있다.

증발연소방식은 연료를 가열된 면위나 증발관 내에 공급해 증발한 연료와 공기를 부분적으로 혼합 시킨후 연소시킨다. 이 연소방식은 일반적으로 가정용 석유스토브, 보일러 등 연료가 경질유이며 소형인 것에 사용된다.

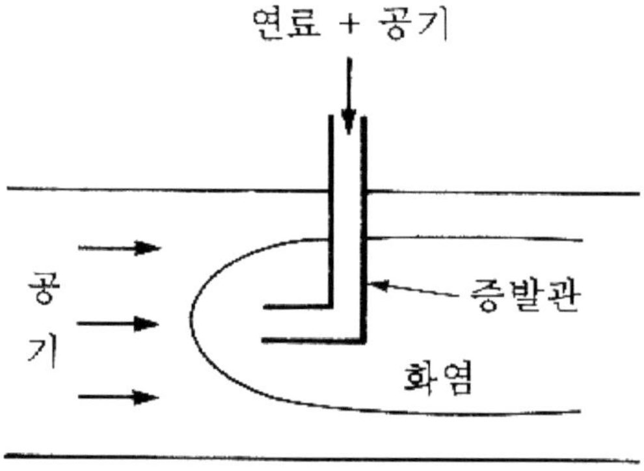

〈그림 5.6〉 증발연소기

5.1.4 분무연소 (Spray combustion)

분무연소는 액체연료를 노즐 등을 통해 미립화하여 공기류 중에 분무시켜 연료의 표면적을 증가시킴과 동시에 공기와의 혼합을 잘 일으키게 하여 연소시키는 방법이다. 이와같이 분무연소는 열, 물질 및 운동량의 이동과 화학반응이 동시에 일어나는 복잡한 과정이다. 분무연소에 영향을 미치는 인자로서는 액적의 미립화, 주위 기체의 조성(유동,혼합), 온도, 압력 및 액적과 주위 기체와의 상대속도 등이 있다.

연소장치는 좀 커지는 단점이 있지만, 액적 직경의 크기나 분무량, 공기와의 혼합비율 등을 변화시킴으로서 연소를 제어할 수 있는 장점이 있다. 또한 고부하 연소가 가능하기 때문에 공업용 버너, 가스터빈 연소기 등에 널리 사용되고 있다.

5.2 액체연료의 미립화

5.2.1 미립화의 방법

액체연료를 효과적으로 연소시키기 위해서는 공기와의 접촉면적을 가능한 크게 하여 반응을 촉진시켜야 한다. 이를 위해 연료를 액적(Droplet)으로 분산하여 공기와의 혼합을 촉진하여 혼합기를 형성한다. 이러한 과정을 액체 연료의 **미립화(Atomization)**라 하며 분무연소의 기본이라 할 수 있다.

예를 들면 1㎤의 액적을 직경 1㎛의 입자로 전부 만들었을 때, 이 갯수는 $1.91*10^9$개가 되고, 표면적은 1㎤액적의 10^3배가 된다.

이 미립화의 도구(Atomizer)는 액체압력, 원심력, 공기 또는 증기의 운동에너지 및 초음파 에너지 등의 에너지 사용 형태에 의해 분류된다.

이들 분사노즐 및 분사기 중 공업적으로 많이 사용되고 있는 형태로는 (1) **단순분공노즐** (2) **이유체분사노즐** (3) **와류형 분사노즐** (4) **회전체 분사기** 등이 많이 사용되고 있으며 (5) **초음파 분무기** (6) **정전식 분무기** (7) **회전분공 분무기** (8) **충돌식 분무기** 등도 이용되고 있다.

5.2.2 미립화 기구

관 내의 연료를 가압할 경우, 관 끝으로 분출하는 액의 상태는 그 분출 속도에 의해 〈그림 5.7〉에 나타낸 것과 같이 변한다.

A의 액적 떨어짐 현상은 반구상의 액적이 관 끝에 붙어 액적의 체적이 증가함에 따라 표면장력과 중력과의 평형이 깨어져 낙하하는 현상이다. 유속을 증가시키면 B와 같이 관의 끝단으로부터 가는 평활상의 수주로 되고 그 층류의 끝단은 늘어나 구상으로 변하며 떨어진다.

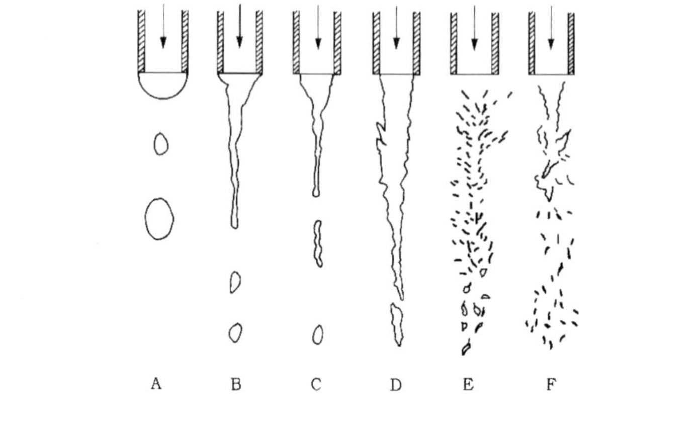

(A) 액적하 (B) 평활유 (C) 천이류 (D) 파상류 (E) 실상분무류 (F) 막상분무류

〈그림 5.7〉 유속에 의한 미립화 기구

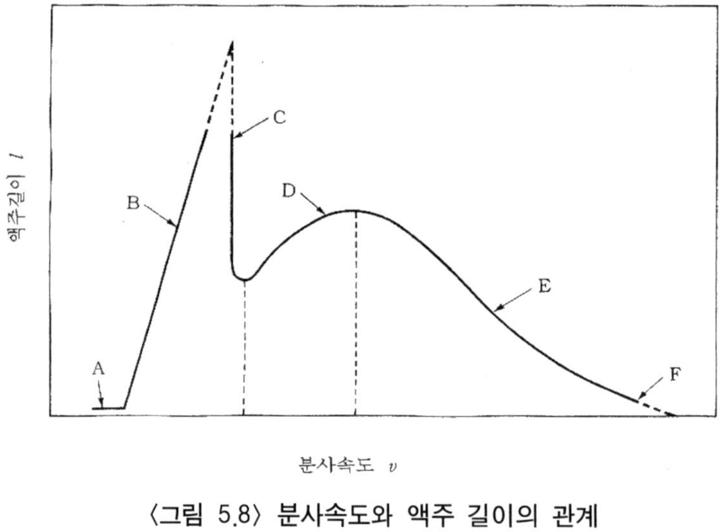

〈그림 5.8〉 분사속도와 액주 길이의 관계

연료의 속도가 더욱 증가함에 따라 C와 같이 흐름의 방향에 불안정한 천이 상태를 거쳐 D와 같이 횡진동 현상이 일어나 나선상의 파상류로 된다. 더욱 유속이 증가하면 D의 나선상의 산 부분이 공기 저항에 의해 실과 같이 늘어나 길게 되어 E와 같이 된다. 그리고 연료가 더욱 고속으로 되면 F와 같이 이 산의 부분은 공기와의 접촉에 의해 일부 막상으로 되어 떨어져 날아가 분무류를 형성한다.

이와 같은 액적의 떨어짐 현상, 평활류, 파상류를 거쳐 분무류로 옮겨가는 과정을 연료의 분출속도 및 액주 길이의 변화로 나타낸 것이 〈그림 5.8〉이다.

미립화는 먼저 A의 액적 떨어짐으로부터 시작하지만, 연료의 천이속도(Vk)보다 유속이 증가하면 액주를 발생하여 평활류B로 되고, 연료속도의 증가와 함께 액주도 길게 된다. 더욱 유속이 증가하면 액주의 끝단에 종 진동을 생겨 불안정하게 되어 C의 천이류로 되고 액주의 길이는 극소로 된 뒤, 다시 액주의 길이는 증가해도 평활류로는 존재하지 않고, 나선상의 파상류 D로 된다. 유속이 증가하여 Vs에 도달하면 액수의 길이는 다시 최대로 된다. Vs 이상으로 유속을 증가시키면 액주의 길이는 증가하지 않고 감소하며, 결국 관의 끝단에서 분무류를 만들게 된다. 물의 경우 천이점 Vc에 있어서 레이놀드수는 1800-2400 정도로 층류와 난류의 천이점과 일치한다.

5.2.3 분무를 지배하는 요소

액체연료를 미립화하는 데에 필요한 힘을 총괄하면 연료의 운동량, 연료와 주위의 기체와의 마찰력 및 액체와 기체간의 표면장력을 들수 있다. 즉 분공으로 부터 분출한 액체연료는 기체 중에 있는 형상의 자유 표면을 가진 흐름을 형성하지만 그 형상은 먼저 연료의 운동량에 의해 지배되고, 그 운동량의 방향은 분공의 기하학적 형상에 의해 규제된다.

다음에 연료와 기체의 밀도, 속도, 가속도 및 상호간의 표면적에 의해 발생하는 저항력과 연료 및 기체의 밀도, 속도구배, 점성 및 확산계수에 의한 마찰력 그리고 표면적에 비례하는 액체와 기체간의 표면장력에 의해 결정된다.

이와같이 액체의 미립화는 2상류의 형상과 변형 및 계면의 안정 문제라고 말할 수 있다. 이러한 것을 무차원수로 나타내면 다음과 같다.

액막의 분열을 지배하는 요소의 하나인 **레이놀즈수(Re)**는 다음과 같다.

$$Re = v.d / \nu \quad \text{-------------} (5.1)$$

여기서 d는 분공의 내경, v는 연료의 분출속도, ν 는 연료의 동점성계수이다.

레이놀즈수가 크게 됨에 따라서 액막의 두께가 변하고 임계치를 넘으면 층류로부터 난류로 천이하여 액막의 중심부로부터 물결파를 발생시킨다. 여기서 2상류로 되면 다음의 3종류를 첨가해야 한다.

$$Re_D = d / (\sigma / \gamma)^{0.5} \quad \text{-------------} (5.2)$$

$$Re_{SD} = \mu (g / (\sigma \gamma d))^{0.5} \quad \text{-------------} (5.3)$$

$$Re_{SV} = \mu v / \sigma = \mu d / (\sigma t) \quad \text{-------------} (5.4)$$

여기서 σ 는 표면장력, μ 는 점도, γ 은 비중량, t는 시간을 나타낸다.

Re_D는 연료의 액적화 현상과 같은 정역학적인 경우, Re_{SD}는 액막이 큰 경우에 관계가 있다. Re_{SV}는 점성이 있는 천이류의 안정에 관계하고, 천이가 일어나 끝날 때까지의 시간에 관계한다. 다음에 연료의 운동량과 표면장력의 관계로부터 액체에 대한 **웨버수(We)** 및 액면에 작용하는 웨버수는 다음과 같다.

$$We_\ell = \rho_\ell d v^2 / \sigma \quad \text{-------------} (5.4)$$

$$We_g = \rho_g d v^2 / \sigma \quad \text{-------------} (5.5)$$

ν 는 연료의 동점성계수, 첨자 ℓ , g는 액체와 기체를 나타낸다.

We_ℓ 이 커지면 연료의 운동량에 의해 큰 액막이 형성된다. 또한 We_g는 크게 되면 원형액막의 주변에서 파를 형성한다.

액체연료의 미립화 현상을 표현하는데 많이 사용하는 무차원수로서 상기의 무차원수 이외에 연료의 점도 특성을 포함한 연료 분사의 분쇄 특성에 필수적인 물리적 특성을 나타내는 **Ohnesorge수(Oh)**

$$Oh = \nu \ / \ (\sigma \ \rho \ d)^{0.5} \quad \text{------------------------------} (5.6)$$

그리고 액분류와 주위 기체 간의 마찰력에 의한 분쇄 특성은 **제트수(Je)**

$$Je = We \ (\rho_g \ / \ \rho_l)^{\ 0.55} \quad \text{----------------------------} (5.7)$$

로도 나타내는 경우가 있다. 여기서 We는 웨버수이다.

5.2.4 분사 노즐의 종류

1) **단순분공 분사노즐**은 이상의 미립화 기구에서 설명한 것과 같은 역학적 현상에 의해 미립화가 일어난다. 분사노즐의 형상은 〈그림 5.9〉와 같으며, 그 종류를 분류하면 다음과 같다.

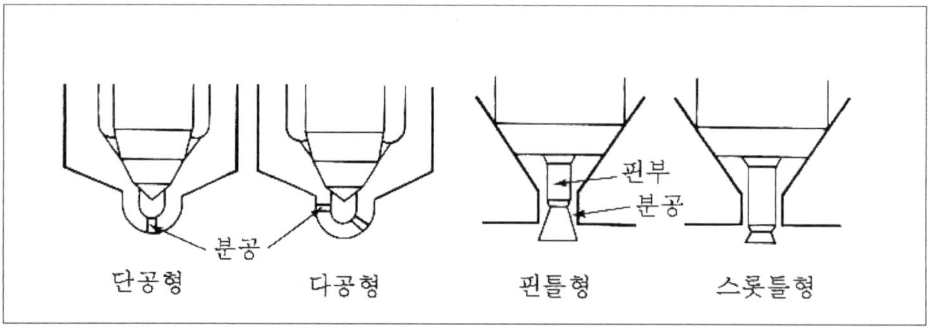

〈그림 5.9〉 분공 노즐의 종류

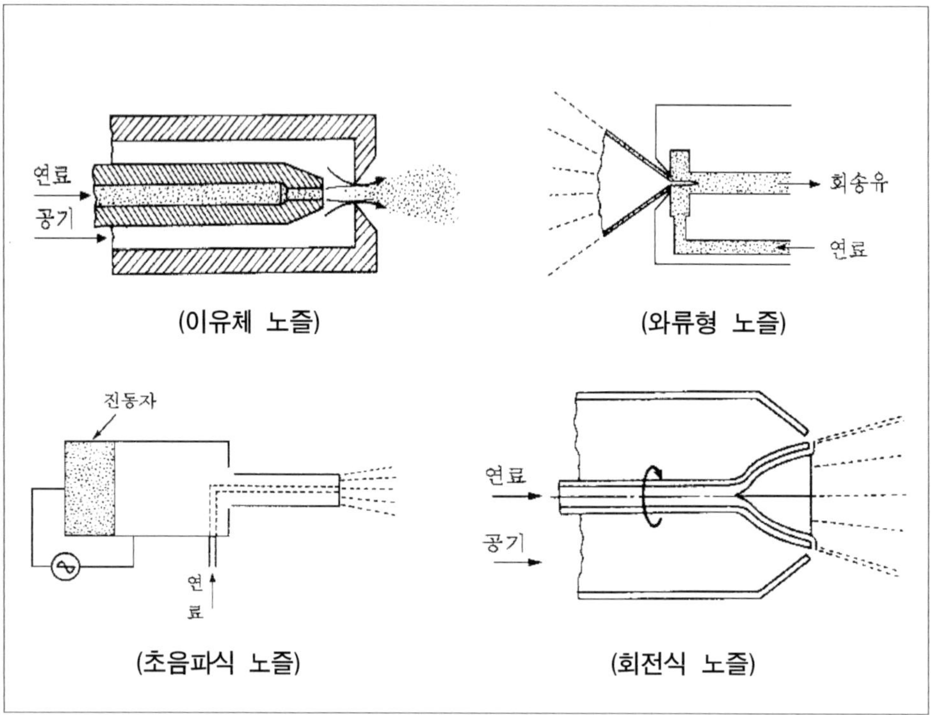

〈그림 5.10〉 분사노즐의 종류

2) **와류형성 분사노즐**은 연료를 선회실에 공급하여 선회를 주어 액막상으로 분사하는 것이다. 이 경우 최초에 나팔 모양의 분구를 꽉 채운 상태에서 분사압력을 증가 시켜 나가면 액막이 원추상으로 열리게 되며, 점차 속도가 빨라지면 액막의 불안정성이 증가하여 파상류가 발생하기 시작하고, 주위의 기체와 마찰에 의해 분

구를 나온 직후부터 분무류로 된다.

기본적인 심플렉스 타입에는 미립화 성능의 범위에서의 최대와 최소의 분사율의 비로 정의되는 **턴다운비**(Turn-down ratio)를 3:1정도 밖에 잡지 못하기 때문에 분사압력 즉 선회속도와 액막속도를 저하시키지 않고 분사율을 저감할 수 있도록 분사변 중심을 따라 일부 연료가 되돌아 가는 경로를 만든 연료 되돌이식, 선회실 접선 유입로를 분사율에 의해 대소로 바꿀 수있는 듀얼 프렉스 타입, 선회실과 분구까지 바꿀 수 있는 듀얼 오리피스 타입이 고안되어 턴다운비가 10:1정도까지 얻을수 있다.

3) 이유체분사노즐(Twin fluid atomizer)은 압축성으로 다량의 에너지를 저장할 수 있는 공기, 증기 혹은 압축성 가스를 분무 매체로 하는 것으로 가스는 낮은 분사 압력에도 분사속도가 빠르며 분사속도가 낮은 액체와의 사이에서는 큰 상대속도가 생겨 천이에 의해 미립화가 일어난다.

이유체분사노즐에는 이유체의 혼합이 분사변 안에서 일이나는 내부 혼합형과 유체가 분사변 내에서 혼합하지 않고 각각 독립하여 분출하여 노즐외부에서 혼합하는 외부혼합형이 있다. 전자는 중심부를 연료 동축에 분무 매체 유체가 흘러들어 혼합실에서 혼합한 후 밖으로 향한 복수의 분무공을 통하여 혼합유체를 분출하여 분무한다. 이에 대해 후자는 보통의 유압분사노즐에 기류분사노즐을 조합한 것으로 연료가 저유량일 때, 외측의 구멍으로부터 공기 혹은 무화용 유체를 원추상의 연료막으로 향하게하여 충돌 혼합시켜 미립화를 보조하는 역할을 하도록 되어있다.

4) 회전식 분무기는 액체연료가 회전하는 회전체 표면에 공급되어 원심력에 의해 바깥으로 산포된다. 정상적인 운전 조건에서 연료는 회전체 외주로부터 얇은 액막을 형성하여 퍼져나가 어느 정도의 거리에서 얇은 액막은 공기역학적 작용에 의해 스스로 혹은 부가적인 기류의 작용에 의해 분열한다.

이 분무기는 회전기의 가속력을 조정하여 미립화를 제어할 수 있으며, 노즐을 가지고 있지 않아 고형물 등에 의해 막힐 염려는 없으나, 미립화의 성능은 그다지 좋지 않다.

5) **초음파식 분무기**는 진동자의 고체면에 연료를 공급하여 진동자의 진동에 의해 분열을 시켜 미립화하는 것이다.

6) **정전식 분사기**는 액분류의 주위에 놓인 링과 분무기 사이에 고전압을 걸어 전기를 띤 액분류를 전장으로 분쇄하는 것이다.

7) **회전분공 분무기**는 원통 표면에 직접 혹은 파이프를 통하여 설치한 분공을 회전시켜 그 원심력으로 연료를 분사하여 공기와의 상대속도로 미립화하는 것이다.

8) **충돌식 분무기**는 연료를 고체면에 분사하여 충돌을 시키는 것으로 로켓트의 연료분류와 산화제분류를 충돌시키면서 미립화와 동시에 혼합을 행하는 형태가 좋은 예이다.

5.3 분무 특성

양호한 연소를 얻기 위해서는 연료를 다음과 같은 요건을 만족하도록 연소실에 공급해야 한다.

1) 액체 연료를 연소시키기 위해서는 증발시켜 연료 증기로 만들어야 한다. 이 증발을 촉진시키기 위해 연료를 미립화하고 총면적을 크게해 주위의 기체와 열, 물질교환이 활발하도록 한다.

2) 연료 증기와 산화제가 잘 혼합되도록 한다.

전자는 분무 특성의 무화, 후자는 분포 및 관통력의 문제로 이 들 각 특성을 〈그림 5.11〉에 보인다.

5.3.1 무화

연소실에 분사된 연료가 미립화되는 과정 즉 무상이 되는 과정을 **무화**

(Atomization), 또 이 무상의 분사 연료를 **분무**(Spray)라 한다. 액상의 연료가 분공에서 분출되면 분류는 분공으로부터 어느 정도의 거리를 진행하면서 미립화되어 전체적으로서는 원추형의 분무를 형성한다. 이 분류의 표면에 관성력, 표면장력, 진동, 용해기포 등에 의해 난류가 발생하고, 이 부분에 공기와의 마찰이 작용하여 가는 액주와

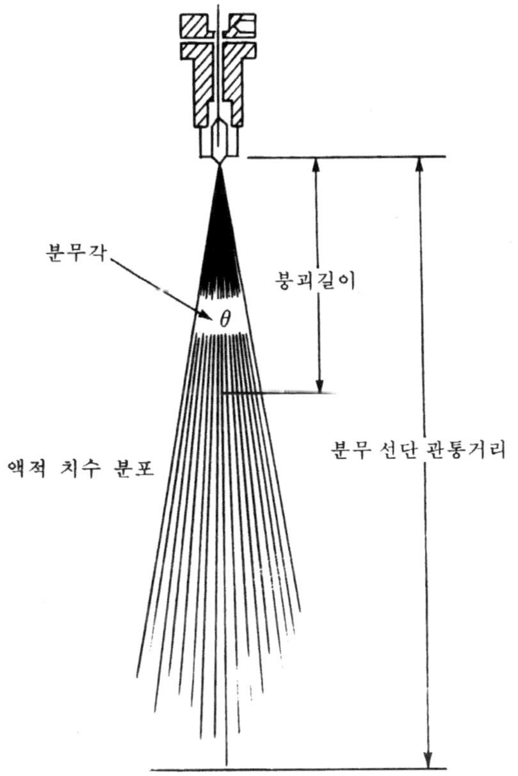

〈그림 5.11〉 분무 특성

얇은 액막이 형성되어 파편으로 분열된다. 따라서 압력 무화 방식에서는 양호한 무화를 얻기 위해서는 일반적으로 분류의 속도를 크게 한다.

액체의 미립화 방법에 대해서 앞에서도 설명했듯이, 무화 방식을 간단히 정리하면 〈표 5.1〉과 같다.

〈표 5.1〉 무화 방식

기계적 에너지	압력무화	고압연료의 분류와 공기와의 충돌에 의해 전단층에서 미립화하는 방법
	이유체무화	공기가 증기의 고속류를 충돌시켜, 연료를 분쇄한다.
	원심력무화	고체면에 공급한 연료를 원신력으로 박막상으로 늘려, 고체면 끝에서 방출하면서 미립화하는 방법
	진동무화	기계적 진동 또는 초음파 등의 음향적진동에 의해 미립화하는 방법
전기적 에너지에 의한 무화		정전기 또는 동전기에 의해 미립화하는 방법
열적에너지에 의한 무화		비등이나 증발, 응결에 의해 미립화하는 방법

5.3.2 입도 분포

불규칙적인 입자를 통계적으로 처리하면 분포곡선이 얻어진다. 입도분포를 나타내는 표시법으로는 입도분포도, 입도누적분포도, 질량분포도, 질량누적분포도등이 있으며, 이들의 분포곡선으로부터 균일도의 정도, 분포성을 알 수 있다. 이와같은 입도분포곡선을 수식으로 표현하면 분사조건에 의한 분무특성의 비교, 노즐설계, 분무연소의 수치계산등에서 편리하다. 분포식으로서는 Rosin-Rammler의 식, Nukiyama-Tanasawa의 식, 대수확율분포식 등이 있다.

〈표 5.2〉에 분포함수를 나타낸다.

1) Rosin-Rammler의 분포함수 : 일반적으로 누적체적형으로 나타내어 100μ 이하의 분말 및 자연에 존재하는 분진 등은 이 분포형으로 나타내는 것이 많으며 간단한 형이므로 분무에 적용한 예도 많다. 분포식을 나타내면 다음과 같다.

$$R = \frac{W_X}{W} = 1 - \exp\left[-b(X/X_R)^{\delta}\right] \quad \text{------------------} (5.8)$$

여기서 W_x는 입경이 X이하의 입자군 중량, W는 입자군의 총중량이다. 잔류질량백분율, X는 입자경, X_R은 (R=1/e=0.368)에 대응하는 X, δ 및 b는 실험치의 정수를 각각 나타낸다. 여기서 δ 가 클수록 액적 및 입자의 균일도가 높다.

2) Nukiyama-Tanasawa의 분포함수

기류에 의한 액체의 미립화(외부혼합식 이유체분사변)에 대한 연구로 발생하는 입자의 크기의 분포에 법규성이 있다는 결과를 내고 있으며, 입도분포를 다음식으로 나타내었다.

$$dn = nA\frac{X^{\alpha}}{X_m}\exp\frac{(-BX^{\beta})}{X_m}\frac{dX}{X_m} \quad \text{---- ---------------} (5.9)$$

여기서 n은 입자의 개수, A, B, α , b는 정수이고, x, 은 각각 입경 및 평균입경이다.

3) 대수확율분포함수

정규분포식을 대수 변환한 것으로 입자의 입도분포를 이 형으로 나타내는 경우가 많다.

$$dn = \frac{n}{\sqrt{2\pi}\ln\sigma}\exp\left[\frac{1}{2}\left(\frac{\ln(X/X_m)}{\ln\sigma}\right)\right] d(\ln X/X_m) \quad \text{--------} (5.10)$$

여기서 σ 는 분포의 기하표준편차, Xm은 질량평균입경이다.

이 분포함수는 입자가 충돌과 합체를 반복할 경우에 적당하다고 하여 분무보다는 매연의 측정에 적합하다.

〈표 5.2〉 분포함수

함수명, 제안자	분 포 함 수	특 징
Rosin-Rammler	$\frac{dn}{dx} = w_0{*}b{*}\beta{*}x^{\beta-4}\exp(-b{*}x^{\beta})$ w_0 : 전중량 b,β : 실험정수 (분무경우 β=2-4)	1. β가 작고,입경이 작을수록 개수가 증가하고, 미소립이 많다고 취급 2. 수학적 취급이 용이
발산-붕택	$\frac{dn}{dx} = n_0{*}A{*}x^{\alpha}\exp(-B{*}x^{\beta})$ n_0 : 전입자수 A,B,α,β : 실험정수 (분무경우 α=-1-3, β=1)	1. Rosin-Rammler의 식을 포함한 일반형
정규분포	$\frac{dn}{dx} = \frac{n_0}{\sqrt{2\pi * \sigma}} * \exp\left[\frac{\{(X - X_{10}/\sigma_{10}\}^2}{2}\right]$ n_0 : 전입자수 X_{10} : 산술평균직경 σ_{10} : X_{10}에 대한 표준편차	1. 하나의 입자군의 입수를 정규분포한다고 가정. 따라서 분포의 대칭성으로부터 음의 직경도 생각된다.

5.3.3 평균 입경

실제 분무시 액적의 크기는 균일하지 않고, 각각 크기가 다른 액적을 이룬다. 따라서 무화의 정도는 분무 중의 액적의 크기를 평균적으로 나타낸 평균 분무입경과 크기가 다른 액적이 각각 몇 개 포함되어 있는가를 나타내는 분무 입경분포로 나타낸다.

분무 입자군에는 입자수, 입자직경, 표면적 및 체적의 4종류의 요소가 있지만 입자수가 같고 표면적의 총합이 같은 경우의 평균입자직경, 혹은 입자직경이 같고 체적의 총합이 같은 경우의 평균입자직경이라든가, 평균입자직경의 표시 방법은 여러가지가 있다.

유입자군에 Xi라고 하는 입경의 유입자가 Δni개 함유되어 있다면 평균 분무입경의 일반식은 다음과 같이 표시된다.

$$X_{k,1} = \left(\frac{\Sigma X i^{k} \Delta n i}{\Sigma X i^{1} \Delta n i} \right)^{1/(k-1)} \quad \text{-------------------------} \quad (5.11)$$

여기서 k, 1 은 1일 때 직경, 2일 때 면적, 3일 때 체적을 의미한다.

〈표 5.3〉 sauter 평균입경을 나타내는 실험식

제안자	실 험 식	특징
Tanasawa	$X_{32} = K_n * \frac{d}{v} (\frac{\sigma^{0.25}}{\gamma_n}) * (\frac{\gamma_n^{0.25}}{\gamma_a}) * \sqrt{g} * (1 + 3.31 * \frac{\mu * \sqrt{g}}{\sqrt{\Upsilon_n} * \sigma * d})$ V : 평균분사속도 m/s γ_n : 분사액체의 비중량, kg/㎥ σ : 분사액체의 표면장력, kg/m μ : 분사액체의 점성계수, kg*s/㎡ γ_a : 주위공기의 비중량, kg/㎥ K_n : 70.5(간헐분사) 47(연속분사) d : 분공직경, mm	대기압하에 분사된 연속분무의 식을 변형하고, 분공경,분사속도를 변화시킨식으로 많이 사용된다.
Hiroyasu	$X_{32} = k(\Delta p)^{-0.135}(\rho_a)^{0.121}(Q)^{0.131}$, ㎛ k : 25.1 (핀틀노즐) 22.4 (스로틀노즐) 23.9 (홀노즐) Δp : 분사압-배압, MPa ρ_a : 공기밀도, ㎏/㎥ Q : 분사량, ㎣/st	노즐 선단으로부터 600mm 하방의 위치에서 액침법으로 측정한 것.
Knight	$X_{32} = 207.7 * d^{0.418}(\Delta p)^{-0.351}$, ㎛ d : 분공경, mm Δp : 분사압-배압, MPa	주로 홀 노즐에 사용된다.

보통 연소에서는 일정량의 연료가 미립화되었을 때의 입자의 표면적을 고려하는 것이 적당하기 때문에 다음과 같이 비표면적의 역수에 상당하는 **SMD (Sauter mean diameter)**으로 나타내는 경우가 많다.

$$X_{3,2} = \mathrm{dm} = \frac{\sum X^3 \Delta n}{\sum X^2 \Delta n} \quad \text{-------------------------} (5.12)$$

여기서 dm은 평균입자경, x는 입자경, n은 x로 되는 입자의 개수를 나타낸다. 〈표 5.3〉에 Sauter평균입경 실험식 그리고 〈표 5.4〉에 평균입경 계측법을 각각 나타낸다.

〈표 5.4〉 분무입경 계측법의 분류와 개요

<table>
<tr><th>샘플
입도
분포</th><th colspan="2">계 측 방 법</th><th>개 요</th><th>장 점</th><th>단 점</th></tr>
<tr><td rowspan="3">통과분포</td><td colspan="2">흔 적 법</td><td>검뎅이를 바른 유리위에 액적을 방아 흔적의 크기로부터 입경을 측정</td><td rowspan="3">* 조작이 간단</td><td>*입경과흔적경의 관계 불명료
*유리와의 충돌로 유적이 분열.합체</td></tr>
<tr><td rowspan="2">액침법</td><td>현 수 법</td><td>유리판위에 밀도가 큰 액을 바르고, 액중에 유적을 떨어뚜려 측정</td><td rowspan="2">*받을 액체의 선정이 어렵다.
*받을 액체와의 충돌로 유적의 분열, 합체</td></tr>
<tr><td>심 전 법</td><td>깊은 접시에 밀도가 작은 액을 넣고 여기에 액적을 심전시켜 측정</td></tr>
<tr><td rowspan="3">공간분포</td><td rowspan="3">광학적방법</td><td>광 산 란
강 도 법</td><td>액적의 산란광의 강도를 이용 입경 측정</td><td rowspan="3">*저밀도영역에서 측정정도가 높다
*미립화기구, 입도분포의 시간적,공간적 특성이 측정가능.</td><td rowspan="3">*샘플링영역이 좁다
*고밀도영역 측정 곤란
*카메라 심도상 문제 발생</td></tr>
<tr><td>사 진
화 상 법</td><td>순간촬영 또는 광산란법고 영상법을 병용해 화상농도 측정</td></tr>
<tr><td>홀 로 그
라 피 법</td><td>액적으로부터의 광파와 참조파와의 간섭파를 기록한후 레이져광의 조명으로 재생측정</td></tr>
</table>

전분포	심 강 탑 법		액적의 입경과 저항계수의 관계를 이용, 낙하속도의 차이를 이용 측정	*각 분사조건에서의 입경비교가 용이 *샘플링 오차가 작다.	*측정장치가 크다
	고화법	Molton법	연료와 비슷한 초를 녹여 분사시켜 상온에서 고화시켜 입경측정		*실제의 연료가 아님
		동결법	연료를 한냉한 액체공기나 액체 질소중에 분사해 고화시켜 측정		*모든 조작이 저온주위에서 행해야함
	관성력법		기체중에 함유된 유적을 기류 방향이 변할 때 관성력을 이용 분리 선별		*감도가 나쁘다 *이론적 배경이 약하다.
	전기적방법		전하를 가한 연료를 분사시켜, 그 전기량으로부터 입자 전체의 표면적을 계산		

5.3.4 분산도

분산도를 나타내는 데에는 유액적 분산범위와 유액적 유속분포가 있다. 유액적분산 범위는 분구의 위치에서 분무 윤곽으로 나타낸 두 접선의 각도, 즉 분무 원추각으로 나타낸다. 유액적 유속분포는 분무축에 직각한 평면 혹은 분구를 중심으로 하는 구면상에서의 유액적유속(단위면적당 단위시간에 통과하는 유액적 질량)의 분포를 분무축으로부터의 거리 혹은 분무축으로부터의 각도의 함수로 나타낸다. 이 때 축대칭이 아닌 분무에 대해서는 평면 혹은 구면상의 등유속곡선군으로 표시한다.

〈그림 5.12〉에 주위 압력과 분무각과의 관계를 나타내고 있다.

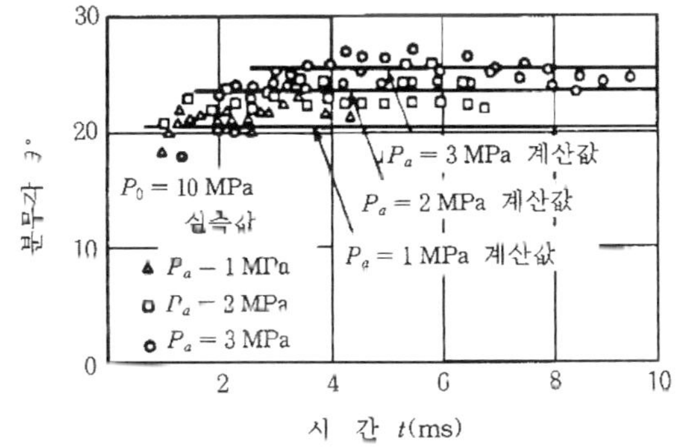

〈그림 5.12〉 주위압력과 분무각

5.3.5 관통도

분사된 액체 입자가 정지한 상태라면 연소가스에 둘러싸여 연소가 진행하지 못하기 때문에 연소가 끝나기까지 계속 이동시켜야 할 힘 즉 관통력이 필요하다. 이와 같은 관통력을 평가하는 척도가 분무도달거리이다.

분무류가 중력의 영향을 받지 않는다면 분무축 방향의 입자의 도달거리를 **관통거리**(Penetration distance)라 한다. 입자의 분출속도가 같을 경우 날아가는 입자에 대한 저항은 입경의 2승에 비례하고, 중량의 3승에 비례하므로 입경이 클수록 관통거리는 멀어진다.

〈그림 5.13〉에 시간에 따른 분무도달거리를 보이고 있다.

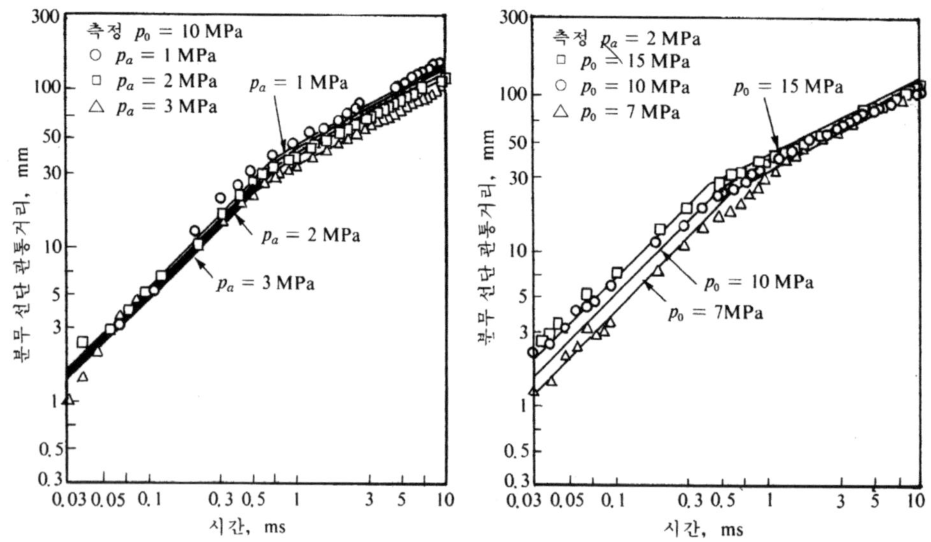

〈그림 5.13〉 분무도달거리

5.4 유액적의 증발과 연소

분무 연소 과정은 복잡하지만 그의 기본은 단일 액적의 연소이다. 즉 분무는 다수의 연료 입자의 집합체이므로 단일 액적이 어떻게 연소하는 가를 아는 것은 분무연소를 연구하는데 중요한 의미를 갖고 있다.

〈그림 5.8〉에 액적이 공기 중에서 연소하는 모양을 나타낸다. 액적을 가는 석영관에 매달아 정지 공기중에 놓고, 착화하면 액적의 주위에 화염이 형성되지만, 일반적으로 연소가스에 작용하는 부력 때문에 자연대류가 발생하여 화염은 원추형으로 된다.

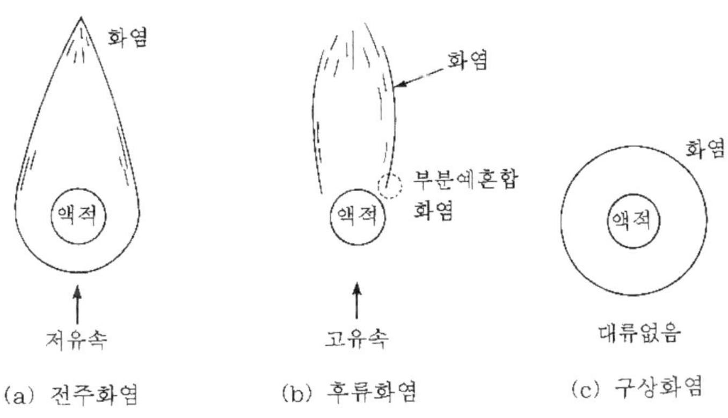

〈그림 5.14〉 단일 액적의 화염 형태

액적에 대한 공기의 상대속도가 작으면 (a)와 같이 화염은 액적 전체를 싸고 있는 **전주염**(Envelope Flame)이 되고, 상대속도가 커지면 화염은 액적의 전방 정체점 영역에서 화염이 없어져 (b)와 같은 액적 후류에 화염이 유지되는 **후류염**(Wake Flame)이 된다. 미소 중력장과 같이 부력이 작용치 않으면 (c)와 같이 액적 주위에 이상적인 구형 전주염의 확산화염이 형성된다.

전주염에서는 액적 전 표면에서 증발한 연료가 확산화염이 되어 연소하지만 후류염에서는 액적 전방의 증발은 적고, 후류에 유지된 화염 끝부분은 예혼합 화염형태를 유지한다.

5.4.1 액적의 증발

단일액적 연료가 연소해서 끝날 때까지 어느 정도 시간이 걸릴까 하는 것은 연소실의 설계. 기관의 성능 및 연소가스에 중요한 영향을 미친다.

고온의 공기 중에 액적을 넣으면 액적은 얼마 지난후에 **자발착화**를 한다. 이와같은 시간을 착화지연이라 한다. 착화지연에는 액적의 주위에 가연혼합기가 형성되어 착화 가능한 상태가 되기까지의 물리적 지연과 그후 반응이 진행하여 착화할 때까지의 화학적 지연이 있다.

〈그림 5.15〉는 액적의 직경 d^2의 시간 변화를 나타내고 있다. 액적은 주위 화염으로부터 열전도, 복사로 가열되고 비점에 달하면 증발한다. 이 증기가 주위 산소와 혼합된 곳에서 확산화염이 형성된다.

증발과정은 크게 3부분으로 분류할 수가 있다.

(1)영역은 액적이 가열되어 온도가 상승하는 영역이다. 이 때 온도상승에 의한 열팽창이 일어나 직경이 다소 증가하다가, 증발이 일어나면 감소하기 시작하는 비정상증발 가열기간이다.

(2)영역은 표면온도가 어느 정도 일정하게 유지되면서 정상 증발이 일어나는 증발기간으로 이 기간의 끝부분인 b점에서 자발 착화한다. 따라서 (1)에서 (2)의 b점까지의 기간은 착화지연기간이 된다.

(3)영역은 연소기간으로 증발, 연소반응으로 증발량이 많아져 액적이 급한 경사를 갖고 직선적으로 감소한다. 이때 (2)영역의 기울기는

$$-dD^2 / dt = const = Ce \qquad (5.12)$$

$$d^2 = do^2 - Ce(t - to)$$

으로 표시되며, 증발율 또는 증발속도정수(Evaporation rate constant)라 한다.

(3)영역의 기울기는

$$-dD^2 / dt = \text{constant} = C_b \quad \text{------------------------} (5.13)$$

$$d^2 = do^2 - C_b(t - t_b)$$

으로 표시되며, **연소율** 또는 **연소속도정수**(Combustion rate constant)이다.

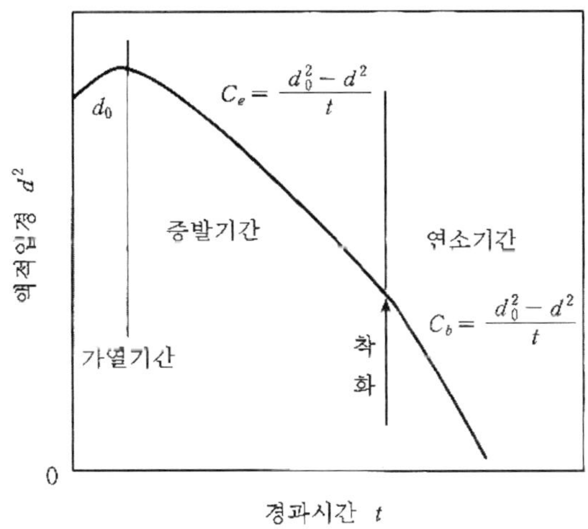

〈그림 5.15〉 액적의 증발 과정

5.4.2 액적의 연소

증발 연소를 하고 있는 연료 액적의 연소에서는 연료 증기와 공기(산소)와의 확산과 열이동이 연소현상을 지배하고 있다. 여기서는 Wise의 이론을 소개한다.

또한 해석을 위해 다음과 같은 가정을 한다.

1) 현상은 정압, 정상 구대칭이다. 2) 화염면에서의 반응속도는 무한대이다.

3) 액적 내부의 온도는 일정하다. 4) 복사전열은 무시한다.

5) 가스의 정압비열, 열전도율, 확산계수는 전 성분 전영역에서 일정하다.

6) 루이스수 Le = 1로 한다.

이와 같은 연소장을 나타내면 〈그림 5.16〉과 같다. 화염면보다 내측을 영역 A, 외측을 영역B라하면 화염으로부터 액적에 전달되는 열량에 따라 연료 증기 m_f가 발생하여 화염면으로 확산된다. 한편 B영역에서는 연료 증기와 반응하는 산소 im_f(i는 양론 산소-연료비)가 화염면을 향해 확산한다. 따라서 화염면에서는 증기 및 산소의 농도는 0이 되고, 온도는 T_f가 된다.

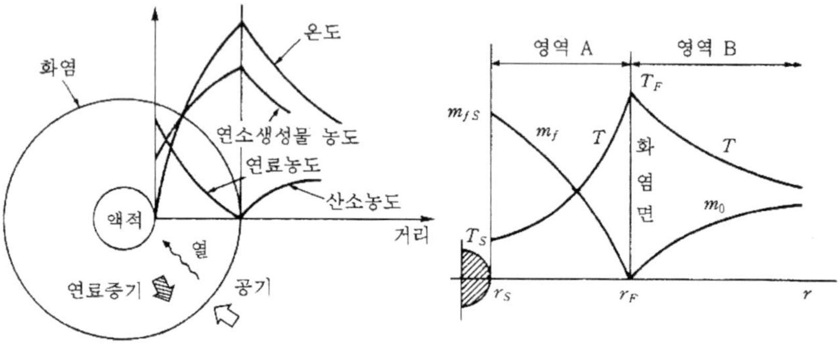

〈그림 5.16〉 액적연소(온도 및 농도 분포)

영역 A에서는 연료만이 수송되고, 화염면 이외에서는 반응이 없기 때문에 어느 반경 위치에서도 연료의 수송량은 일정하고 증발율 mf와 같다. 또 $r = r_s$와 r = r의 가스의 유량이 같으므로 이것은 $4\pi r^2\rho v$가 된다. 따라서 연료 증기 확산 방정식은 v를 소거하면

$$4\pi r^2\rho (m_f v - D^* dm_f/dr) = m_f = 4\pi r^2\rho v \quad \text{----------} (5.14)$$

ρ 는 가스 밀도, m_f는 연료 증기의 질량분율이다.

$$\frac{dm_f}{dr} = \frac{m_f}{4\pi r^2 \rho D}(1 - m_f) \quad \text{-------------------------} (5.15)$$

다음에 $r=r_s$와 $r=r$에 있어 열유량이 같고 수송된 물질은 연료 증기만으로 이 유량은 m_f이므로

$$m_f{}^*h_f - 4\pi\ r^2\lambda\ (dT/dr) = (m_f{}^*h_f - 4\pi\ r^2\lambda\ (dT/dr)_s \quad \text{-----} (5.16)$$

h_f는 연료 증기의 비엔탈피, 첨자 s는 액적 표면을 의미한다. 또 열은 전부 증발에 사용되므로 우변 괄호안의 제2항은 $m_f{}^*L$과 같다. 또한
$h_f - h_{fs} = Cp(T - Ts)$이므로 윗 식은 다음과 같이 된다.

$$dT/dr = m_f/4\pi\ r^2\lambda\ \{Cp(T - Ts) + L\} \quad \text{----------------} (5.17)$$

영역 B에서도 액적 표면과 r=r사이에 물질의 공급은 없기 때문에 식(5.14)이 성립하고 $v = m_f\ /(4\pi\ r^2\rho\ )$로 된다. 또 산소의 유량은 $-im_f$이다. 따라서 산소 확산 방정식은

$$4\pi\ r^2\rho(m_0 v - D^*dm_0/dr) = 4\pi r^2\rho\ \{(m_0{}^*m_f/4\pi\ r^2\rho) - D^*dm_o/dr\} = -im_f$$
$$\text{----------------------------------} (5.18)$$

단 m_o는 산소의 질량분율이다.

$$\frac{dm_o}{dr} = \frac{m_f}{4\pi r^2 \rho D}(m_o + i) \quad \text{----------------------} (5.19)$$

가스의 유량은 mf, 열유량은 영역A에서의 값에 화염면에서 발생 열량 mf^*H_l(H_l은 연료 증기의 저위 발열량)을 더한 것이므로

$$m_f^*h_g-4\pi\ r^2\lambda\ (dT/dr)=(m_f^*h_f-4\pi\ r^2\lambda\ dT/dr)_s+m_f^*H_l \quad \text{-----} (5.20)$$

단 h_g는 가스의 비엔탈피이다. $h_g-h_{fs}=C_p(T-Ts)$로 하면

$$\frac{dT}{dr}=\frac{mf}{4\pi r^2\lambda}\{C_p(T-Ts)+L-H_l\} \quad \text{------------------} (5.21)$$

위 식들에 대한 경계조건은

$$r=r_s\ :\ T=Ts$$
$$r=r_f\ :\ T_A=T_B=T_F,\ m_o=m_f=0$$
$$r=\infty\ :\ T=T_\infty,\ m_o=m_\infty \quad \text{-------------------------} (5.22)$$

첨자 F, A, B, ∞는 각각 화염면, 영역 A, B, 주위 가스를 나타낸다.
윗 식들을 풀면

$$m_f=\frac{4\pi r_s\lambda}{C_p}\ln\left\{1+\frac{[(m_{0\infty}H_l/i+Cp(T_\infty-T_s))]}{L}\right\}$$
$$\text{--------------------} (5.23)$$

$$T_F-T_s=\frac{(T_\infty-T_s)+(m_{0\infty}/i)(H_l-L)/Cp}{1+m_{0\infty}/i} \quad \text{-------------} (5.24)$$

$$\frac{r_F}{r_s} = \ln\left\{1 + \frac{\left[m_{0\infty}H_i/i + Cp(T_\infty - T_s)\right]}{L}\right\} / \ln\left(1 + \frac{m_{0\infty}}{i}\right)$$

-------------------- (5.25)

$$mf = -\frac{d}{dt}\left(\frac{4}{3}\pi r_s{}^3\rho_l\right) = \frac{\pi}{2}\rho_l r_s \frac{d(2r_s)^2}{dt} = \frac{\pi}{2}\rho_l r_s C_b$$

이므로

식 (5.22)로부터

$$C_b = \frac{8\lambda}{C_p\rho_l}\ln\left\{1 + \frac{(m_{0\infty}H_l/i) + Cp(T_\infty - T_s)}{L}\right\}$$ --------- (5.26)

이다.

5.5 분무의 연소

5.5.1 분무연소의 특성

분무연소 방식은 분사 노즐이나 버너를 이용해 연료를 연소실에 분사, 미립화한 분무를 연소장에 분산시켜 연소를 하는 것으로, 분무 연소를 상세히 관찰하면 다음과 같은 특성을 알 수 있다.

1) 미립화된 연료 액적은 운동량을 가지고 연소실 내를 비산하며, 주위류에 의해 가속, 감속을 받아 불규칙한 방향 전환을 한다.
2) 분무류는 연소용 공기, 연소가스를 받아 가연혼합기를 형성한다.
3) 연료 액적은 화염, 고온가스로 부터 대류열전달, 복사를 받아 부분적으로 증

기 덩어리를 형성한다.

4) 연료 증기는 산화제와 확산 혼합하여 착화, 연소화염을 형성한다.

이와 같이 분무연소의 과정은 연료의 미립화, 유동공기중에서의 분무 입자의 분산, 증발 연료와 산화제와의 확산혼합 등 난류확산에 의한 혼합과정이 화염을 지배하며, 가스 연소에서의 예혼합 화염에 나타나는 반응율속과 대조를 보인다.

연소 과정을 모델화하면 〈그림 5.17〉과 같다. 먼저 연소가 일어나기 전에 연료의 미립화가 일어나고, 입자군이 형성된다. 이 입자군은 연소화염에서의 전열작용에 의해 증발을 시작하며, 동시에 연료 증기와 산화제인 공기와의 혼합에 의해 가연혼합기가 형성되어 착화한다. 착화 때에는 분무의 대부분은 미연의 입자군 상태이고, 착화후에도 증발, 혼합이 계속 일어나 화염이 전파 유지된다.

보일러, 가스터-빈등의 연소에서는 보염기구, 난류혼합, 국소의 연료, 산화제의 혼합 상태등이 화염 형상, 반응과정을 지배하고, 디젤기관 등의 연소에서는 착화지연시간, 착화 직후의 화염전파 및 난류확산속도 등이 연소를 지배한다.

또한 분무 연소에서 분무 특성과 연소의 관계는 정성적으로 다음과 같은 특성도 갖는다.

1) 미립화 특성이 양호(평균입경 20-50 μ m)하고 연소용 1차공기량이 충분히 공급되고, 혼합이 균일할 때는 분무 연소화염은 가스의 예혼합 화염과 비슷한 연소화염이 된다.

2) 미립화 특성이 양호하고, 연소용 1차공기량이 충분히 공급되지만 혼합이 불균일할 때는 가스의 확산화염과 비슷한 연소화염이 된다.

3) 미립화 특성이 나쁘고, 연료 분무가 큰 경우(평균입경 80-120μ m)는 연소용 1차공기가 충분해도 혼합이 불균일하면 액적연소가 지배적이고, 전주염, 후류염이 나타난다.

4) 미립화 특성이 나쁘고 연료 분무가 큰 경우, 또 연소용 1차 공기량이 작을 때는 단일 액적의 증발연소와 비슷하다.

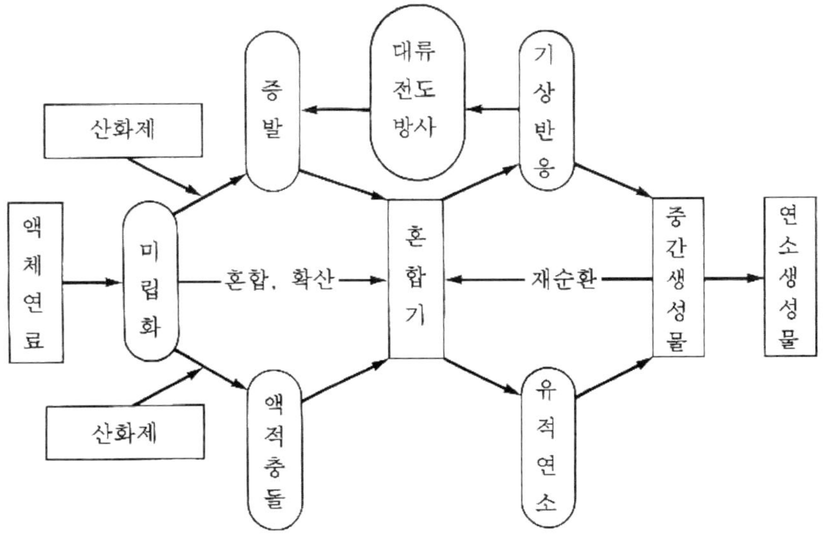

〈그림 5.17〉 분무연소 과정 모델

5.5.2 분무화염의 구조

분무화염의 구조는 공학적으로 매우 흥미있는 분야지만 분무의 화염전파, 보염기구등 매우 복잡하게 이루어진다.

Chiu는 연료 증발속도와 산화제의 확산속도의 관계 및 입자밀도의 개념을 도입해 거시적인 모델을 제시하고 있다.

연료분무의 연소형태를 액적총수 N과 액적간 무차원거리 S 관계로 표시하면 군액적수 G의 크기에 따라 다음 4형태로 분류할 수 있다.

〈그림 5.18〉에 이 연소 형태를 나타낸다.

$$단\ S = 0.05(d/r_l) \ / \ (1+0.276Re^{1/2}Pr^{1/3})$$

$$G = 4\pi \lambda r_{lo}\eta (1+0.276Re^{1/2}Sc^{1/3})R_b^2 \ / \ \rho DC_p \quad \text{--------}(5.27)$$

d : 평균액적간 거리　　rl : 액적 반경

Re : 레이놀드수　　Pr : 플란틀수

λ : 열전도율　　rlo : 기준상태에서 액적 반경

η : 무차원좌표(r/Rc)　　Sc : 슈미트수

ρ : 밀도　D : 확산계수　Cp : 비열

1) **단액연소**(Single droplet combustion) : 내부군 연소의 상태는 시간이 경과하면 내부의 증발액의 영역이 없어지고, 각각의 액적이 각각의 화염을 외측에 만들며 연소한다.

2) **내부군연소**(Internal group combustion) : 액적간 거리가 증가하면 화염이 액적간에 형성된다. 중심부에서는 액적으로부터 증발량이 많기 때문에 산소부족에서 화염이 형성되지 못하는 것으로 그 외측에서는 액적 하나마다의 주위에 화염이 형성되어 연소한다. 이 것은 $10^{-2} < G < 1$ 에서 일어난다.

3) **외부군연소**(External group combustion) : 외각연소 상태에서 시간이 지나면 연료는 소비되기 때문에 분무괴는 작아지고, 중심의 저온부는 없어진다. 이 때는 분무 전체에서 증발이 일어나고, 이 증기가 합쳐져 분무의 외측에 큰 하나의 확산화염을 만들며 연소한다. 이것은 $10^{-1}-1 < G < 10^{2}$에서 일어난다.

4) **외각연소**(External Sheath Combustion) : 매우 진한 연료분무의 경우 중심부는 온도가 낮아 증발이 일어나지 않고, 분무의 외측만이 가열되어 증발하고 주위에 큰 하나의 확산화염을 만들며 연소한다. 이것은 $G > 10^{2}$에서 일어난다.

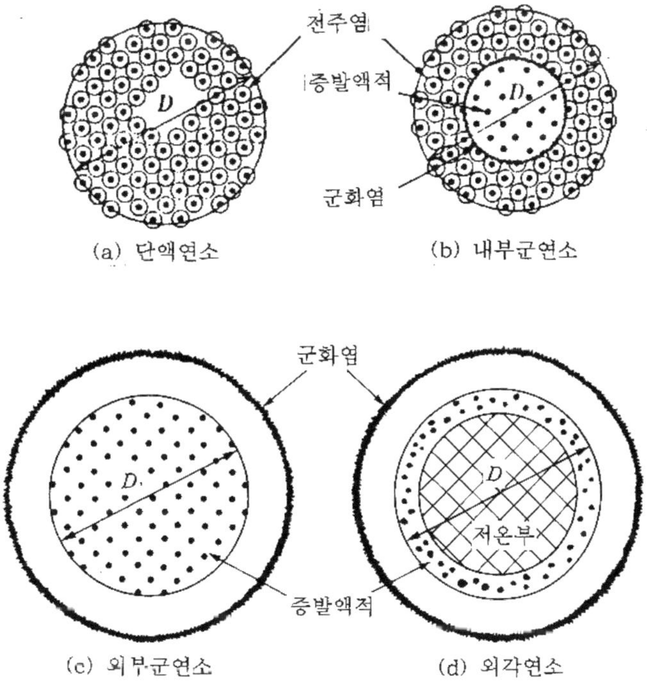

〈그림 5.18〉 액적군의 연소 형태

연습 문제

1. 액체연료의 연소과정에 대해 설명하시오.

2. 액체연료의 연소형태를 들고 설명하시오.

3. 액체연료의 미립화 목적 및 방법에 대해 설명하시오.

4. 분무특성을 나타내는 인자를 들고,설명하시오.

5. 액적의 증발 과정에 대해 설명하시오.

6. 분무연소에 대해 설명하시오.

7. 어떤 분무를 포집액으로 받아내어 현미경으로 입도분포를 조사해서 다음과 같은 결과를 얻었다. 이 분무의 SMD와 질량 Median 직경을 구하시오.

직경 범위 [μm]	5-15	15-25	25-35	35-45	45-55
개수 Δn	180	60	15	5	2

8. 분공경 0.2mm의 단순 분공 분사 밸브로부터 대기 중으로 물을 분사할 때 분구를 나온 직후부터 분무류가 시작되도록 하기 위해서는 어느 정도의 분사 차압을 필요로 하는가? 단, 물과 공기의 밀도 ρ1과 ρg는 998kg/m3와 1.161 kg/m3, 물의 표면장력 (σl은 0.073 N/m, 노즐의 속도계수는 0.9로 한다.

9. 위 문제에 있어서 만약 분사 차압을 5.0 MPa로 하였다면 분무의 SMD와 최대 유적 직경은 어느 정도가 되는가?
   단, 이때 물의 점성계수는 μ1=1.01*10-3 N.s/m2 이다

10. 기류분사밸브로 물을 분무하여 한다. 분공에서 공기의 속도는 360 m/s, 물의 속도는 1 m/s, 물과 공기의 용적유량비가 1/1200일 때, 이 분무의 평균입경을 구하시오.

11. 분공경 0.5mm. 와실반경 1.5 mm. 와실에의 직선유입공 직경 0.5 mmx2개, 분공 평행부의 길이 0.3mm의 분사밸브로, 휘발유를 분사압 0.5 MPa에서 분사했다. 이때의 평균입경, 분무각, 유량 등을 구하시오. 단, 휘발유의 밀도는 760 kg/m3, 표면장력은 21.6 X 10-3 N/m로 하고 점성은 무시한다.

12. 연료의 액적이 질량확산에 의해 지배된다고 했을 때, 직경 100μm의 n-dodecane (C12H26) 액적이 1기압, 298K의 질소분위기에 노출되었을 때에 액적의 소멸시간을 계산하라. 이때의 액적의 온도는 n-dodecane의 비등점 489K보다 낮은 479K이며, 평균가스의 밀도 및 2성분에 확산계수는 질소 800K의 값을 이용하라. 액체 n-dodecane의 밀도는 749 kg/m3이다.

단, 증발률 m은 다음과 같다.

$m=4\pi\gamma sp\ DAB\ \ln\ \{(1-\ Y\ A\ \infty)\}\ =4\pi rspDAB\ \ln\{l\ +By\}$

여기서 $Y_{A\ \infty}$:액적 주위의 질량분율,

Y A. s: 액적 표면에서의 질량분율 By는 무차원 증발 전달수(trans-fernumber).

$By = (\ Y_{A.\ s} - Y_{A.\infty})/\ (1 - Y_{A..s}$

그리고, 증발정수(evaporation constant) Ce는 다음과 같다.

$Ce = (8\ \rho D_{AB}/\ \rho 1)\ \ln\ (1 + By)$

06

고체연료의 연소

고체연료 연소의 분류

고체연료의 연소과정
석탄의 연소과정
다공질 고체탄소의 연소과정

고체연료의 연소율

고체연료의 착화와 소염

화격자 연소

미분탄 연소
미분탄연소의 기초과정
미분탄 연소의 특성
미분탄연소의 형식

유동층 연소

석탄의 특수 연소 기술

제6장

고체연료의 연소

6.1 고체연료 연소의 분류

공업적으로 사용되고 있는 고체연료로는 석탄, 코크스, 목탄 및 로켓추진제 등으로 이러한 고체연료의 연소는 액체연료의 연소와 함께 불균일 연소로서 유사한 부분이 많다. 가연성고체는 각 과정을 거쳐 기화한후 주위의 산화제와의 사이에서 확산연소나 예혼합연소를 하는 것, 고체상태로 주위의 산화제와의 사이에서 표면연소하는 것, 용융해 산화물과 혼합해 연소하는 것 등 그 성질에 따라 다른 메카니즘으로 연소한다. 일반적으로 우리 주위에서 연소하는 가연성고체의 대부분은 기화한 후 연소하는 것이다. 이들의 연소과정은 그림3.3과 같다. 이와 같이 연료와 산화제가 초기의 물리적 상태가 다르기 때문에 고체상과 기체상의 경계면에서 증발, 열분해, 표면화학반응으로 되는 불균일 과정이 전연소과정 중에서 중요한 역할을 하고 있다. 그렇기 때문에 연소현상도 복잡하게 진행된다.

고체연료 연소의 개요를 〈그림 6.1〉에 보인다

고체연료의 성질에 따라 연소형태를 분류하면 증발연소, 분해연소 표면연소, 훈연소가 있다.

(1) **증발연소**(Vaporizing combustion) : 증발연소는 비교적 분자구조가 간단하고 융점이 화염온도보다 낮은 고체연료에서 연소반응 전에 먼저 용융해 액체 연료와 같이 증발해 연소하는 형태로 증발온도가 열분해온도보다 낮을 때 생긴다. 또한 반응에 의한 열이 연료에 전달되어 화염은 계속 유지된다. 고급 파라핀계 탄화수소, 고급 알콜에서 이와같은 연소형태가 나타난다.

(2) **분해연소**(Resolving combustion) : 분해온도가 증발온도보다도 낮은 고분자 고체연료가 기상 중에서 연소하는 형태이다. 이 분해연소는 가열에 의해 열분해가 먼저 일어나 분해 생성가스(수소, 일산화탄소, 탄화수소, 알데히드, 알콜등) 표면에서 반응하면서 화염을 형성한다. 목재, 종이, 석탄 등 많은 고체연료가 이에 속하며 열분해하기 쉬운 휘발분과 분해하지 않은 고정탄소분을 포함하는 연료가 연소할 때는 처음에는 열분해 연소가 진행하고 그 후는 표면 연소를 진행한다.

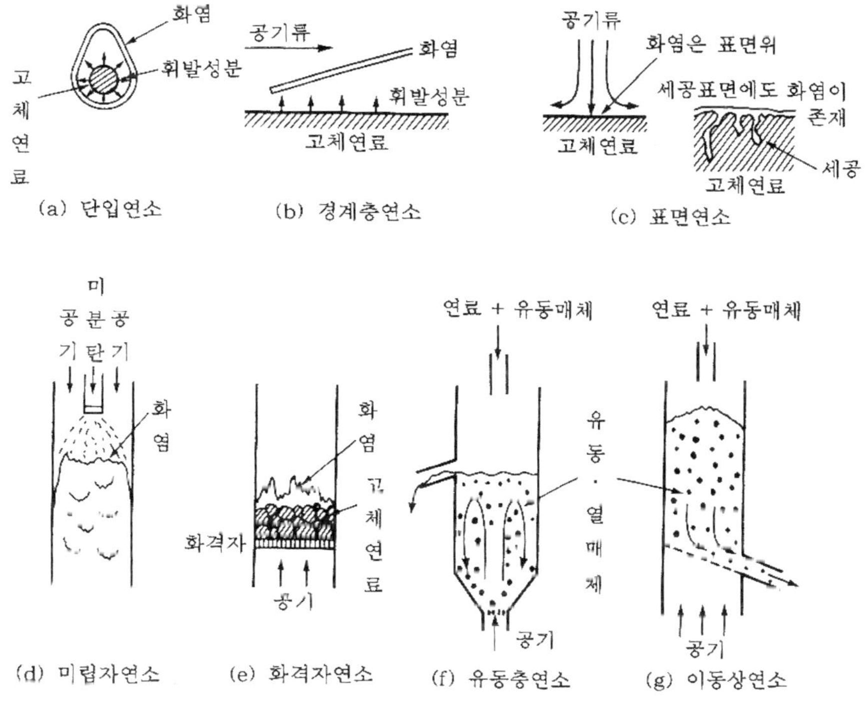

〈그림 6.1〉 고체연료연소의 종류

(3) 표면연소(Surface combustion) : 표면연소는 흑연, 코크스, 목탄 등과 같이 휘발분을 거의 포함하지 않고, 탄소성분이 많은 고체연료에서의 연소 형태이다. 탄소는 융점이 높기 때문에 보통의 연소온도에서 융해하거나 승화하지 않으며, 또한 열분해에 의해 기상 중에 나오지도 않는다. 결국 이 연소는 산소 또는 산화성가스(이산화탄소, 수증기등)가 고체 표면이나 그 내부에 존재하는 기공(pore) 벽까지 확산해 가 거기에서 표면반응을 하여 연소가 진행되는 것이다. 표면에서 불완전연소가 일어나는 경우는 기상 중에서 산소와 반응해 화염을 형성하는 기상연소(Gas phase combustion)가 생기기도 한다.

석탄입자의 경우 표면온도(Ts)가 높고, 또한 입자 표면에 산화제(산소, 탄산가스, 수증기 등)가 있으면 Char의 표면반응이 일어난다. Char는 코크스와 같은 것으로 1-1.5%의 수소를 포함한 고정탄소가 주성분인 다공물질이다. Char의 표면에 산소가 확산해 오면 표면에서 반응과 동시에 기공을 통해 산소가 내부에 확산해 기공 내부에서도 반응을 일으킨다. 또 주위온도가 높고, 분해연소시 열분해가 심하면 입자 내부에 많은 구멍이 생겨 Char표면반응이 진행되어 표면적이 급증한다.

(4) 훈연소(Smoldering) : 훈연소란 공기 중에 존재하는 산소와 고체 표면간에 발생하는 상대적으로 느린 연소과정으로 다량의 연기를 동반하는 표면연소이다. 이것은 열분해를 하지 않은 연료가 연소할 때 분해생성가스 중의 가연성분이 적거나, 발생한 가연성 가스가 제거되거나, 산소부족 상황이 되어 기상 중에서 화염이 형성되지 못하는 경우에 생긴다. 훈연소에서 연료면으로 공기의 유입이 많아지는 경우, 화염연소로 변활 될 수 있다.

훈연소는 목재, 종이, 면 등의 반응성이 좋은 물질에서 또 그러하면서도 표면산소가 휘발분의 착화온도보다도 낮은 온도일 때 일어나지만, 연기 중에 포함된 다량의 가연 성분은 사용되지 못하기 때문에 에너지 유효 이용 면에서는 좋지 않다. 지금까지 편의상 고체연료의 연소 형태를 분류했지만 실제로는 이들 연소 형태의 일부 또는 전체가 합해져서 연소가 진행하며 어느 연료는 어느 연소 형태를 한다고 단정적으로 말할 수 없다. 그렇지만 통상 고체연료에서는 분해연소와 표면

연소가 주로 일어나기 때문에 이 2가지 연소 형태가 공업상 중요시 되고 있고, 또 많은 연구가 행해지고 있다.

다음에는 고체연료의 연소방법에 따라 분류하면 화격자연소, 유동상연소, 미분탄연소가 있다.

(1) **화격자연소(Fire grate combustion)** : 화격자 위에 고체연료를 넣고 여기에 공기를 통과시키면서 연소시키는 것으로 가장 간단한 구조를 갖는다.

(2) **유동상연소(Fluidized bed combustion)** : 내화성 분체와 고체연료와의 비교적 엷은 혼합입자층의 밑에서 공기를 불어 넣어 비등상태와 비슷한 운동을 하는 유동층을 형성시켜 700−900° C의 저온에서 연소시키는 방법으로 최근 저 NOx 연소방법으로 많은 연구가 되고 있다.

(3) **미분탄연소(Pulverized coal combustion)** : 분쇄기에 의해 분쇄된 미립자를 1차공기와 혼합해서 버너를 통해 분출시켜 부유 상태에서 연소시키는 방법이다. 화격자연소가 수십mm의 괴탄을 또 유동상연소가 직경 1−3mm의 분탄을 사용하는 것에 비해 이것은 평균입경이 10μ m이하의 미분탄을 사용하는 것으로 고부하 연소에 적당하다. 또한 공업적으로는 이 연소형태가 대부분을 차지한다.

6.2 고체연료의 연소과정

6.2.1 석탄의 연소과정

과거에는 주요 에너지원으로 폭넓게 사용되어졌던 석탄도 섬점 그 사용도가 줄어들고 있다. 그렇지만 현재도 대형 보일러, 제철용, 화학공업용의 기열로에서는 석탄이 주로 사용되고 있어 아직도 공업용 연료로서 중요한 위치를 점하고 있다.

석탄은 산지에 따라 형상, 성질등 차이가 많지만 연료로서 사용하는 경우에는 입경이 다른 많은 석탄입자의 연소이며, 입자간 서로의 열적 간섭, 공기, 연소가스와의 난류혼합과정 등이 더해져 매우 복잡한 양상을 갖는다.

화격자 연소이건 미분탄연소이건 결국 석탄 입자군의 연소이므로 석탄의 연소 메카니즘을 알기 위해서는 단입자의 연소과정을 이해하면 좋다. 여기서는 1개의 석탄입자가 연소하는 경우에 대해 살펴보기로 하자.

〈그림 6.2〉에 단일 탄입자의 연소 모형도 또 〈그림 6.3〉에 석탄입자와 표면온도와 질량의 시간 변화를 나타낸다. 석탄입자가 고온에 접촉되면 입자온도가 낮아도 외부에서 공급된 열 때문에 건조해지면서 휘발분의 열분해가 생기기 때문에 입자질량의 급격한 감소가 나타난다. 주위의 온도가 분해 생성가스의 착화온도보다 높고, 계속 열분해 생성가스가 생기는 경우에는 휘염이 생성되지만 아직 이 단계에서는 입자의 표면온도는 낮은 상태이다. 분해 생성가스가 되어 연소하는 비율은 석탄의 종류, 가열방법에 따라 다르지만 전 질량의 약 3−45%로 서서히 가열되면 생성량은 적어지고, 급속히 가열되면 많게 되는 경향이 있다.

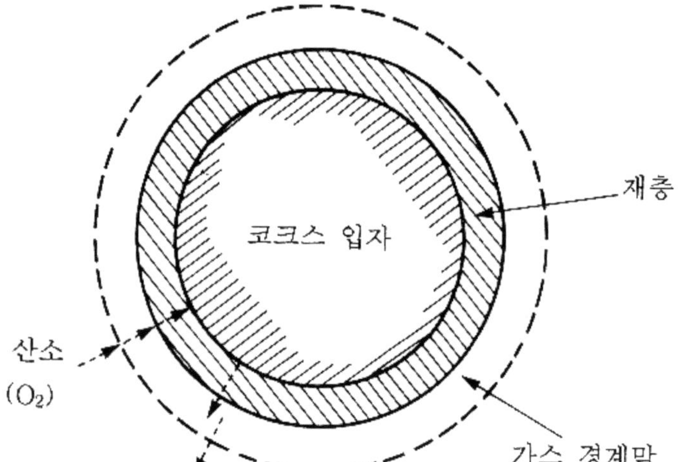

〈그림 6.2〉 단입자의 연소 모형도

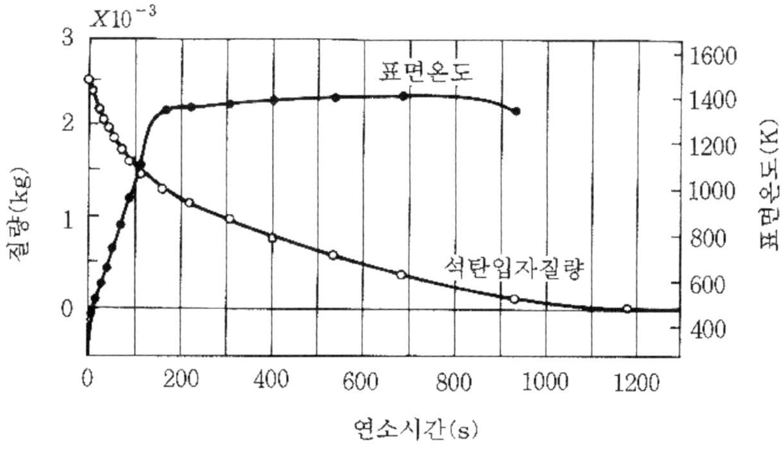

〈그림 6.3〉 연소시간에 대한 석탄입자의 질량 및 표면온도의 변화

열분해 반응이 끝나면서 분해 생성가스가 발생치 않으면 휘염은 소멸하지만 계속 탄소를 주성분으로 하는 잔류탄(Char)의 표면연소가 시작되어 탄소와 산소와의 발열반응으로 표면온도가 주위온도 이상으로 된다. 그리고 연소 종료 시까지 계속 표면연소가 진행되면서 표면온도가 유지된다. 또한 이 표면연소는 석탄연소 과정의 대부분을 차지한다.

또 회분이 많은 경우에는 표면연소의 진행에 따라 재, 클링커가 생겨 표면에 재층을 형성하는 것도 석탄연소의 특징이다. 이 재층은 산소의 확산에 장해를 미치기 때문에 재층과 미연 건류층과의 경계에서는 산소가 없이 연소할 때가 많다. 이와 같이 석탄입자의 연소에서 분해연소와 표면연소가 전연소 중 점하는 비율은 석탄의 종류에 따라 다르고, 휘발분이 많은 석탄에서는 분해연소의 기간이 비교적 길고, 고정탄소분이 많은 무연탄에서는 표면연소기간이 길다.

〈그림 6.4〉은 직경20μ m의 지질탄 입자의 온도상승율에 따른 열분해 속도를 나타낸다.

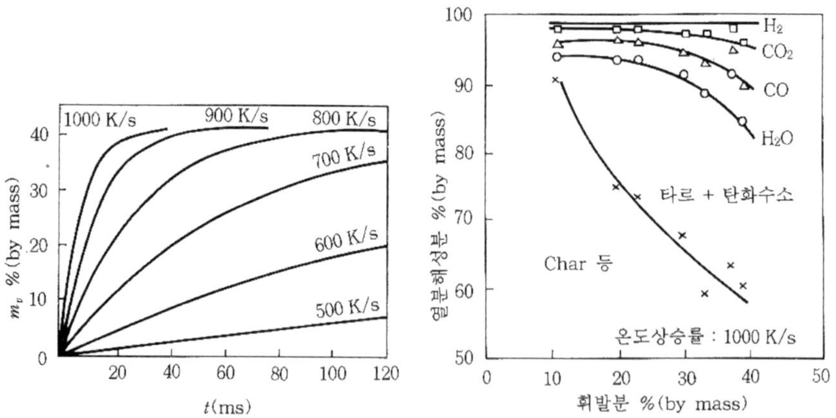

〈그림 6.4〉 석탄입자의 열분해속도

휘발분의 방출율은 다음식으로 정의된다.

$$Kv = dm_v / dt \quad \text{------------------------------------} (6.1)$$

여기서 m_v는 최초 탄의 단위질량당 시각 t 까지에 방출된 휘발분의 질량이다. 또 kv에 대해서는 몇몇의 경험식이 있지만, 다음식이 일반적이다.

$$Kv = \Sigma \,[\, A_i \exp(-Ei/RTs)] \quad \text{------------------------} (6.2)$$

Ai와 Ei는 경험 상수, Ts는 입자온도이다.

6.2.2 다공질 고체탄소의 연소과정

분해연소가 끝난 석탄이나 코크스 및 목탄에서는 휘발분이 없어지면서 생긴 다수의 기공이 존재하기 때문에 이 연소는 다공질 고체 탄소의 연소라해도 무방하다. 이때는 산화제는 기공을 통해 연료 내부까지 도달되므로 내부 표면적도 연소에 관여한다. 이상적인 경우 표면온도와 연소율과의 관계는 〈그림 6.5〉와 같이 표시되고, 크게 3영역으로 대별할 수 있다.

(1) 영역1은 화학반응 지배의 연소가 일어나는 영역으로 연료가 다공질로서 표면에서 산화제 소비도 적기 때문에 산화제가 연료 전체에 골고루 퍼져 있다. 그럼에도 내부에서의 산화제 농도는 주위 농도와 거의 같고, 연료 전체가 일정하게 연소해 겉보기 활성화 에너지(Ea)와 진활성화에너지(Et)가 같은 특징이 있다. 또한 연소가 진행함에 따라서 기공 직경의 증대, 타 기공과의 합체, 기공의 생성 등으로 내부 표면적의 변화가 생각되어지지만 탄소와 산화제와의 반응속도가 작은 이 영역에서는 내부 표면적의 변화는 거의 없다.

(2) 영역2에서는 연료 내부에서 산화농도가 주위보다 낮기 때문에 연료 내부에의 산화제 공급율이 연소를 지배한다. 이 영역에서의 연소는 내부 확산지배에 의하고 겉보기 활성화에너지는 진활성화 에너지의 절반이고, 반응차수는 진반응차수값을 m이라 하면 (m+1)/2차로 되는 특징이 있다.

(3) 영역3에서는 확산 지배에서 연소가 일어나고, 산화제가 연료 내부에 침입하지 않는다. 이것은 표면온도가 높기 때문에 산화제가 외부 표면에서 완전히 소비되기 때문으로 연소에 미치는 내부 표면적의 영향은 없다.

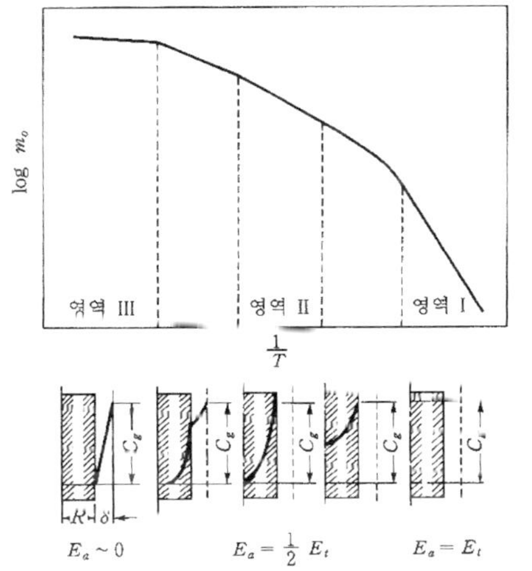

〈그림 6.5〉 표면온도와 연소율과의 관계

6.3 고체연료의 연소율

고체연료의 연소율은 단위 표면적당, 단위시간당에 반응하는 연료량 또는 이에 필요한 산소량으로 정의된다. 공업상 중요한 표면 연소의 연소과정 중에는

1) 산화제의 고체 표면에의 수송
2) 산화제의 고체 표면에의 흡착
3) 산화제와 고체 연료와의 화학반응
4) 연소생성물의 고체 표면에서의 탈착
5) 연소생성물의 고체 표면에서의 수송

이와 같은 물리적, 화학적 과정이 포함되어 있다. 또한 물리적 및 화학적 과정이 차례로 진행하면서 표면연소가 유지되기 때문에 이중에서 가장 진행속도가 늦은 것이 전체의 연소 현상을 지배하게 된다.

일반적으로 고체연료에서는 연소생성물의 수송속도와 산화제의 수송속도와는 큰 차이가 없고, 흡착, 탈착을 화학반응의 일부로 생각한다면 연소율을 지배하는 요인으로서는 표면에의 산화제 공급율(수송속도)과 표면에서의 화학반응속도가 고려된다.

(1) 화학반응 지배 영역에서의 연소율

고체연료의 표면온도가 낮은 경우에는 표면 반응이 활발치 않기 때문에 표면에서의 산화제 소비율이 작고, 표면에서의 산화제 농도가 주위 산화제 농도와 거의 같은 조건하에서 연소가 일어난다. 이 조건의 연소에서는 연료 표면에서 산화제가 충분히 존재해도 표면에서의 화학반응속도가 늦기 때문에 연소율이 표면에서의 반응속도에 의해 결정된다.

이와 같은 연소는 화학반응지배의 연소(Kinetically controlled regime, Reaction rate controlled regime)라 하며, 연소율은 표면온도가 상승함에 따라

지수함수적으로 증대하지만 산화제의 공급율을 결정하는 유속, 입경에는 의존하지 않는 특징이 있다.

(2) 확산 지배 영역에서의 연소율

표면온도가 높은 고체연료 연소의 경우에는 표면반응이 매우 활발하기 때문에 표면에서는 모두 산화제가 소비된 조건에서 연소가 일어나는 것이 된다. 이 조건의 연소에서는 연료 표면에 산화제가 있으면 연소가 더욱 진행함에도 불구하고 산화제의 공급율이 화학반응속도를 뒤따르지 못하므로 연소율이 산화제의 공급율에 의해 결정된다. 산화제의 공급은 농도 경계층 내의 확산에 의해 이루어지므로 이와 같은 연소를 확산지배의 연소(Diffusionally controlled regime, Diffusion controlled regime)라 한다. 이 영역에서의 연소율은 주류의 유속 증가에 따라 증가하고, 표면온도의 증가에 따라 약간씩 증가하는 특징을 가지고 있다. 이것은 산화제의 공급율이 표면에서의 농도구배 및 확산 계수에 비례하기 때문으로 유속의 의존성에 대해서는 주류의 유속이 클수록 농도경계층이 얇고, 농도구배가 급해지기 때문이다. 또한 표면온도에 대해서는 확산계수의 온도의존성($\propto T^{0.5\sim1}$)에 따른다.

6.4 고체연료의 착화와 소염

착화는 연료가 자기가열 또는 외부로부터의 가열에 의해 열이 축적, 온도가 상승해 연소 상태에로 천이하는 과정이다. 또한 소염은 연소상태에 있는 연료가 열전달에 의해 외부로의 열방출 때문에 연소상태를 유지할수 없는 온도상태로 되어 연소반응을 중지하는 과정이다. 전장에서도 서술했듯이 착화소염현상은 열이론과 반응이론으로 설명할수 있으며, 일반적으로 착화 및 소염현상이 생기는 요인으로 연소에 의한 열발생율과 너불어 외부로의 열방산율과의 균형을 이루는 위치가 불연속으로 변화하기 때문이다.

온도Ta의 공기 중에 투입된 탄소입자의 열수지를 살펴 보자. 입자가 표면에서 단위시간에 얻는 열량 Qr은 탄소발열량Hc, 표면적S라 하면

$$Qr = m_c{*}Hc{*}S \quad \text{-----------------------------------} (6.3)$$

또 복사, 대류에 의해 잃는 열량 Q_l은 경계층 내의 평균열전도율 λ_m, 입자벽온도 Tw, 입자의 열방사율 ε, Stefan-Boltzmann정수를 σ라하면

$$Q_l = \left[2\lambda_m (Ts-Ta)/d + \varepsilon\sigma (Ts^4-Tw^4) \right] * S \quad \text{--------} (6.4)$$

으로 표시할수 있다. 여기서 가로축에 표면온도, 세로축에 열유속을 취해 표면온도와 열발생율Qr과 열방출열Q_1과의 관계를 나타내면 〈그림 5-6〉과 같은 S자형 곡선(곡선1)이 된다. 이것은 열발생율이 연소율에 비례하기 때문으로 파선의 곡선은 다른 산화제 유속, 입자 직경에 대한 표면온도와 열방산율과의 관계를 나타내고 있다.

또한 표면온도와 열발생율 Q_l과의 관계를 표시하면 〈그림 6.6〉 중의 곡선2가 된다.

곡선2와 가로축과의 교점은 주위온도에서 주위 온도의 상승에 따라 열방산율은 감소하는 경향이 있다. 주위온도를 상승시키면 열발생율과 열방산율의 균형 위치가 어떻게 변화해 가는가를 검토해 보자.

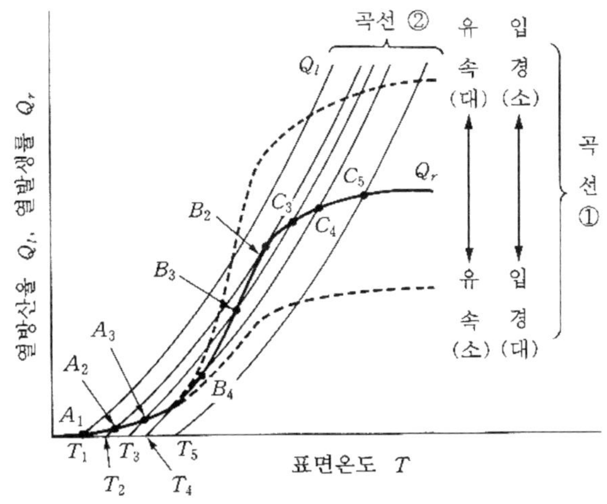

〈그림 6.6〉 표면온도와 열발생율, 열방산율의 관계

주위온도가 T_1일 때는 열발생율과 열방산율의 곡선은 A_1점만에서 교차하고, 이 점에 대응하는 표면온도에서의 연소가 완만히 진행한다.

주위온도가 T_3로 되면 열발생율과 열방산율의 곡선은 3점(A_3, B_3, C_3)에서 교차하며, 3점 중 A_3점과 C_3점만이 안정점이므로 이 중의 어느 조건에서 연소가 유지된다. 두 안정점 어디에서 안정될까는 연료의 초기 표면온도에 의존하므로 이 경우는 A_3점에서 안정되어 완만한 연소가 계속된다.

주위온도가 T_4로 상승하면 양곡선은 B_4점에서 접하고, C_4점에서 교차하지만 B_4점은 불안정점이어서 정상연소가 유지되지 않으므로 안정점 C_4조건에서 연소가 이루어진다. 이때에 표면온도, 열발생율, 열방산율이 급증하고 착화 현상이 일어난다. 이때 주위 온도 T_4가 착화온도이며, 양곡선이 B_4점에서 접하기 위한 조건은 착화한계조건이 된다.

주위온도 T_4까지에서는 완만한 연소를 유지하는 안정점이 존재하지만 주위온도가 이 이상의 T_5가 되면 양곡선의 교점은 C_5점만이 되고, 고체연료의 연소는 고온에서 활발한 연소형태를 갖는다. 이 경우에는 C_5점에 대응하는 표면온도에서의 연소가 확산 지배하에서 급격히 진행하기 때문이다.

다음에 초기 고체연료 표면온도가 주위 온도보다도 높은 경우, 주위온도를 내려가면서 열발생율과 열방산율이 균형을 이루는 위치가 어떻게 변화되는가를 검토해 보자.

주위온도가 T_5일 때에는 전술한 바와같이 열발생율과 열방산율 곡선은 C_5점에서 교차해 확산 지배하에서 연소가 급속하게 진행한다. 주위온도가 T_3가되면 양곡선은 3점에서 교차하는 것과 같이 되지만 연료 초기의 표면온도가 높기 때문에 C_3점에 있어 계속 활발한 연소가 일어난다. 주위온도가 T_2까지 하강하면 양곡선은 B_2점에서 접하고, A_2점에서 교차하지만 B_2점은 불안정점이므로 정상적인 연소가 유지되지 않고, 안정점 A_2의 조건에서 연소가 이루어진다. 이 때는 착화현상과는 역으로 표면온도, 열발생율, 열방산율이 격감해 소염 현상이 생긴다.

이 때 주위온도 T_2가 소염온도(Extinction temperature)이고 양곡선이 B_2점에서 접하기 위한 조건은 소염한계조건이 된다.

주위 온도가 T_2이하의 T_1으로 되면 양곡선의 교점은 A_1점 뿐이고 화학반응 지배에서의 완만한 연소가 일어난다.

〈그림 5.6〉에서도 알 수 있듯이 일반적으로는 착화한계조건과 소염한계조건이 일치하지 않고 또 착화온도와 소염온도와도 일치하지 않는다. 더욱 산화제의 유속이 큰 경우나 연료 입경이 작은 경우에는 산화제의 공급율이 크고, 열발생율의 곡선이 그림 중에서 위 파선처럼 되기 때문에 착화온도는 T_4보다도 낮고, 소염온도는 T_2보다도 낮게 된다. 이처럼 착화, 소염온도는 연료 고유의 값이 아니고, 측정 조건에 따라 좌우된다.

6.5 화격자 연소

화격자 연소는 노내의 화격자 위에 괴상의 고체 연료로 고정층을 만들고, 여기에 공기를 보내 연소시키는 방법으로 화격자 연소는 1차공기에 의한 석탄의 가스화와 2차공기에 의한 가연성 가스의 연소라는 2과정으로 이루어지며, 연소단계에서 층을 형성한다. 연료와 공기의 공급 방법에 따라 상입식 연소, 하입식 연소,로 나눌수 있다.

(1) 상입식 연소(Overfeed firing)

석탄의 공급 방법이 1차공기 공급 방향과 반대인 연소방식으로 고정층의 최상면에 괴상의 연료를 공급하고, 고정층의 최하면에서 1차공기를 공급한다. 장작, 산포식 급탄기 등이 이 형식이다.

정상 상내에 있어 고정층은 상부에서부터 석탄층, 건조층, 건류층, 환원층, 산화층, 재층으로 구성되는데, 일부 석탄은 얇게 산포할 때는 석탄층과 환원층은 존재하지 않을수도 있다.

공급된 석탄은 연소가스에 의해 가열되고, 건류층에서 휘발분을 방출한다. 이후 환원층에서는 산화층에서 발생한 탄산가스를 일산화탄소로 환원한다. 환원층에는 흡열반응 때문에 온도는 저하한다. 산화층에서는 건류탄을 연소시키며, 발열반응이 일어난다. 대부분의 산소가 여기서 소비되며 표면연소를 하면서 온도, 이산화탄소 농도가 최대가 된다. 이와같은 각층을 거쳐 석탄은 재가 되어 화격자의 사이를 통해 밑으로 떨어지며, 재층은 산화층의 고온부분이 직접화격자에 접촉치않도록 하는 역할을 한다.

이 연소방식은 공급된 석탄층을 고온의 연소가스가 통과하기 때문에 착화가 확실하여, 착화성이 나쁜 탄이나, 저품위탄 연소에 적당하다. 그러나 화격자위에 고정층을 형성해야하므로 분상의 석탄을 그대로 사용할수 없다.

(2) 하입식 연소(Under feed firing)

이것은 고정층의 밑에서 연료를 공급하고, 이와같은 방향에서 1차공기를 공급하는 연소방식이다.

정상상태에서 고정층의 구성은 상입식 연소와 반대인 화격자 면에서 위로 석탄층, 건조층, 건류층, 산화층, 환원층, 재층으로 구성된다.

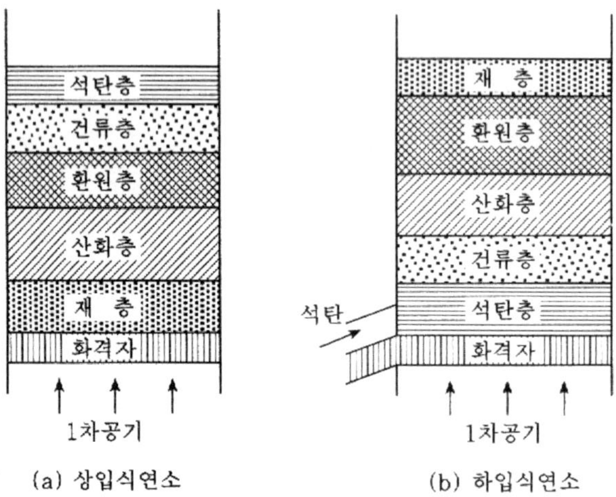

〈그림 6.7〉 화격자 연소층의 구조

이 방식에서는 산화층에서의 열이 전도, 복사 등으로 위로 공급되는 석탄에 전달되어 석탄의 건류를 촉진하고, 건류 가스는 공기와 잘 혼합된후 고온부를 통과하므로 완전연소가 이루어진다. 1차공기의 유속에 의해 착화염의 전파속도가 결정되며, 이 속도는 약 0.2 m/h전후이다. 이 연소 방식의 특징은 재층이 최상부에 있고, 항시 고온이 유지되기 때문에 저융점 회분의 연료에서는 부적당하며, 착화성이 나쁜 연료 사용이 어렵다.

(3) 화격자 연소의 특성

화격자 연소의 특성은 화격자 1m²당 1시간에 연소하는 석탄량 (kg/m².h)로 정의되는 화격자 연소율, 화격자 열발생율(MJ/㎡.h), 연소실 열발생율(MJ/㎤.h)로 평가된다. 이들 값은 연료의 종류나 성질, 연소장치에 의해 결정된다. 〈표 6.1〉 및 〈표 6.2〉에 연소장치의 종류에 대한 화격자 연소율을 보인다.

화격자연소장치에서의 급탄 방법으로는 기계적으로 연료를 화격자 위에 산포 공급하는 산포식 급탄 방법이 있다. 이것은 연료 입자에 충분한 연소시간을 주기 때문에 연소는 잘되나, 미세 입자의 경우는 화격자면에 도달하기 전에 부유 상태로 연소해 비산된다. 연료 입경으로서는 20mm정도가 좋다.

또한 화격자를 서서히 회전시켜 이동하는 화격자의 한쪽 끝에 석탄을 공급하고, 화격자의 운동에 따라 석탄은 연소실을 이동하면서 연소하는 이동화격자 급탄법 등이 있다.

〈표 6.1〉 연료의 종류와 화격자 연소율

연료의 종류	화격자 연소율 (kg/㎡h)
연탄, 코크스	60 - 90
양질 역청탄	75 - 110
보통 역청탄	90 - 140
양질 갈탄	115 - 170
저질 갈탄	160 - 260
목재	120 - 200

〈표 6.2〉 연소장치의 종류와 화격자 연소율

연소 장치	화격자 연소율	
	자연통풍	압입통풍
manual firing	〈 120	150-200
경사화격자	〈 150	150-200
고정화격자(산포급탄기)	〈 150	160-230
이동화격자(산포급탄기)	---	250-350
이상화격자	100-150	150-250
하입급탄기	---	200-700

6.6 미분탄 연소

미분탄 연소는 석탄을 분쇄기로 미분화해 200메쉬(74um)에서 80% 정도 통과하는 석탄을 1차공기와 혼합하여 유체와 비슷한 형대로서 버너를 사용해 연소실 내에 분출시켜 미분탄이 부유하고 있는 동안에 연소를 끝내는 방식으로 석탄연소 기술 중에서 가장 넓게 공업적으로 사용되고 있다.

연료의 착화는 고온 노벽에서의 복사, 고온 주위에서의 전열에 의해 계속적으로 이루어진다. 또한 화격자 연소 방식에서는 화층의 온도가 상승했을 때 발생하는 클링커 장해가 일어나지 않으며, 연소실의 전 공간을 유효하게 이용할 수 있다.

미분탄 연소는 다음과 같은 특징을 갖는다.

① 단위 질량당 표면적이 커 연소율 크고, 저품위탄의 사용이 가능하다.

② 적은 공기량(공기과잉율 약 1.2-1.4)에서 완전연소가 가능하고, 과잉공기에 의한 열손실이 작다.

③ 연소의 조절이 용이해 부하변동에 대응이 쉽고, 자동제어 연소가 가능하다.

④ 이상류의 상태에서 연소한다

⑤ 기체, 액체 연료에 비해 연소시간이 길고, 화염 길이가 길어지므로 연소실이 커진다.

⑥ 석탄을 미분쇄할 설비, 분진, 재 등을 처리할 특별한 장비가 필요하다.

6.6.1 미분탄연소의 기초과정

미분탄 연소의 안정화 메카니즘으로는 화염전파, 노벽, 화염으로부터의 복사 전열에 의한 착화, 고온가스와의 혼합에 의한 착화, 고온 노벽과의 접촉에 의한 착화 등이 생각되어진다. 통상의 미분탄의 연소속도는 0.1-0.2 m/s정도이며, 급격히 방출된 휘발분과 공기와의 혼합기층을 전파한다.

이와 같이 미분탄 연소과정은 많은 현상이 복잡하게 연관되어 일어나기 때문에 중요 기초 과정을 파악해야만 한다.

〈표 6.3〉에 미분탄 연소의 현상과 기초과정을 간단히 설명한다.

〈표 6.3〉 미분탄 연소의 현상과 기초과정

현 상, 기 술	기 초 과 정
1. 탄입자의 가열	* 복사 및 대류 전열
2. 착화	* 휘발분의 기화, 산소와의 혼합, 기상착화/표면착화
3. 연소	* 탄입표면, 세공 기상에서 연소
4. 오염물질의 생성 방지	* NOx생성.분해기구 * SOx생성기구 * 미립자 생성기구(휘발분 성분의 기화)
5. 용융 슬리그에 의한 기기의 부식	* 슬러그의 물리.화학적 성상 * 기기 구성 재료와의 반응
6. 오염물질의 제거	* 탈질소, 탈황 반응 과정 * 미립자의 전기적 성상, 전기집진 특성

6.6.2 미분탄 연소의 특성

미분탄 연소장치의 특성은 미분탄의 입도, 공기예열온도, 연소실 열발생율에 따라 좌우되기 때문에 이것에 대한 적절한 값이 필요하다.

(1) **미분탄 입도** : 입도가 너무 크면 미연분의 증대, 또 너무 작으면 분쇄 동력의 증가, 비산 등이 있어 효율을 저하시킨다. 일반적으로 200메쉬에서 약 65-80% 정도 통과된 미분탄을 사용한다.

탄종류에 따른 경제적 미분탄 입도를 〈표 6.4〉에 보인다.

〈표 6.4〉 탄종별 경제적 미분탄 입도

탄 종	200메쉬 통과량
무 연 탄	80 - 85 %
역 청 탄	55 - 75 %
갈 탄	40 - 45 %

(2) 공기예열온도 : 1차 공기와 2차 공기는 그 용도가 다르기 때문에 각각 적절한 값을 설정할 필요가 있다. 연료 수송을 주목적으로 하는 1차 공기를 과하게 하면 연료 중의 휘발분이 발생해 실제 연소 시 지장이 초래 하며 역화 및 폭발이 일어나기 쉽고 위험도 뒤따른다. 통상 1차공기의 예열은 400 K이하이다.

한편 연소 촉진을 위한 2차공기는 고온으로 예열하는 것이 연료의 가연범위를 넓게하며 동시에 연소의 안정화에 기여하므로 520-620 K 정도로 예열하는 것이 많다.

(3) 연소실 열발생율 : 회분을 처리하는 방법에 따라 다르다. 회분을 용융시키지 않고 처리하는 경우는 연소실 열발생율은 약 150 KJ/m³s이고, 용융시켜 액상으로 처리하는 경우에는 800-5800 KJ/m³s 정도이다.

(4) 착화과정 : 연소열에서의 미분탄의 착화과정은 매우 중요하며 화염의 복사 전도에 의한다.

· 열분해 및 휘발분 방출 : 석탄입자가 가열되면 열분해하여 휘발분을 방출한다. 〈그림 6.8〉에 보인 것과 같이 석탄 휘발 특성은 온도에 따라 변화한다.

또한 가열속도에 의해서도 연료 입자의 연화, 다공화, 분열, 팽창 등이 다르므로 성상이 변화하면서 착화, 연소과정이 한층 복잡해진다.

· 착화 개시 : 연료입자로부터 고온의 휘발분이 분출하고 주위에 있는 공기를 산소와 반응해 착화가 일어난다. 이때 휘발분의 분출은 탄입 표면에서 일정하지 않고 국소적이다. 〈그림 6.9〉에 이 모형을 나타낸다.

같은 입자에서도 휘발분이 기체 상태에서 착화하는 부분과 역으로 공기 중의 산소가 고온의 연료 표면에 확산해 표면에서 고정탄소분과 착화를 개시하는 부분이 존재한다.

· 연소과정 : 석탄의 연소 초기에는 건류에 의해 탄화수소가 생겨 휘발분의 연소와 동시에 공기 중의 산소가 세공에 확산되어 탄입 중심부의 고정탄소와의 연소가 이루어진다. 이 세공은 연소 중 발달하여 입경의 변화가 생긴다. 연소 최종 단계

에 가까워지면 회분이 용융해서 구형 탄입자가 형성된다.

〈그림 6.10〉에 석탄입자의 연소과정의 개념도를 보인다.

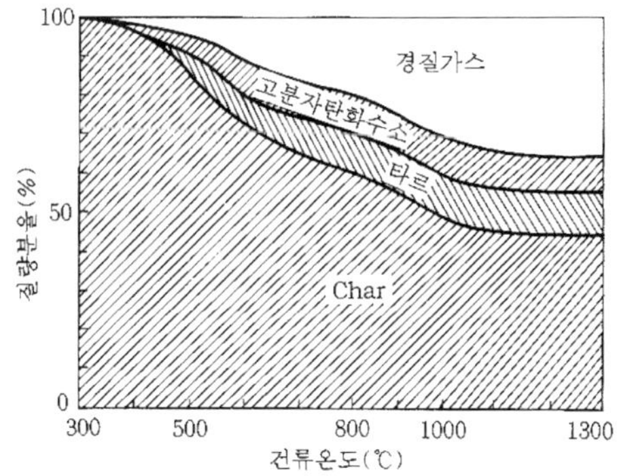

〈그림 6.8〉 건류온도에 대한 휘발특성

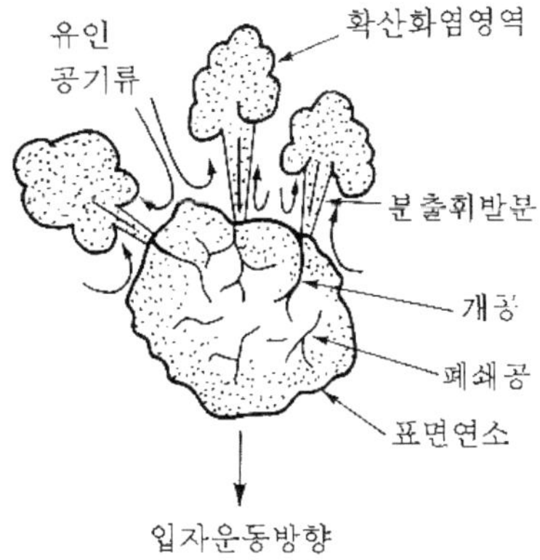

〈그림 6.9〉 휘발분의 분출과 착화형태

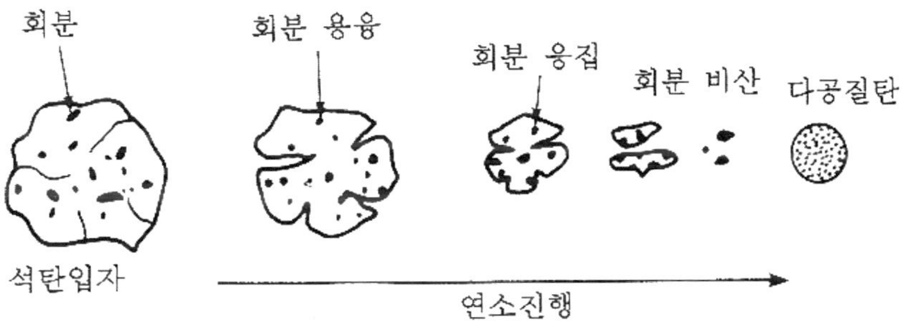

〈그림 6.10〉 석탄입자의 연소과정 개념도

6.6.3 미분탄연소의 형식

미분탄연소장치의 형식을 분류하는 방법에는 다음 3종류가 있다.

(1) 미분탄을 미분탄 버너에 공급하는 방식에 따라

· 저장식(Storage System) : 분쇄기에서 나온 미분탄을 저장한 후 필요량만 1차공기로 버너에 보내는 방식

· 직접연소식(Direct furing System) : 분쇄기에서 미분탄을 직접 버너에 공급해 연소시키는 방식으로 설비가 간단하고 취급이 용이하나, 저장에 의한 자기착화의 위험성이 있다. 또한 부하변동에 따른 분쇄기 조작이 필요하고 분쇄기 고장이 바로 연소에 영향을 미치므로 여분의 분쇄기가 필요하다.

(2) 분쇄기와 연소기와의 배치에 따라

· 단위식(Unit System) : 각 연소장치 마다 분쇄기가 설치돼 있는 방식으로 일반적으로 직접연소식과 조합해 사용되고 있다.

· 중앙식(Central System) : 분쇄설비를 한곳에 집중시키고 필요에 따라 연소장치에 미분탄을 공급하는 방식으로 저장식과 조합해 많이 사용된다.

(3) 회분의 취출 방식에 따라

· 건식(Dry Ash System) : 연소후 남은 회분을 용융시키지 않고 고체 상태로 연소실에서 취출하는 방식

· 습식(Slag Type System) : 용융식이라고도 하며, 연소실에서 회분을 용융시켜 노 밑으로 유출시켜 취출하는 방식. 저융점의 연료 사용이 가능 및 분진설비가 필요치 않은 것 등 장점이 있으나 후처리 및 열손실이 크고 NOx발생이 많다.

6.7 유동층 연소(Fluidized Bed Combustion)

〈그림 6.11〉과 같이 규사, 석회석 등 연소에 직접 관여하지 않는 매연입자의 고온분체층에 수%의 석탄입자를 넣고, 밑에서 공기로 비등과 같은 모양의 유동층을 만들면서 연소시키는 것으로 유동층 연소도 휘발분이 방출된 후 Char가 연소하

는 미분탄연소와 같은 양상을 갖는다.

유동화가 이루어지는 공기유속의 범위는 한계가 있으며, 일반적으로 0.3-4 m/s이다. 공기 유속이 낮으면 공기는 입자간의 사이를 통해 상승만하고, 유동개시 유속을 넘으면 공기는 기포가 되어 합체를 반복하면서 교란된다. 모래의 열용량은 이 교란으로 유동층의 온도는 거의 일정하다. 또 유동층은 낮은 연소 온도임에도 불구하고, 활발한 교환으로 혼합이 잘 이루어지고, 또 층내가 균일온도를 유지하며, 고부하 연소율과 높은 열전달율을 얻을수 있다.

〈그림 6.12〉에 유속과 유동과의 관계를 보인다.

유동층연소에는 폭넓은 온도범위에서 안정한 연소가 가능하지만 재의 융점을 고려하면 대략 1000-1200 K 범위를 유지한다. 또한 유동층연소에서는 미분탄연소와는 달리 석탄입자의 체류시간은 전혀 관계가 없기 때문에 미분쇄할 필요가 없고, 이에 따른 동력손실이 없다. 또 비교적 저온에서 연소가 이루어지므로 Thermal NOx가 적고, 유동 매체로 석회석을 사용하면 노 내의 탈황효과도 있다.

한편 유동층 연소의 문제점도 많다. 즉 석탄 입자가 연소 및 상호 충돌로 미세화되어 비산되거나 공기 공급에 있어서도 압력손실이 커 송풍동력이 필요하다.

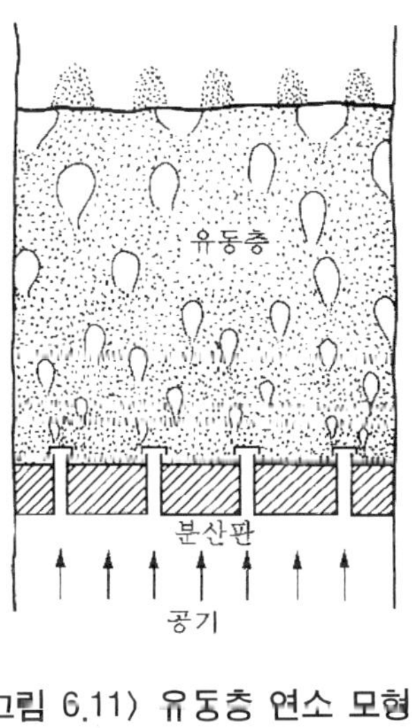

〈그림 6.11〉 유동층 연소 모형도

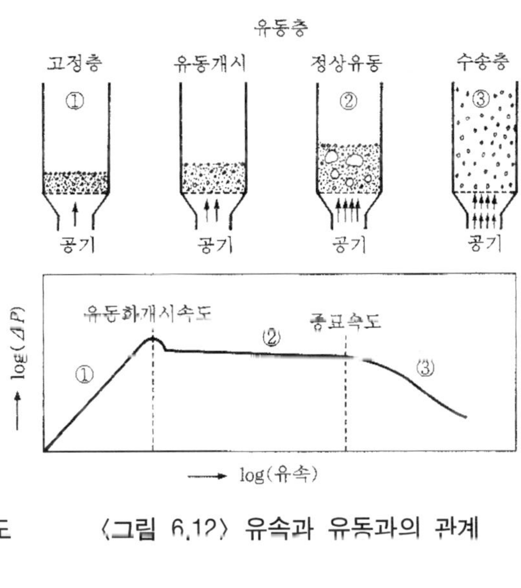

〈그림 6.12〉 유속과 유동과의 관계

$$CaCO_3 \rightarrow CaO + CO_2 \quad \text{------------------------------} (6.5)$$

$$CaO + SO_2 + 1/2O_2 \rightarrow CaSO_4 \quad \text{----------------------} (6.6)$$

이와 같이 유동층연소는 장,단점이 많아 실용화가 늦어지고 있지만 저품위탄, 도시쓰레기, 산업폐기물 등 일반연소 방법으로는 완전, 청정연소시키기 곤란한 연료에 적당한 연소 방법이라 생각되어진다.

유동층연소 형식은

(1) 연료 및 입자의 공급 방법에 따라

· 노내공급방식 : 연료 및 입자를 층 밑에 있는 지지판 구멍이나 연소실 측면 구멍에서 공급하는 방식으로 입자의 층내 체류시간을 길게 할 수 있어 연소효율을 향상시킬수 있다.

· 층상면 공급방식 : 유동층 상면에 연료 및 탈황제를 분산시켜 공급하는 방식으로 석탄의 건조는 불필요하나 많은 연료가 유동층 상부의 공간에서 연소하기 때문에 탈황제의 효과가 적고 연소효율이 저하한다.

· 순환연소방식 : 유동층에서 나온 미연 연료를 포집해 다시 유동층에 넣고 연소시키는 방식으로 재연소시키기 위한 특별한 설비가 불필요하나 집진 장치에 걸리는 부하로 마모가 문제이다.

· 2단 연소방식 : 유동층에서 나오는 미연 연료를 별도의 장치를 이용해 재연소시키는 방식으로 연소실에 2차공기를 공급해 재연소시키는 방식과 연소실 뒤에 사이클론 연소장치를 부착해 재연소시키는 방식이 있다. 2단 연소방식은 97-98%의 높은 연소효율이 가능하다.

(2) 제어방식에 따라

· 연료조절방식 : 공급 연료량의 조작에 의해 층내 온도를 조절하고 부하 변동에 대처하는 방식으로 가장 간편한 방법이다. 큰 부하 변동에 대응이 좋지 않다.

· 층높이 조절방식 : 유동층의 높이를 조작하여 층내와 층위의 전열면적의 비율을 변화시켜 부하 변동에 대처하는 방식

6.8 석탄의 특수 연소 기술

석탄은 액화, 가스화 공정을 거쳐 2차연료로 전환된다. 이것들의 2차연료는 형태에 따라 액체연료, 기체연료가 된다.

1) 가스화 연료

석탄의 가스화는 발열반응으로 생긴 열은 흡열반응에 사용되어 화학에너지로 축적되고, 연소시에 사용되므로 에너지 손실은 거의 현열 손실 뿐이다. 가스화연료는 통상 가스터빈, 스팀플랜트, 콤바인 사이클에 이용된다. 특히 가스터빈에서는 고부하연소가 요구되기 때문에 연소속도가 낮은 저칼로리 가스를 사용할 때에는 화염의 안정화에 대해 연구해야 할 필요가 있다.

2) 액체화 연료

액체화 연료는 석탄, 천연아스팔트를 유체화한 연료로서 석탄.유 혼합연료(COM), 석탄.물 혼합연료(CWM) 및 아스팔트.물 에멀젼이 있으며 연소의 본질은 미분탄연소로 일반적으로 석탄 입자의 분해연소와 표면연소가 병행, 또는 차례로 일어나 재가 남는다.

입자의 연소시간은 표면연소에 따라 영향을 크게 받는다.

COM(Coal oil mixture) : 혼합유를 연료로서 연소시키는 장치로서 석탄과 중유의 혼합연료를 말한다. COM에는 입경이 4mm이하의 미분탄을 사용한 조립COM(Coarse COM), 200메쉬 정도 미분탄을 사용한 미립COM(Fine COM), 325메쉬 이하 미분탄을 사용한 초미립COM(Ultrafine COM) 이 있다.

이 때 미분탄이 기름 중에 침전되지 않도록 물, 계면활성제, 폴리머 등을 사용해 그림과 같이 블록을 형성시켜 COM의 안정성을 향상시킨다.

연소 특징으로서는 화염의 길이가 미분탄 연소와 비슷하나 화염 안정성은 중유연소에 가깝다.

COM연소의 문제점으로는 COM을 사용하기 위해서는 전용장치가 필요하며, 연소가스 중에 포함된 SOx, NOx, 매연 분진 등의 제거에 설비가 필요하다. 더욱 배관이나 분사 노즐의 폐쇄, 마모 문제가 있다.

연소는 먼저 중유, 석탄중의 휘발분이 연소하고, 하류에서 고체 탄소가 연소한다. 즉 착화성은 중유, 연소시간은 COM속의 탄에 좌우된다.

NOx 생성에 대해서는 COM의 농도가 높을수록 Fuel NOx량이 증가하고 연소성이 좋은 COM(휘발분/탄소분의 비가 높은 것)일수록 Thermal NOx량이 증가한다.

CWM(Coal water mixture) : CWM은 석탄과 물의 혼합연료로 석탄농도70%, 물의 농도30%, 여기에 미량의 첨가제로 구성된다. 수분을 30% 포함하고 있어 발열량이 작기 때문에 착화성이 나쁘고, 화염온도도 낮으며, 또한 화염의 안정성이 나쁘다. 필요에 따라 탈회분, 탈황공정을 거칠 수도 있다. 이 외의 점에서는 COM과 거의 같다.

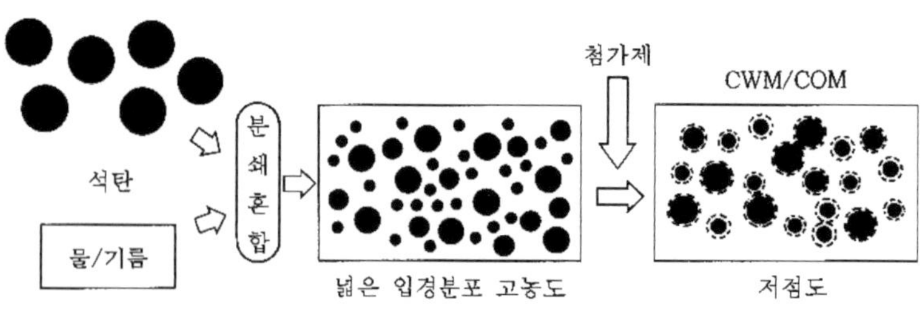

〈그림 6.13〉 COM/CWM의 원리

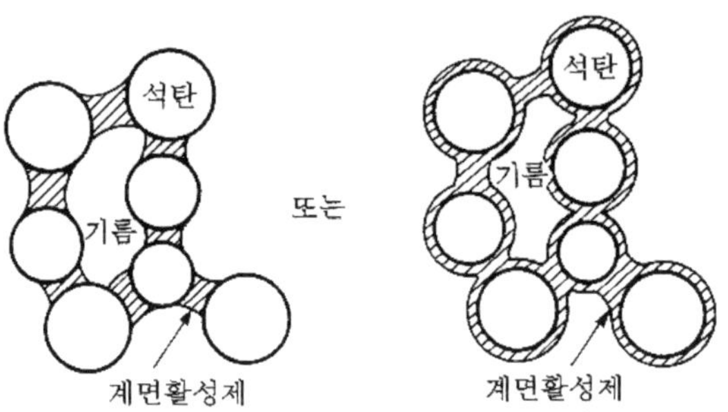

〈그림 6.14〉 COM의 안정화 모형도

연습문제

5.1 고체연료의 연소형태를 들고 설명하시오.

5.2 고체연료의 연소과정을 설명하시오.

5.3 화격자 연소에 대해 설명하시오.

5.4 미분탄 연소에 대해 설명하시오.

5.5 유동층 연소를 설명하시오.

5.6 석탄의 특수연소기술을 들고 설명하시오.

5.7 겉보기 비중 0.8, 직경 80μm의 구형 순수 탄소 입자가 있다. 표면 연 소에 의한 탄소 소비율 me = 80 mg/(㎡ · s)를 이용하여 이 입자의 연소 시간을 계산하시오. 단, 탄소입자는 무회이고 분해연소는 일어나지 않는 것으로 한다.

5.8 화격자연소율 G= 12kg/(㎡ · h)로 연소하고 있는 노가 있다.

(a) 화격자 1㎡당 co와 CO_2의 합계 발생률은 몇 N㎥/h인가 ?

(b) 배출가스를 분석한 결과 (CO)=l%, (CO_2) = 11%이었다고 하면 화격자 1㎡당 건연소가스 발생률은 몇 N㎥/h인가 ? 단, 석탄 중의 탄소의 함유율 c=0.9 kJ/kg로 한다.

5.9 일반적인 COM은 미분탄과 C중유를 50 : 50의 비율로 혼합한 것이다. 중유를 COM으로 대체하면 중유의 소비량은 몇 %가 감소하는가? 단,C중유와 석탄의 저발열량을 42 MJ/kg과 22 MJ/kg으로, 연소 효율은 중유와 COM 모두 100%로 한다.

5.10 보통 CWM은 미분탄과 물을 70 : 30의 비율로 혼합한 것이다.CWM화 함으로써 석탄 1 kg당의 저발열량은 몇 % 잃게 되는가? 단, 석탄의 저 발열량은 22 MJ/kg. 물의 증발잠열은 2.44 MJ/kg으로 한다.

5.11 확산지배연소를 하는 직경 70 μm의 미분탄의 공기 중에서 연소하고 있다($y_{O2 \cdot \infty}$ = 0.233). 이 입자의 표면온도는 1800 K. 1기압 하에 있다. 입자표면에서의 가스들의 평균 molecular weight를 30kg/kmol로 가정할 때. (1) 연소율 정수. (2) 연소에 의한 입자의 소멸.시간을 구하 라. 단 $y_{O2 \cdot S}$ = 0.08로 가정한다.

5.12 탄소의 연소에 있어서 two-film model을 이용하여 식 (6.7)의 무차원 전달수 B_{cO2}를 구하라.

07

데토네이션

데토네이션 전파 기구

충격파

데토네이션 개시

제7장

데토네이션

일반적인 정상염 또는 연소파의 경우에는 화염면은 약 0.1–10 m/s의 비교적 저속도로 전파한다. 그러나 화염면이 이 속도보다도 훨씬 큰 2000–3000 m/s로 진행하는 폭발성 혼합물도 많이 존재한다.

연소현상은 급격한 열을 발생시키고 불연속적인 압력 변동을 갖는 압력파를 형성한다. 이 압력파는 다시 증폭되어 **충격파**(Shock wave)를 형성하고, 화학반응을 일으킬 수록 강력해지며 이 반응열에 의해 충격파가 유지되어 초음속으로 연소파가 전파된다. 압력변화가 불연속적인 것은 충격파의 속도가 매질의 음속보다 크기 때문이다. 그래서 기체역학의 연속유체식은 그대로 적용할 수 없다. 이와같은 상태를 **디토네이션**(Detonation)이라 하며 폭약, 화약류의 폭발, 배관내에서의 폭발사고, 내연기관 내의 노킹 등에서 관찰된다.

기체 중에서의 데토네이션은 압력과 온도의 급격한 변화가 그 특징이며, 이 점에서도 정상화염과는 그 양상이 다르다.

예로 긴 관내에 가연혼합기를 채우고 한쪽 폐쇄 부분에서 점화하면 처음에는 평활한 화염면을 갖는 층류화염이 형성되어 전파하지만 조성의 불균일, 난류, 화염면에서의 발생한 압축파의 반사파에 의한 화염과의 간섭, 열팽창에 의한 화염속도의 가속 등에 의해 화염면이 교란, 난류화염으로 된다.

난류화염에서는 연소가 가속되고, 더욱 와류가 증대되어 강한 압력파를 발생한다. 이 강한 압력파가 앞을 지나는 약한 압력파와 합쳐져 충격파를 형성한다. 또한 이 충격파가 강력해지면 초음속으로 연소파가 진행하는 디토네이션이 된다.

충격파나 데토네이션은 확산이나 열전도의 영향을 거의 받지 않는 기체역학적 현상으로 초음속 연소기, 유전 화재 소화, 공업용 다이아몬드 제조, 금속표면 코팅 등에서 서서히 데토네이션의 공학적 이용이 시도되고 있다.

〈그림 6.1〉은 긴 원관에 도시가스와 공기의 혼합기를 넣고 연소시켰을 때의 압력과 화염속도의 측정 예를 보인 것이다.

압력 및 화염속도가 정점을 나타내는 곳에서 데토네이션이 일어난다. 점화 위치에서 여기까지의 거리를 **데토네이션 유도거리**라고 하며 이것은 혼합기의 종류, 상태, 관의 형상, 크기 등에 따라 변화한다.

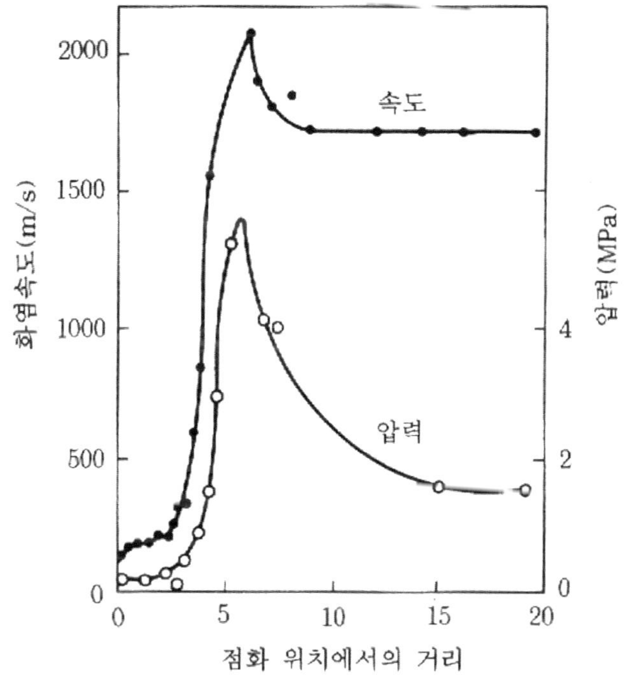

〈그림 7.1〉 원관내의 화염속도와 압력

7.1 데토네이션 전파 기구

디토네이션의 전파메카니즘을 거시적인 열역학적 관점에서 근사적으로 해석해 보기로 한다.

〈그림 7.2〉와 같은 반응을 수반하는 가스의 1차원 정상류 모델을 생각한다. 여기서 첨자 1은 미연혼합기 측, 첨자2는 기연가스 측으로 화염은 우측에서 좌측으로 진행하지만, 화염면을 고정하면 미연가스는 좌측에서 U_1의 속도로 화염면에 들어오고, 기연가스는 U_2의 속도로 우측에 이동하게된다.

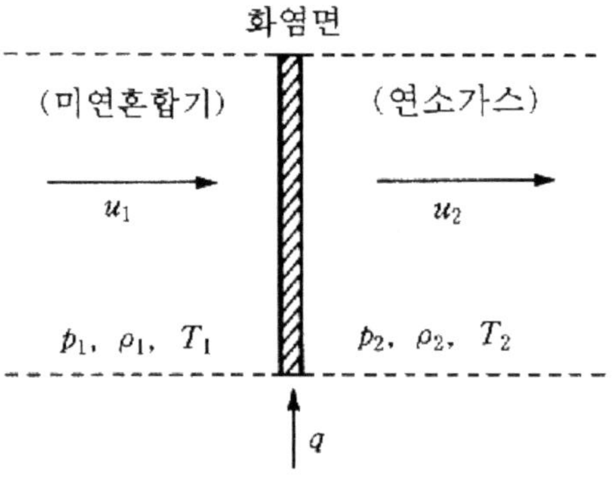

〈그림 7.2〉 가스의 1차원흐름

이 때 연속방정식, 운동량보존식, 에너지보존식은 각각

$$\rho_1 u_1 = \rho_2 u_2 = m \quad \text{(7.1)}$$

$$\rho_1 u_1^2 + p_1 = \rho_2 u_2^2 + p_2 \quad \text{(7.2)}$$

$$h_1 + 1/2\, u_1^2 = h_2 + 1/2\, u_2^2 \quad \text{(7.3)}$$

로 표시된다.

여기서 m은 질량유량, ρ 는 밀도, p는 압력, h는 엔탈피이다.

식(7.1)(7.2)에서

$$p_2 - p_1 = -m^2(1/\rho_2 - 1/\rho_1) \quad \text{-------------------------} (7.4)$$

이 얻어진다. 이것은 $p - 1/\rho$ 평면상에서 상태1, 2를 연결하면 기울기가 질량유속의 2승에 대응하고 있다. 이 직선을 **Rayleigh선**이라 한다. 이 직선은 연속방정식과 운동량보존식이 동시에 성립하는 관계를 나타내므로 상태1에서 상태2로의 변화는 Rayleigh선을 따라서만 일어나게 된다.

또 식(7.2)(7.3)에서 속도항을 소거하면 열역학적 상태량만으로 표현되는 다음 관계식이 얻어진다.

$$h_2 - h_1 = 1/2\ (p_2 - p_1)(1/\rho_2 + 1/\rho_1) \quad \text{---------------} (7.5)$$

이 식은 $p - 1/\rho$ 평면에서 상태1에 대응하는 상태2의 궤적을 나타낸 것으로 **Rankin-Hugoniot**식이라 한다. 이것을 간단히 하기 위해 화염면 전후의 기체를 이상기체라 하고 연소반응에 의한 단위질량당 발열량을 q라하면 엔탈피는

$$h_2 - h_1 = Cp\ (T_2 - T_1) - q \quad \text{-----------------------} (7.6)$$

로 되므로 식(7.5)로부터

$$k/(k-1) * (p_2/\rho_2 - p_1/\rho_1) - 1/2(p_2 - p_1)(1/\rho_2 + 1/\rho_1) = q \quad \text{------------------------------------} (7.7)$$

가 얻어진다.

여기서 k는 비열비(Cp/Cv)이다.

앞 식으로부터 최초의 상태1에 대한 상태2의 궤적을 발열이 없는 경우(q=0)와 발열이 있는 경우(q ＞ 0)에 대해 도시하면 〈그림 7.3〉과 같이 된다.

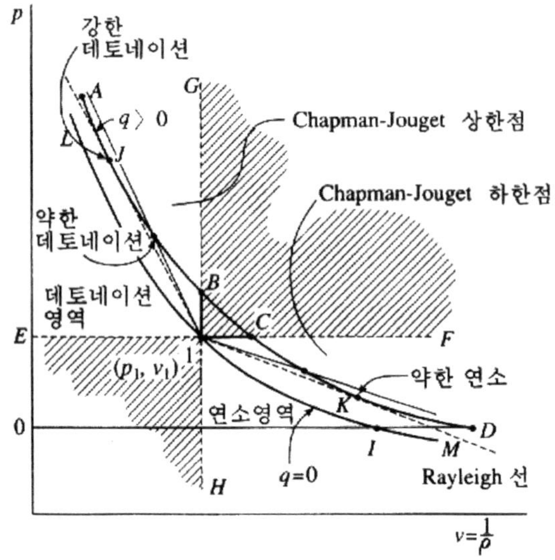

〈그림 7.3〉 Hugoniot곡선과 Rayleigh선

q=0의 경우는 초기 상태1을 지나는 곡선이 얻어지고, q>0의 경우는 Hugoniot 곡선은 위쪽으로 이동해(곡선AJBCKD) 점1을 지나지 않게 된다. 이 곡선의 구간 AJB는 데토네이션에 대응하고, 구간 CKD는 압력강하가 생기는 반응파 즉 연소파(Deflagration)에 대응한다. 또 Rayleigh선은 상태1을 지나는 직선으로 표시되지만, 질량유량은 실수이어야 하므로 이 기울기는 음(−)이어야 한다. 따라서 E1H, G1F의 영역 내에서는 해가 존재하지 않는다.

Hugoniot선과 Rayleigh선과의 교점이 해가 되지만 곡선 AB위에서는 미연혼합기에 대한 화염면의 전파속도는 초음속으로, 데토네이션파에 대응하고 곡선CD위에서는 전파속도는 아음속으로 압력 강하가 생기는 일반적인 연소파에 대응한다.

Rayleigh선은 Hugoniot선과 점J 및 점K에서 접하고 그 외에서는 Hugoniot 선상의 2점에서 교차한다. 접점 K는 일반적인 연소파에 있어서는 해가 존재하는 최대의 기울기를 나타내는 점이고, 질량유속 최대 즉 연소속도가 최대가 되는 점이다. 이보다 기울기가 작은 경우에는 2점에서 교차하지만 일반적으로 압력이 높은 쪽에서 나타난다. 압력이 처음 상태의 압력보다 강하하는 Deflagration영역 내 구간CK를 약 Deflagration영역, 구간KD를 강 Deflagration영역이라 한다.

한편 데토네이션 영역에서의 접점 J는 최저 데토네이션 속도를 나타내는 점이지만 가장 안정된 정상 데토네이션파가 되는 조건을 만족한다. 압력이 처음 상태의 압력보다 상승하는 구간 AJ를 강 데토네이션 영역, 구간 JB를 약 데토네이션 영역 또는 초음속 연소 영역이라 한다. 이들 접점 J 및 K를 Chapman-Jouget점(C-J점)이라 하며, 이 양 C-J점에서는 유속U_2와 음속a_2가 같고 마하수 M_2=1이 된다. 이와 같은 유동을 Chapman-Jouget유동이라 한다.

7.2 충격파

충격파는 자연적으로 또는 인위적으로 일어나는 광범위의 물리적 현상에서 나타난다. 가장 가까운 예로서는 초음속 항공기의 비행, 화산의 분화 등에서 발생된다. 충격파의 특징은 대량 에너지의 급격한 방출을 수반하는 압력의 증가이다. 만일 이 에너지 방출이 계속되지 않는다면 충격에 이어 통상보다 완만한 팽창파가 생겨 압력이 대기압으로 된다.

충격파가 형성되는 것을 〈그림 7.4〉과 같은 간단한 모형으로 설명한다. 원관상의 관내에서 피스톤의 정상적 가속은 일련의 무한소 가속에 의해 구성된다고 생각한다. 이들 각각이 전방의 기체 중에 압력 펄스를 만들고, 이 펄스는 음속으로 진행한다. 그러나 각 펄스는 기체를 단열적으로 가열하고 여기에 유동을 전달해야만 하므로 다음 펄스는 선행하는 펄스보다 빠르게 이동한다. 최종적으로는 이들의 아주 작은 펄스가 겹쳐 유한 진폭의 압력 펄스를 형성해 기체 중을 음속보다 빠른 속도로 이동한다.

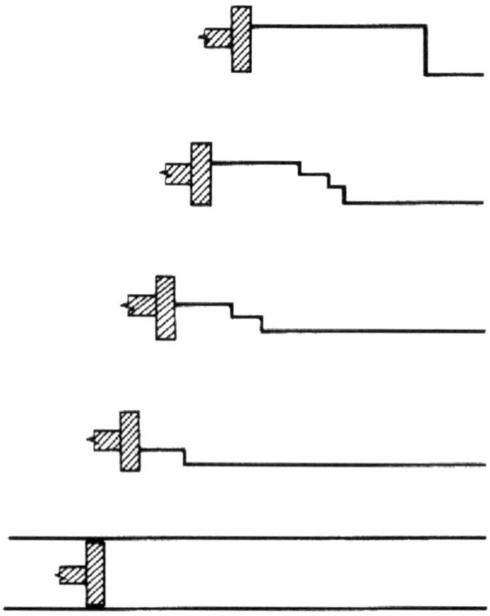

〈그림 7.4〉 관중에서 피스톤 가속에 의한 충격파 형성 모양

충격파가 통과한 후 기체는 처음 기체보다도 높은 밀도, 고온을 가지고 충격파와 같은 방향으로 느린 속도로 이동한다. 또한 연속성을 갖기 위해서는 화염면의 후방에 연속적인 에너지원이 필요하다.

식(6.7)에서 q=0로 놓으면 정상충격파와 정상 팽창파 식이 얻어지고, 그림6.3에서 q=0의 곡선H1I선이다. 이 곡선은 점1을 통과하고 구간 H1이 충격파(압력파), 구간 1I가 팽창파에 대응된다. 1상태에서 음속 a1은

$$a_1 = kp_1v_1 \quad \text{-------------------------------------} (7.8)$$

이므로 단면 1에 있어 마하수 M_1은 식(7.2), (7.8)로부터

$$M_1 = u_1^2/a_1^2 = -v_1(p_2-p_1) \ / \ kp_1(v_2-v_1) \quad \text{--------------} (7.9)$$

M_1은 Rayleigh선의 기울기와 1:1 대응한다. 따라서 M_1이 주어지면 〈그림 6.3〉에서 Rayleigh선과 Hugoniot곡선의 교점을 구해 단면2에서의 압력 P_2와 비체적v_2를 구한다. 더욱 이상기체에 대해서는 상태 방정식으로부터 온도 T_2가 계산된다.

7.3 데토네이션의 개시

일반적으로 데토네이션은 가연혼합물 중에서 다음과 같은 방법으로 발생된다. 즉 국부적인 열원이 사용되든가, 또는 충격파에 의해 개시된다. 데토네이션은 순간적으로 일어나는 것이 아니고, 그 성장에 관여하는 기구는 개시방법에 따라 많이 다르다. 개시가 충격으로 유발되는 경우, 발화는 충격면으로부터 어느 정도 떨어진 곳에서 시작한다. 발열이 많은 혼합물의 경우에는 발화가 일어난 직후 데토네이션 전면이 형성되고, 이것은 바로 전방에 있는 충격파를 뒤따른다. 희석된 혼합물에서는 데토네이션파만이 형성되고, 연소대가 충격파에 도달하면 충격면은 서서히 가속되어 데토네이션이 된다.

국부적인 열원에 의해 발화가 개시된다면, 보통의 화염면이 나타나고 어느정도 경과한 후 데토네이션으로 전이가 일어난다. 이 실제의 기구는 난류의 초기에 매우 의존한다.

화염은 전방의 미연소 기체를 가열하는 원인이 되고, 이결과 더욱 반응이 급격히 되어 화염은 가속한다. 최종적으로는 화염을 통과하는 흐름은 난류로 된다. 이 때문에 유효 화염면이 보다 크게되고, 이어서 더욱 급격한 반응을 일으킨다. 동시에 미연소 기체가 압축,가열되어 최후에 기체의 자발착화가 일어나면서 데토네이션이 생긴다.

실제상 데토네이션의 개시는 점화원의 성질에 의한 것은 물론이고, 이 계의 상세한 화학반응과 용기의 형상에 의존한다.

연습문제

1. 데토네이션을 설명하시오.

2. 데토네이션의 전파기구를 설명하시오.

3. 충격파에 대해 설명하시오.

4. Chapman-Jouget의 데토네이션 특정을 설명하시오.

5. Chapman-Jouget 점에서 연소가스의 속도 μ2는 반드시 Rayleigt선과 Hugoniot독선을 만족해야 한다. 이 때에 속도 μ2가 음속 C2라는 것을 유도하시오.

6. 밀폐된 용기내에 있는 가연성 혼합기가 급격하게 반응을 하면 데토네이션을 생성한다. 표준상태 Oatm,293에서 이론공연비상태의 메탄과 공기가 있다고 가정하였을 때 다음을 계산하시오. 단, 연소는 완전연소로 가정한다.
   (1) 데토네이션 온도(K)
   (2) 데토네이션 압력 (atm)
   (3) 화염 전면에 대한 데토네이션 속도(m/see)

08

저공해 및 고부하연소기술

에멀젼연소

촉매연소

펄스연소

산소부화연소

산소희박연소

제8장

저공해 및 고부하연소기술

8.1 에멀젼연소

에멀젼이란 어느 액체중에 다른 액체가 입소입자 형태로 균일하게 분산되어 있는 것을 말한다. 이와같은 에멀젼의 안정성은 물과 연료유의 비중차가 작고, 연료유 점도가 높을수록 좋다. 즉 중유가 등유에 비해 에멀젼은 안정하다.

에멀젼 연소는 연료로서 기름–물, 기름–알콜, 기름–석탄–물 등으로 구성된 에멀젼을 사용하는 연소방식으로 기체연료연소 상태에 가깝다.

에멀젼연소는 중질유의 연소성 개선, NOx발생량 저감에 효과가 있어 최근 보일러, 내연기관 등에 이용된다. 에멀젼에는 일반적으로 액체 기름 중에 물을 분산시켜 사용된다. 이것은 점도 상승이 작으며, 계면활성제로서 보통 기름용량의 1%이하를 첨가한다. 〈그림 8.1〉에 보일러에서의 에멀젼연소 실험예를 보인다. 에멀젼연소에서 NOx 발생량은 저하하며, 질소 함유량의 다소에 관계없이 NOx저감량은 거의 같은 수준이다. 이것은 열발생 NOx가 억제되고 있음을 보여주고 있다.

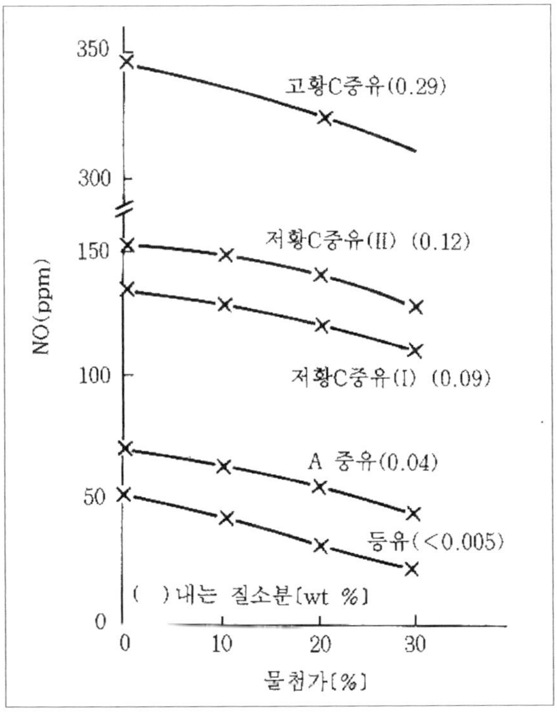

〈그림 8.1〉 NOx생성량과 물첨가의 관계(4-180)

NOx가 저감하는 것은 물의 증발열이 화염온도를 저하시키기 때문이고, 또 다른 것은 물입자가 급격히 기화할 때의 팽창에너지(미크로 폭발)에 의해 유적을 미립화해 연소시간이 단축되는 효과가 있다. 한편 수증기와 화염중의 미연탄소와의 사이에 수성가스반응($C+H_2O \rightarrow CO+H_2$)이 진행되고, 또 수증기에 의해 CO연소가 촉진된다. 에멀젼연료는 연소실험에 의하면 연소시간이 짧고, 화염길이, Soot 농도, 복사선열량이 감소한다. 또한 에멀젼연소를 하면 미크로폭발이 일어나 화염온도가 균일화되어 국소적인 고온부분이 없어진다. 그러나 수분의 첨가에 의한 열효율 저하, 장치의 부식 등을 일으킬 수 있다.

8.2 촉매연소

수소, 탄소 등 가연성가스는 대기중에서 연소하는 경우 화염을 만들며, CO_2, H_2O등 연소가스로 된다. 이들 연소를 촉매위에서 연소시키면 화염을 발하지 않고 착화온도 이하에서 연소시킬 수 있다.

촉매연소에는 연소반응의 대부분을 접촉반응으로 하게하는 방법과 연소반응의 대부분을 기상반응으로 하게하는 방법이 있다. 전자는 저온촉매연소기술로 보염에 사용되며, 중진촉매가 사용된다. 후자는 고온촉매연소기술에 대응하며 하니컴 촉매가 사용된다.

저온촉매연소기술은 탈취장치나 난방장치에 이용되며, 귀금속계 촉매를 이용한 경우 대부분의 가연성가스는 150-220℃에서 착화하고, 240-320℃에서 완전 산화되므로 저칼로리가스나 희박혼합기의 연소가 가능하고, 저NOx 연소가 실현된다. 탈취장치에 사용한 경우 보조연료비가 1/3-1/10, 운전경비는 1/2-1/3 정도된다.

고온촉매연소기술은 가스터빈등 동력 목적에 많이 이용된다. 공기비를 1.4이상으로 올려 1500℃ 이하에서 완전연소시켜 얻기 때문에 저NOx 연소가 가능하다. 또 칼로리가스를 보조연소없이 안정하게 연소시킬 수 있다.

이와 같이 촉매에는 250-600℃의 비교적 저온역에서 연소를 촉진시키는 것과 1000-1400 C의 고온역에서 연소를 촉진시키는 것 등이 있으며, 이러한 촉매가 구비해야할 조건으로서는

① 활성이 클 것

② 촉매 충전층의 압력손실이 작을 것

③ 촉매독에 대한 저항력이 클 것

④ 기계적 강도를 가질 것

⑤ 가격이 쌀 것 등이 있다.

〈표 8.1〉에 귀금속계 촉매에 의한 산화온도를 보인다.

〈표 8.1〉 귀금속촉매의 산화온도와 무촉매착화온도(16-51)

물 질	무촉매착화온도	촉매착화온도	완전산화온도
톨루엔	552	160	240
페놀	700	180	330
메탄올	464	20	150
포르말린	-	40	130
아세톤	650	130	250
초산	427	300	300
암모니아	651	210	240

8.3 펄스연소

펄스연소는 흡배기를 펄스화해 간헐적으로 연소시키는 것으로 밸브가 있는 것과 없는 것으로 크게 나눌수 있다. 펄스연소의 원리는 연소실과 미관의 단순한 구성으로 일종의 2사이클 내연기관의 동작과 비슷한 흡기, 연소, 팽창, 배기 과정을 반복한다. 즉 작은 연소실에서 연료가스와 공기의 가연혼합기를 연소시켜 이때 발생하는 연소가스의 팽창압력으로 연소가스를 배출한 후 연소실내에 생기는 음(−)압에 의해 새로운 연료와 공기를 흡입한다. 이 가연혼합기는 연소실에 남아있는 일부의 고온잔류가스를 이용해 착화연소하며, 이런 과정을 반복한다.

연소과정 및 작동원리를 〈그림 8.2〉에 보인다.

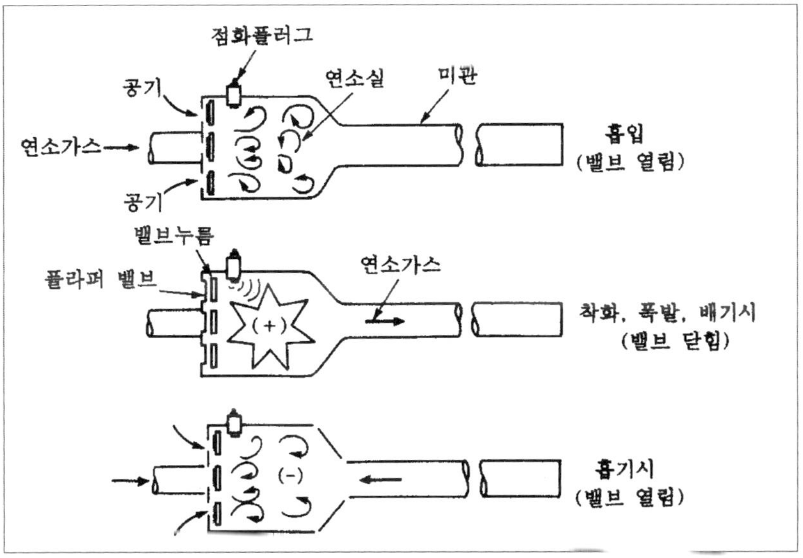

〈그림 8.2〉 펄스연소의 작동원리

1) **연소과정** : 연소실내에 공급된 연료가스와 공기의 가연혼합기가 앞주기의 고온잔류연소가스의 착화원에 의해 착화 연소한다. 이 때 연소실내의 압력은 급상

승한다.

2) 배기과정 : 연소에 의한 연소실내의 압력 상승으로 연료가스와 공기의 밸브가 닫히고 연소가스는 배기관으로 배출된다. 배출시 관성에 의해 연소실내의 압력은 대기압 이하로 된다.

3) 흡기과정 : 연소실내에 생긴 음(−)압에 의해 연료가스와 공기의 밸브가 열리고 연료와 공기가 연소실 내로 공급된다. 또한 연소가스의 일부가 배기관쪽으로부터 연소실에 역류한다. 이후에는 (1)−(3)의 과정을 50−80㎐로 반복하면서 연소가 계속된다. 이와같은 펄스연소의 특징은 다음과 같다.

① 가열효율이 높고, 성에너지가 가능하다.

② 연소실에의 연소가스 역류로 연소온도가 과하게 올라가지 않는다.

③ 저공기비 연소가 가능하다.

④ 연소기 형상,구조가 간단하고 설비비가 싸다.

⑤ 공기비 제어장치가 불필요하다.

⑥ 연소 조절범위가 좁다.

⑦ 소음이 발생한다.

⑧ 시동용 팬 설치가 필요하다.

8.4 산소부화연소

연료를 연소시키기 위해서는 산소가 필요하다. 공기 중에는 자연 상태로 21%의 산소를 함유하고 있다. 이 연소용 공기 중의 산소 농도를 자연의 공기에서보다도 높은 상태로 연소키는 것을 산소부화연소라 한다. 순수한 산소연소는 산소부화연소의 극한이다. 이와같은 산소부화연소는 일반 공기를 사용하는 연소에 비해 다음과 같은 특징이 있다.

① 화염온도가 높아진다.

② 연소에 필요한 공기량을 적게할수 있다.

③ 연소생성가스량이 적어진다.

④ 일반 연소에서보다 높은 온도 및 큰 열전달을 얻을수 있다.

⑤ 반면에 연소온도가 상승하기 때문에 내화재의 재질 선정이나 수명에 문제가 있고, 또 NOx레벨이 일반 연소시보다 높은 경향이 있다.

프로판을 연소시켰을 경우 공기중의 산소농도를 증가하면 이론공기량, 연소생성가스량, 이론화염온도가 어떻게 변화하는가를 〈표 8.2〉에 보인다.

〈표 8.2〉 이론화염온도에 미치는 산소농도의 영향(16-76)

공기중의 산소농도 (%)	이론공기량 (㎥/㎥)	이론가스량(㎥/㎥ of C_3H_8)				이론화염 온도(C)
		CO_2	H_2O	N_2	합계	
100	5.00	3.00	4.00	0.00	7.00	2753
90	5.56	3.00	4.00	0.565	7.56	2724
80	6.25	3.00	4.00	1.25	8.25	2691
70	7.14	3.00	4.00	2.14	9.14	2651
60	8.33	3.00	4.00	3.33	10.33	2599
50	10.00	3.00	4.00	5.00	12.00	2529
40	12.50	3.00	4.00	7.50	14.50	2426
30	16.67	3.00	4.00	11.67	18.67	2260
20	25.00	3.00	4.00	20.00	27.00	1926
11	45.45	3.00	4.00	40.45	47.45	1279

8.5 산소희박연소

연소에 사용하는 공기중의 산소농도가 자연상태보다 낮은 경우의 연료를 말하며, 저과잉공기연소와는 다르다. 연소배기가스속의 공기나 잔존 산소농도가 비교적 높은 연소배가스를 연소용 공기로서 사용하는 경우 산소희박연소가 일어난다.

산소희박연소의 경우에는 일반 공기를 사용한 연소에 비해 화염온도의 저하, 연소에 필요한 공기량의 증가, 연소생성가스량의 증가 등이 일어나 산소농도가 희박해지고, 이에따라 연소가 곤란해진다. 이와같이 산소 희박연소의 특징은 동일 연료량에 대한 연소생성가스량이 많으므로 일반 연소와 비교해 화염온도가 낮아지고, 배가스 손실열이 증대하지만 노내 온도의 균일서, 국부가열 방지, NOx저감에 유효하다.

연소용 공기중의 산소량이 희박해져 연소가 불안정하게 되는 것을 방지하는 방법으로서는 다음과 같다.

① 공기온도를 높여 화염온도의 저하를 방지한다.

② 연소실을 고온으로 유지할수 있는 구조로 한다.

③ 화염이 안정하기 쉬운 버너 구조를 한다.

④ 부하변동, 산소농도변동을 가능한 작게 한다.

공기 중 산소농도가 5% 이하가 되면 연소는 불가능하게 되며, 공기중 산소농도가 어느 정도까지 저하할 때 연소가 가능할까는 운전조건, 부하변동, 연료종류, 연료 및 공기의 예열상태, 연소실 및 버너의 구조 등에 따라 다르다.

연습문제

1. 에멀전연소법에 대하여 설명하시오.

2. 촉매연소 및 촉매의 구비요건에 대하여 설명하시오.

3. 펄스연소의 작동원리 및 장단점을 설명하시오.

4. 고농도 산소연소의 특징을 설명하시오.

5. 산소희박연소에 대하여 설명하시오.

6. 이론공연비에서 운전되는 가솔린자동차의 삼원촉매(Three-Way Catalyst)의 반응기구를 설명하시오.

7. 평균 공연비 35에서 운전되는 가솔린직접분사(Gasoline Direct Injection) 엔진을 장착한 자동차의 배출가스 중 NOx 저감을 위하여 사용될 수 있는 촉매에 대하여 논하시오.

09 내연기관의 연소

가솔린기관의 연소

정상연소와 이상연소

연소에 영향을 미치는 인자

이상 연소

노 킹

노킹의 방지 대책

디이젤기관의 연소

착화

정상연소의 과정

디젤 노크

디젤 노크의 방지대책

가솔린 노크와 디젤 노크의 비교

제9장

내연기관의 연소

우리 인류가 오늘날과 같은 고도화된 산업 사회를 이루어 풍요로운 생활을 할 수 있게 된 것은 산업 현장에서 사용하고 있는 각 종 기계 및 장치에서 이용하는 동력원 기술의 발전에 따른 것이다.

이러한 에너지를 이용하는 동력원 중에서 기관 내부에서 연료를 연소시켜 발생된 열에너지를 기계적 에너지로 변환시켜 이용하는 것이 내연기관이다.

내연기관은 소형으로서 큰 출력을 얻을 수 있으므로써 자동차, 선박, 항공기 등 수송기계와 건설기계 등의 원동기로 널리 사용되고 있으며 과학기술의 발전과 인류 문화 발전에 크게 기여하고 있다. 그러나 또 한편으로는 내연기관 의 사용이 많아짐에 따른 환경 오염 문제가 심각해지고 있다.

이러한 내연기관에서 동력원은 결국 연료를 연소시켜 발생하는 열에너지를 이용하고 연소했을 때 발생하는 연소가스가 바로 환경 오염의 근원이기 때문에 본 장에서는 내연기관에 있어서의 연소에 대해 서술하고자 한다.

9.1 가솔린기관의 연소

가솔린기관은 연료와 공기를 미리 혼합한 혼합기를 연소실 내로 흡입하여 여기에 전화 점화 장치의 스파크에 의해 혼합기의 미소부분에 연소반응이 일어나고, 이것이 스스로 전파할 수 있는 화염을 발생하고, 화염면이 정상적인 속도로 전파되어 전체 연소를 완료하는 시스템이다. 보통의 화염전파에 의해 연소가 완료될 경우를 정상연소라고 부르고, 말단의 미연혼합기가 자발적으로 점화되어 발생된 노킹현상, 또는 실린더 내부의 고온부에 의한 열면점화 등 정상적인 연소가 아닌 경우를 이상연소라 한다.

가솔린기관의 열효율을 높이기 위해서는 사이클론의 효율 정의에 따라 압축비를 높여 상사점 근처에서 되도록 빠른 연소를 시키는 것이 바람직하다. 그러나 압축비의 향상은 이상연소에 의해 제한되기도 하고, 진동, 소음, 배기가스의 면에서 등 여러 문제를 초래한다. 이런 제한 중에서도 연소실의 형상 개선, 연소방식 개선, 대체연료 개발 등이 필요하다.

9.1.1 정상연소와 이상연소

1) 정상연소의 과정

실린더 내에 흡입되어 압축된 가연혼합기는 전기불꽃으로 적당한 시기에 점화되면 부분적으로 화염핵이 생기고, 그 화염면 상의 각 점이 또 다시 화염 핵이 되어 드디어 화염이 정상속도로 혼합기 중에 전파되어 정상적인 연소가 이루어진다.

연소실 내에서 화염 전파 과정은 크게 점화해서 화염속도가 점차 가속해 가는 기간, 화염속도가 거의 일정하게 유지되는 기간 그리고 연소실 말단에 가까워져서 화염속도가 다시 감소하는 기간으로 크게 3구간으로 나눌 수 있다. 보통은 연소실 내의 화염속도의 대표 값으로서 제2기간의 화염속도를 사용하고, 화염전파 지연은 최초의 10%의 거리를 진행하는데 걸리는 시간을 들고 있다. 주연소시간은 화염이

95%의 거리까지 진행하는데 필요한 시간을 사용하고 있다. 이에 관한 내용을 〈그림 9.1〉에 보인다.

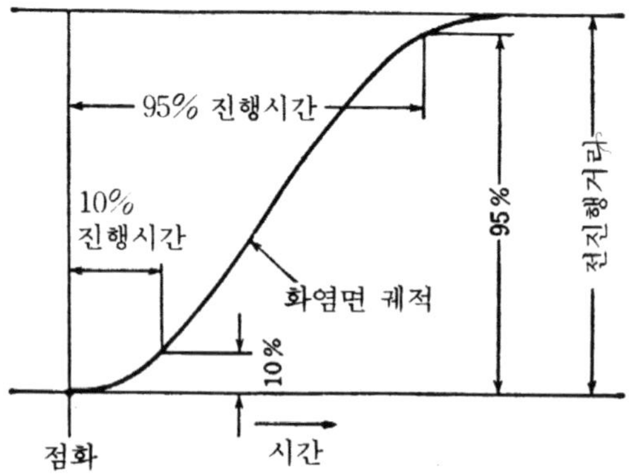

〈그림 9.1〉 화염전파의 궤적

〈그림 9.2〉은 연공비와 화염전파와의 관계를 나타낸 것으로 화염속도는 회전속도에 거의 비례해서 증가하는데 이것은 주로 흡기속도의 증가에 따라 혼합기중의 난류강도가 증가하는데 기인하는 것이다. 그러나 크랭크회전각도로 나타난 화염의 10% 진행기간은 회전속도의 증가와 함께 커지기 때문에 크랭크각도로 나타낸 연소기간은 회전속도의 증가에 의해서 어느 정도 증가하게 된다. 이외에도 흡기압력의 감소에 의해

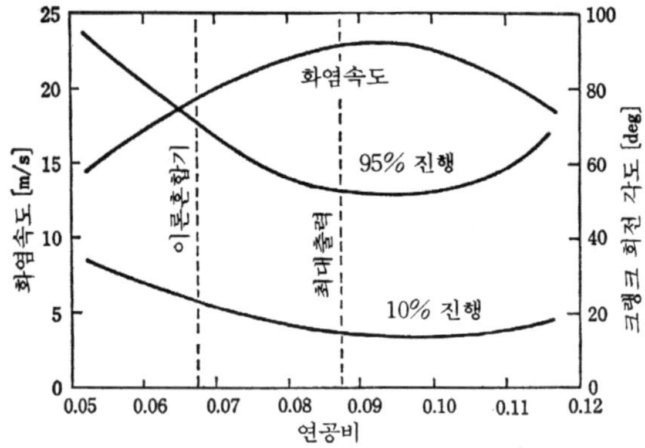

〈그림 9.2〉 화염속도에 미치는 혼합비의 영향

화염속도는 감소하고, 초기화염전파기간은 길어진다. 또 흡입공기의 습도 증가가 화염속도를 감소시키는 것이 확인되고 있다.

〈그림 9.3〉은 정상연소 시 실린더 내의 압력변화를 나타낸 것이다.

이와 같이 가솔린기관 내에서 정상적인 연소가 진행될 때 정상연소과정은 크게 3부분으로 대별할 수 있다.

(1) **착화지연기간** : 스파크 방전으로부터 압력 상승이 시작하기까지의 기간으로 점화플러그에서 스파크가 발생하여도 바로 혼합기가 착화되는 것은 아니며, 착화하기까지 온도 및 활성기의 준비기간이 요한다. 이 기간을 착화지연기간이라 한다.

(2) **주연소기간** : 착화지연기간을 지나 점화가 이루어지면서 혼합기가 정상적으로 전파하면서 연소를 한다. 이 때부터 연소로 인해 발생한 열로 연소실내 압력은 급격히 상승하기 시작하며, 최고 최고압력에 달한다. 이 기간을 말한다.

(3) **후연소기간** : 주연소가 끝나면서 기관에서 주연소 기간 중에서 얻어진 열에너지가 작용하여 팽창을 하면서 일을 얻는다. 이와 같이 팽창을 하는 동안 주연소기간에서 아직 연소를 마치지 못하고 남아있는 미연소성분이 연소를 진행한다. 이 과정이 후연소기간이다.

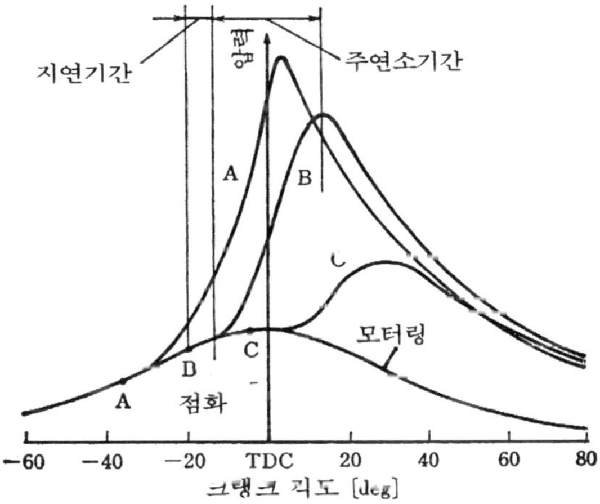

〈그림 9.3〉 지연기간과 주연소기간

또한 정상연소과정을 점화시기에 따라 최적점화(B), 조기점화(A), 지연점화(C) 시의 특징을 설명한다.

(1) 조기점화(A) : 그림에서 A와 같이 점화시기가 너무 빠르면, 피스톤이 상승하면서 생기는 압축압력과 연소에 의한 팽창력이 가압되어 상사점 부근에서 최고압력에 도달하여 이후 팽창일이 크게 증가한다. 그러나 연소실 내 압력이 증가하기 때문에 피스톤을 상승시키는데 그만큼 일이 많이 필요하다. 즉, 부(−)의 일이 증가할 분만 아니라 최고압력, 최고온도가 높아져 열손실이 커진다.

(2) 지연점화(C) : 한편 C와 같이 점화시기가 너무 늦으면 피스톤운동에 의한 연소실 체적의 증가로 압력 및 온도가 감소하고 연소시간이 증가하기 때문에 팽창행정에서의 유효일이 감소하여 열효율이 감소함과 동시에 배기가스로 배출되는 열량이 증가한다.

일반적으로 출력이 최대로 나타나는 점화시기는 최고압력의 시기가 상사점 후 10~15° 에서 나타나며, 이때의 점화시기를 최적 점화시기라 한다.

실제의 기관에서 실린더 내부의 최고압력의 크기 및 시기는 각 사이클마다 얼마간 변동한다. 이것을 사이클 변동이라 하며, 사이클 변동의 주된 원인은 실린더 내의 혼합기가 불균일한 것과 잔류가스 및 사이클마다 공급된 혼합기의 농도와 밀도에 근소한 차이가 있는 것에 기인한다. 사이클 변동이 커지면 기관의 토크 변동이 커져 진동이 생기는 등 원활한 기관의 운전이 곤란하게 된다.

사이클 변동은 최대 화염속도를 나타내는 공연비 부근에서는 작지만, 혼합기가 희박해짐에 따라 현저하게 나타난다.

이와 같은 사이클 변동을 억제하기 위해서는 사용혼합비의 범위를 좁혀야 하므로 열효율의 저하를 초래한다.

9.1.2 연소에 영향을 미치는 인자

가솔린기관의 연소에서 점화지연기간은 주로 화학 반응에 의하여, 주연소기간은 난류에 의하여 영향을 받으므로 기관운전 조건이 화염전파에 미치는 영향은 이것으로부터 판단할 수 있다. 실린더 내의 화염 전파속도는 점화 후에 바로 가속되어 크게 되고 30~40㎧ 속도로 전파되나 최후에 실린더 벽 근처에서는 속도가 저하된다. 이 화염속도는 혼합기의 와류, 혼합비, 압축비, 회전속도 및 점화시기 등에 의해 크게 영향을 받아 변화한다.

1) **난류의 영향** : 난류는 화염전파를 촉진하고, 또 지연기간을 단축하여 성능향상에 유효하다. 즉 작은 난류는 화염반응면적을 증가시켜 미연소가스로의 열전달 및 확산이 잘되게 하기 때문에 연소진행을 촉진한다. 난류가 너무 크면 실린더 벽으로의 열손실이 증가하고, 또 화염핵을 날려버리기 때문에 기연범위가 좁아지고, 소염현상을 일으키게 된다.

2) **혼합비의 영향** : 혼합비는 지연기간에 큰 영향을 미치며, 또 이론혼합비보다 약간 농후한 경우에 화염온도가 최고로 되고, 화염속도는 가장 커진다. 많은 실험결과에서 최고 화염속도는 이론혼합비보다 낮은 $AF_{th} = 1.1$부근으로 거의 최대출력이 얻어지는 혼합비와 거의 일치한다.

3) **압축비의 영향** : 압축비가 커질수록 압력과 온도는 상승되고 그 결과 당연히 화염속도는 커진다. 〈그림 9.4〉 압축비에 대한 화염속도의 변화를 나타낸 것이며, 압축비가 7이상이 되면 화염속도의 상승정도가 둔화되고 있다.

4) **실린더 내 압력 및 온도의 영향** : 실린더 내의 압력이나 온도가 높아지면 반응속도는 증가하나, 실린더 내에서는 난류가 화염전파에 크게 영향을 미치기 때문에 급 기온도가 높아지면 공기의 점성이 증가하여 난류의 감쇠를 증가시켜서 화염속도는 약간 감소한다. 압축비를 높이면 압력, 온도 모두 높아지지만, 압력의 영향이 커, 압축비 1의 증가 또는 감소함에 따라 화염속도는 1.5㎧정도 증가 또는 감소한다.

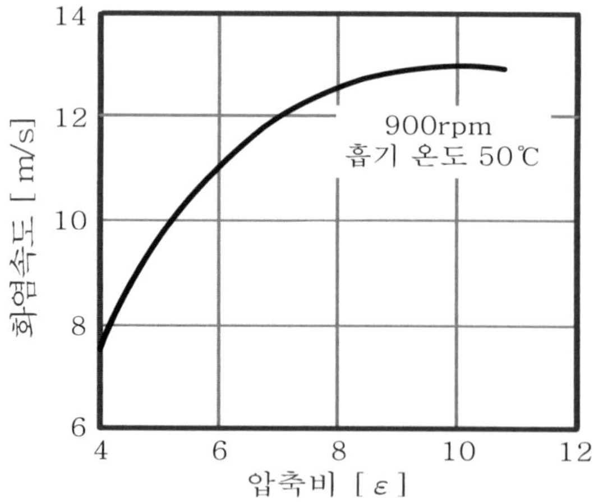

〈그림 9.4〉 연소온도에 미치는 압축비의 영향

5) 회전속도의 영향 : 회전속도가 증가되면 〈그림 9.15〉과 같이 화염속도는 거의 직선적으로 증가한다. 이 회전속도의 영향은 흡기속도가 증가되는 결과라고 보이나 불꽃에너지에 의존하는 점화지연과 화염의 가속시간과는 함께 변하지 않으므로 회전속도가 증가되면 자연히 점화시기를 앞당길 필요가 있다.

6) 잔류가스의 영향 : 잔류 가스량이 많아지면 연소온도가 떨어지기 때문에 화염속도는 느려진다. 따라서 배기압력이 높은 경우, 또는 급기를 교축한 경우에는 잔류가스의 비율이 커져서 화염속도는 저하한다.

7) 점화시기의 영향 : 어느 점화시기에서 화염속도는 최대가 되나 실린더 내 혼합기의 유동이나 흡기온도 등에 따라서 최대속도의 점화시기는 달라진다. 너무 빠른 점화의 경우에는 혼합기압력이 아직도 낮으므로 연소의 제1기 지연기간이 길며, 압축일과 열손실이 크다. 또한 너무 늦은 점화의 경우에는 난류 감소와 연소실 체적이 증가하므로 주연소기간이 길어지며, 후연소가 많고, 배기계통의 과열을 초래하여 열효율과 출력의 저하를 일으킨다.

이외에도 화염속도에 영향을 미치는 것으로 흡기속도, 흡기온도 및 흡기압력을 들 수 있다.

9.1.3 이상 연소

내연기관에서의 이상연소는 혼합기가 불꽃점화에 의해 앞에서 설명한 정상연소를

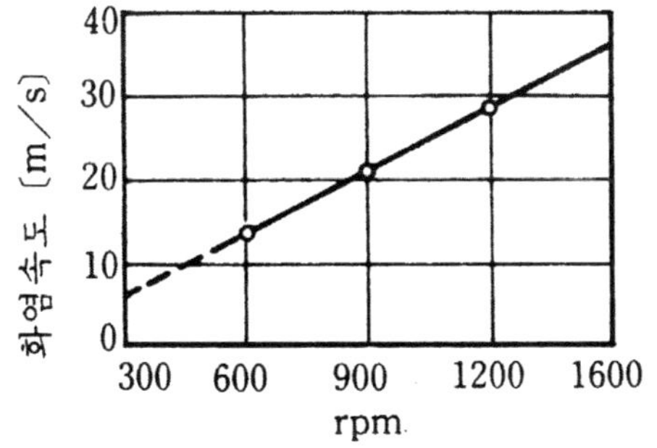

〈그림 9.5〉 회전수에 따른 화염속도

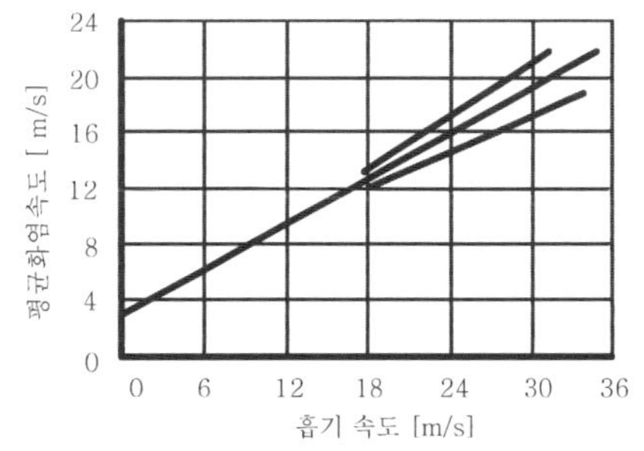

〈그림 9.6〉 흡기속도의 영향

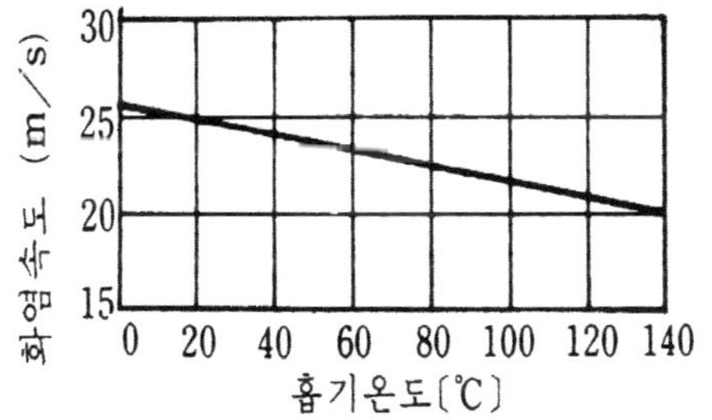

〈그림 9.7〉 흡기온도의 영향

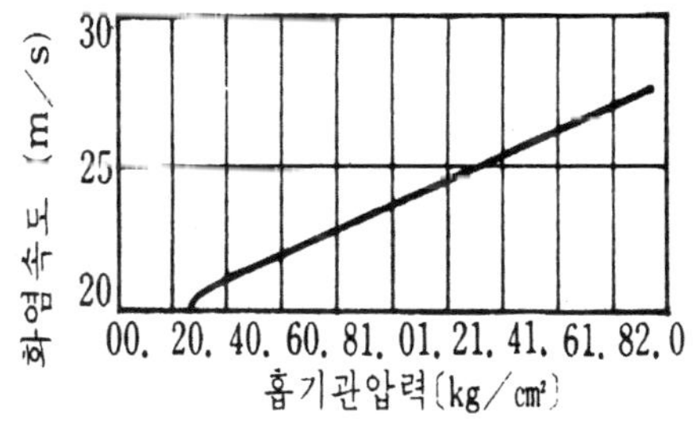

〈그림 9.8〉 흡기관 압력의영향

하지 않고 점화불꽃 이외의 착화원에 의해 연소실 내의 어떤 장소에서 화염면이 나타나 급격한 연소를 일으키는 것이다. 이상연소로는 정규의 화염전파에 의하지 않고, 미연혼합기가 순간적으로 폭발적 연소를 일으키는 노크와 정규의 점화시기와는 관계없이 연소실 내의 열점(Hot bulb)으로부터 생기는 표면점화가 있다. 이들은 어느 것이나 급격한 압력 상승을 가져오며, 피스톤 기타 연소실 주변을 손상시키는 경우가 있다.

CRC(Coordinate Research Council)에서는 이상연소를 그림 9.19와 같이 분류할 것을 제창하고 있다. 표 중에서 스파크 노크(spark knocking or knock)는

스파크점화에 의해 유발되는 이상연소이나 다른 이상연소와는 달라 점화시기의 조정으로 제어가 가능하다. 표면점화(surface ignition)는 스파크점화에서부터 정상적으로 화염면이 도달하기 이전에 과열된 점화플러그나 배기밸브 또는 연소실 내의 퇴적물 등의 과열면이 착화원으로서의 역할을 하여 발생되는 이상연소이다.

이 표면점화에는 정상적인 스파크점화 이전에 일어나는 조기점화(pre-ignition)와 후에 일어나는 지연점화(post-ignition)가 있다.

표면점화에는 노킹을 동반하는 경우와 그렇지 않는 경우가 있다. 또 불꽃점화를 중지하더라도 고부하 운전 후에는 표면점화를 계속하여 저속회전이 일어는데 이 경우를 특히 런온(run-on)이라고 부른다.

표면점화와 노크현상은 서로 밀접한 관계가 있으며 서로 도와 때로는 불안정하고 예민한 고주파의 파괴음을 발생하는 표면점화에 의해 유발되는 노크현상를 와일드핑(wild ping)이라 부르며, 또 압축비가 높게 되면 노크가 일어나지는 않해도 연소에 따른 압력상승율이 커 저주파의 둔한 뇌음이 발생하여 기관의 운전은 거칠게 된다. 이 현상을 럼블 (rumble)이라 부른다. 다시 압축비가 높게 (〉12)되면 럼블에서 한층 높은 저주파의 뇌음이 발생한다. 이것을 특히 더드(thud)라 한다.

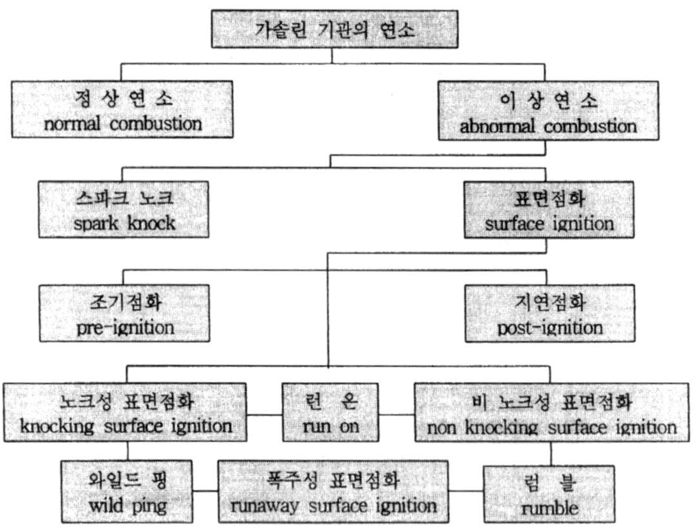

〈그림 9.9〉
이상연소의 분류

9.1.4 노 킹

가솔린기관에서 이상연소의 대표적인 노킹은 연소실 내에서 금속을 햄머로 두들기는 것 같은 이상한 타음이 발생되는 것이다. 이 현상은 전파화염이 전방의 미연혼합기가 압축되고, 고온이 되어 자기착화하기 때문으로 앞에서 설명한 바와 같이 높은 고주파의 압력진동이 일어난다.

이 현상은 1930년 경부터 알려져 있으며 그 원인에 대해서는 여러 가지 설이 있으나 현재 확인되고 있는 것은 미연소가스의 자기발화설(auto-ignition theory)이다. 노크 발생원인은 〈그림 9.0〉에서와 같이 점화플러그로부터 화염이 주위에 전파될 때 화염이 통과되어 연소가 완료된 부분은 아주 고온으로 되어 미연소부분의 온도는 큰 차이가 생긴다. 따라서 연소된 고온가스의 팽창으로 미연소가스(end gas)는 단열적으로 순간에 압축되어 온도가 높아지면서 화염핵이 형성되고 미연가스 전체가 동시에 자발화온도에 도달하여 순간적으로 많은 연료가 동시에 연소하게 된다. 이때의 화염전파속도가 정상 연소의 30~40㎧보다 훨씬 높아 300~2000㎧가 되고 그 결과 연소실내에서 불연속적인 압력상승이 일어나 격렬한 압력파가 발생되어 음속으로 실린더 내를 왕복한다.

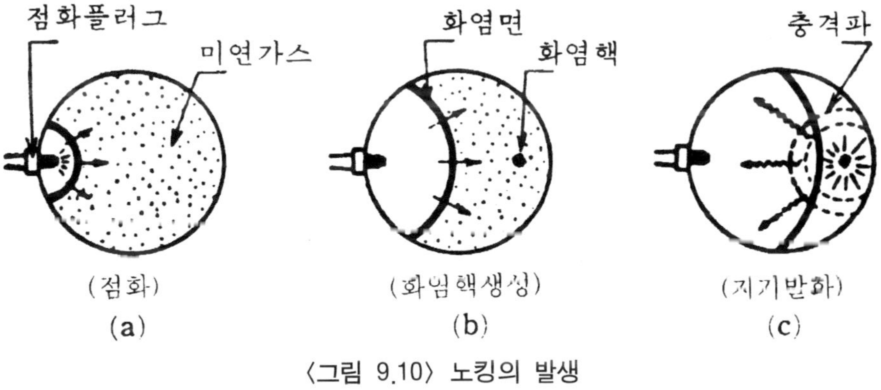

〈그림 9.10〉 노킹의 발생

노킹이 발생되면 기관의 냉각손실은 증가되고 출력이 저하된다. 또 최고연소압력이나 압력상승율의 증가로 기관을 구성하는 각 부분에 가해지는 응력이 커져서 고장의 원인이 된다. 또 노킹을 발견할 수 있는 가장 간단한 방법은 노킹 타음을 듣는 것 외에 노킹현상으로 배기색은 청색에서 황색으로, 다음에는 흑색으로 변화가 일어나며 또 실린더 헤드의 온도상승이나 압력상승으로 판단할 수 있다. 일반적으로 기관출력 부족, 운전의 상태, 배기온도의 저하 및 냉각수 온도의 상승에 의해 판단할 수 있다.

다음에 구체적으로 노킹이 어떤 운전 조건에서 일어나는가를 보면 다음과 같다.

① **제동평균유효압력이 높을 때** : 제동 평균유효압력은 압축비가 높아지거나 흡기압력이 높으면 된다. 〈그림 9.21(a)〉는 압축비와 노크의 강도관계를 표시하는 실험결과이다. 압축비와 흡기압력이 높아지면 화염속도가 빨라진다. 노크는 화염속도와 점화지연과의 상관관계에 의해서 결정되는데, 이 경우 점화지연이 최적치 이상으로 단축되면 노크가 일어나기 쉽다.

② **흡기온도가 높을 때** : 그림 (b)와 같이 노크의 세기가 증가한다. 흡기온도를 높이면 점화지연이 단축됨과 동시에 이 경우에는 화염속도가 늦어져 노크가 일어나기 쉽다.

③ **실린더 온도가 높아지거나 빨갛게 가열된 배기밸브와 같은 열점이 존재 할 때** : 그림 (C)는 물쟈키트의 온도와 노크의 세기를 표시한 것이며 물쟈키트의 온도, 즉 실린더 온도가 높아지면 점화지연이 단축되기 때문에 노크의 세기가 증가한다.

④ **회전속도의 저하** : 이로 인해 실린더 온도의 변화가 일어나지 않으면 그림 (d)와 같이 노크의 세기가 증가하게 된다. 이것은 화염속도가 회전속도의 저하와 더불어 저하되기 때문이다.

⑤ **혼합비의 영향** : 노크의 세기는 혼합비가 약 12.5일 때 최대가 되고 [그림 (e)], 이 혼합비보다 약간 낮은 (약 11.1) 혼합비에서는 화염속도가 최대로 된다.

⑥ **점화시기의 영향** : 혼합기의 최종 연소부분이 상사점보다 앞서 연소되도록 점화시기를 늦추면 노크가 일어나기 어려워진다[그림 (f)]. 또 점화플러그의 수를 1개가 아니고 2개를 설치하면 화염속도가 2배로 되기 때문에 노크가 일어나는 경향이 적어진다.

9.1.5 노킹의 방지 대책

노킹은 앞에서 설명한 바와 같이 미연소가스가 자기발화되는 현상인데, 높은 압축비에 대해서 이를 방지할 수 있는 대책으로서는 다음과 같은 사항을 생각할 수 있다.

① 자발온도가 높은 연료를 사용하든가 또는 같은 압축비에서도 혼합기 온도를 저하시킬 수 있는 연소실의 형상이나 냉각법을 채택한다.

② 착화지연기간이 긴 연료, 또는 길게 할 수 있는 방법을 택한다.

③ 연소속도가 빠른 연료, 혼합비, 점화시기의 선정 및 연소속도를 빨리 하기 위한 연소실 내의 가스유동을 촉진시키는 방법을 취한다.

④ 정상화염의 전파거리를 되도록 짧게 하기 위한 구형에 가까운 연소실과 그 중앙에 점화플러그를 설치하는 방법을 취한다.

이상 네 가지 사항을 모두 사용 연료, 기관의 구조, 운전조건의 면에서 생각해 본다.

1) 연료 : 자발화온도, 착화지연, 연소속노 등 노킹에 관계되는 요소는 연료중이 성분에 따라 다르므로 그 대책이란 먼저 안티 노크성을 향상시키는 것이다.

일반적으로 분자구조가 간단한 것이 탄소수가 많으며 긴 쇄상의 것보다 인디노크성이 강하다. 가령 프로판을 주성분으로 하는 LPG나 방향족계는 노크가 잘 일어나지 않는다. 이와 같은 분자는 원유의 생산지에 따라 함유율이 다르나 화학공업적 분해(cracking)나 결합으로 제조할 수 있다.

또 소량의 첨가제를 가해서 안티노크성을 향상시키는 방법이 있다. 그 가운데 가장 효과가 좋은 것이 착화지연을 증가시키는 작용을 하는 납(鉛)이며 가용성으로 하기 위해 4에칠납(Pb(C_2H_5)4)을 사용하고, 또 연소 후 납이 연소실에 퇴적되는 것을 방지하기 위해 납을 제거하는 약제로 염소와 취소화합물을 동시에 혼합하여 첨가한다.

이 첨가제는 1921년 Midgley와 Boyd에 의하여 발견된 것인데 아주 강한 독성을 가지고 있기 때문에 그 취급에 특별한 주의가 필요하다. 4에칠납의 첨가는 포페트 밸브의 밸브시이트 사이의 내마모작용에도 좋은 결과를 가져오는 부가적 효과도 있다. 그러나 최근에 공해문제 때문에 무연가솔린이 사용되면서 스테라이트와 같은 특수한 재료를 배기밸브 시이트에 사용하지 않으면 주철의 밸브 시이트에는 금속분이 퇴적하여 시이트부는 이상마모현상이 나타나 밸브가 마지막에는 제구실을 못하게 된다. 이 현상을 **배기밸브 리세션** (recession)이라 한다. 이것은 가솔린에 약 0.003%의 가연으로 방지되지만, 배기정화 방법의 하나인 산화촉매에서는 이 량으로도 촉매의 열화작용을 무시할 수 없는 정도이다.

2) 연소실의 형상 : 연소실의 형상은 점화플러그로부터 멀리 떨어져 있는 부분의 공간을 없애고 가능한 중심부에다 플러그를 장착하여 화염의 전파 거리를 줄여준다. 그러므로 사이드밸브식보다 두상밸브식이 좋으며 그 모양은 반구형이 좋다.

또 혼합기에 와류나 난류를 만들어 주면 화염속도가 증대되는데 흡기밸브에 안내판(shroud)을 붙여 유입공기에 선회운동을 주어 화염속도를 증대시키는 방법의 하나이다.

미연가스의 자발화를 늦추기 위해서 미연가스부를 냉각시키거나, 배기밸브가 가장 고온이 되기 쉬운 미연가스부에서 먼 위치에 설치하거나, 밸브의 온도를 저하시키는 구조로 한다. 또 실린더 헤드의 재료를 Al 합금으로 하여 냉각작용을 증가시켜도 노킹이 방지된다.

위와 같은 여러 가지 현상을 고려하여, 밸브배치나 점화플러그의 위치를 포함하여 많은 형상이 연구되어 왔으며, 노킹을 위한 양호한 연소실에 대해 살펴보면 다음과 같다.

① 표면적을 적게 한다. 이것으로 열손실을 줄이고, 화염의 진행 거리를 단축시켜 노크 방지면에서 유효하다.

② 혼합기의 유동에 적당한 난류를 준다. 난류연소를 실현시켜 정상연소의 연소속도를 빠르게 하여 노크를 방시한다.

③ 적당하게 무리없이 냉각시킨다. 이것도 노크나 조기화염 등을 방지함과 동시에 고온연소로 인한 NO_x 발생을 방지한다.

④ 밸브면적은 되도록 크게 해서 흡·배기의 손실을 방지한다.

3) 운전조건 : 점화시기가 빠를 때는 상사점 선의 연소진행이 많고 연소 중 가장 높은 온도와 압력 상태에 있기 때문에 노킹이 일어나기 쉽다. 따라서 출력이나 효율을 희생시키더라도 노킹을 방지하기 위해 점화시기를 늦추어야 하는 경우도 있다. 기화를 잘 시키기 위해 흡기를 가열하는 것은 노킹 방시면에 좋지 않고, 희박한 혼합기에서는 연소속도가 느리고 배기온도가 높기 때문에 밸브의 온도도 높게 되여 노킹이 일어나기 쉬우며, 낮은 회전에서도 가스유동이 적어 노킹이 일어나기 쉽다. 고속에서는 연소에 필요한 크랭크 각도는 같더라도 미연가스가 자발화를 일으킬 때까지의 준비기간이 짧아 노크가 잘 일어나지 않는다.

위에 설명한 노킹 방지 방법을 사용연료의 성상과 연소실 내의 미연가스의 상태의 관점에서 요약하여 본다.

① 안티 노크성이 강한 연료를 사용 : 앞에서 설명한 바와 같이 기관의 압축비에 대응하여 옥탄가가 높은 연료, 즉 착화지연이 긴 연료를 사용한다.

② 미연가스의 온도와 압력의 저하 : 미연가스의 온도를 낮게 하기 위해 냉각수 온도를 낮게 하고 또 흡기온도를 저하시키고 또 과농혼합기를 사용한다.

③ 화염속도를 빠르게, 화염전파거리를 짧게, 또 미연가스를 고온으로 하지 않

고 시간을 짧게 하여 정상연소를 빨리 완료한다. 이를 위해 연소실의 형상, 점화플러그의 위치와 개수의 선택을 최적으로 한다.

9.2 디이젤기관의 연소

9.2.1 착화

디이젤기관은 스파크점화가 아니고, 잔류가스를 포함한 공기만을 높은 압축비로 압축하여 연소실 내 공기의 온도가 고온(500~900℃ 정도)으로 되었을 때 즉 이러한 자발화점 이상의 압력 · 온도가 된 상태에 연료를 분사하여 점화 및 연소를 시키는 것이다. 연료의 액적은 고온 공기 중에서 빨리 증발하여 공기와 혼합하지만 가솔린기관과 같이 균일 혼합비는 아니고 〈그림 9.11〉과 같이 분무의 중심부는 과농하고 분무에서 떨어진 곳은 희박하며, 그 중간 어디인가에 한 곳 또는 몇 개의 곳에 착화에 적합한 혼합기가 형성되어 그곳에서 착화가 일어난다. 따라서 공기 · 연료비를 조정하는 장치는 필요하지 않으며 흡기공기는 언제나 동일하고 분사연료량만을 부하에 맞게 가감하면 된다. 착화시동이 잘되고, 못되고는 압축이 끝날 때의 온도, 압력 및 연료무화의 정도에 따라 결정되며, 한냉 시의 저회전이나 기밀불량, 분사장치가 나쁠 때는 시동이 잘 되지 않는 것도 이 때문이다.

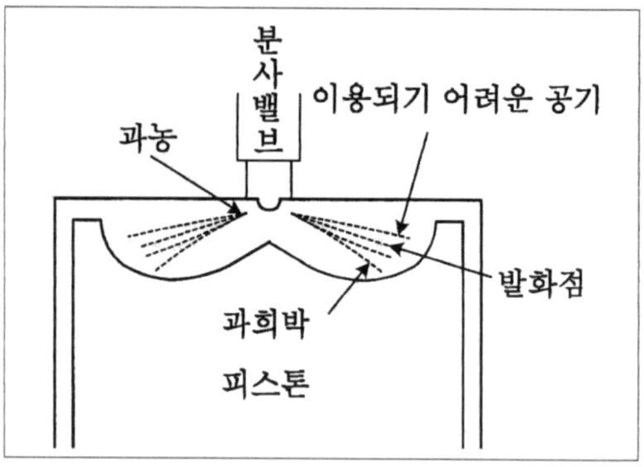

〈그림 9.11〉 디젤기관 내의 연료분사

9.2.2 정상연소의 과정

연료가 분사되어 액적이 만들어지고 그것이 분사된 연료미립자가 가열되어 증발함에 따라 가연성혼합기가 형성되고 자발화온도 이상이 되면 착화된다. 자발착화기에 이르기까지 가연성 혼합기가 형성되는 시간을 물리적 착화지연이라 한다. 그러나 혼합기가 자발화온도에 도달했다고 해서 즉시 착화되는 것은 아니고 그에 앞서 산화반응이 일어나면서 화학적 조건이 구비되어야 한다. 이 화학적 조건이 구비되고 착화까지의 시간을 화학적 착화지연이라 하며 연료가 분사되고 착화까지의 전체 기간 즉 물리적착화 지연에 화학적 착화지연기간을 합한 전 기간을 착화지연(ignition lag)이라 한다.

디젤기관의 정상연소 시, 연소실의 압력, 연료분사율 및 열발생율의 관계를 〈그림 9.12〉에 보이며, 그 점화 및 연소과정은 크게 4부분으로 분류해 볼 수 있다.

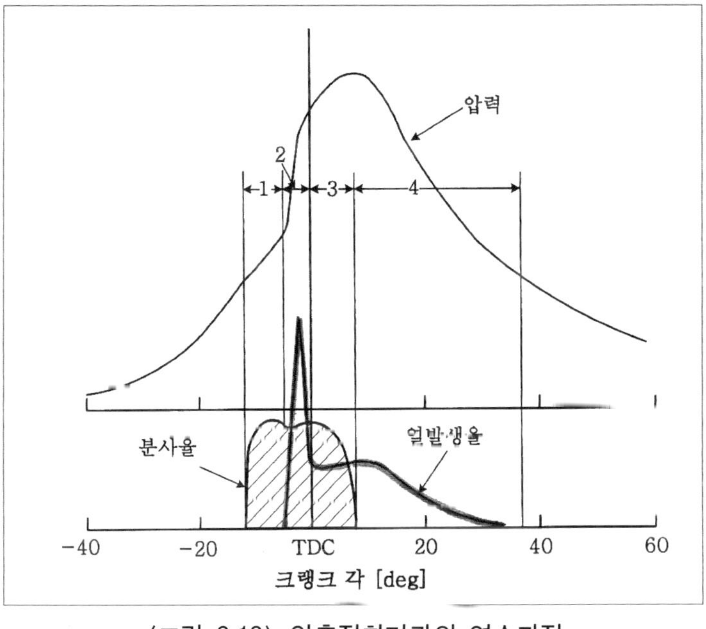

〈그림 9.12〉 압축점화기관의 연소과정

1) **착화지연기간** : 분사시작으로부터 자발점화까지의 기간으로 이 기간에는 분사된 연료입자가 가열되고 증발함에 따라 가연성혼합기가 형성되는 기간이다. 이때는 연소실 내의 혼합기의 상태 및 온도는 불균일하다.

이 기간은 보통 0.7~3ms정도이다.

2) **무제어연소기간** (uncontrollable combustion period) : 이것은 착화에 의해 압력이 급상승하는 기간이다. 착화지연 기간 중에 분사된 연료는 고온공기와 혼합되어 연소준비가 되어 있기 때문에 일부에서 착화가 일어나면 순간적으로 동시에 연소하며 압력은 급격히 상승한다. 이 기간을 무제어연소기간이라 하며 연소가 폭발적으로 일어나기 때문에 폭발적연소라고도 한다. 이 연소는 예혼합연소로 착화지연 기간 중의 분무과정에는 관계가 없고 그 사이에 분사된 양만에 영향을 받으며, 연소속도는 10~30㎧이다. 착화지연이 길수록 압력상승율은 급격하고 또 크며, 어느 정도 이상으로 커지면 기관이 노킹음을 발생하게 된다. 이것이 디젤노킹이다.

3) **제어연소기간**(controllable combustion period) : 무제어 연소기간의 끝에서 연료분사가 끝날 때까지의 기간이다. 일단 실린더 내에 연소가 확산되면 압력 및 온도는 충분히 높게 되어 있기 때문에 반응속도가 촉진되어 착화지연은 거의 없고, 계속해서 분사된 연료는 산소와 혼합하면서 분사와 동시에 착화된다. 연소는 분사율에 의해 제어가능한 상태가 되며, 압력은 최고가 된다. 순수한 확산연소로 볼 수 있으며 이 기간의 압력상승은 분사율, 연료입자와 공기의 상대속도, 연료의 증발, 확산, 실린더 내에 남아 잇는 산소량에 의해 지배된다. 이 기간에서는 분사노즐에서 분출하고 있는 듯한 모양의 화염이 관찰된다.

4) **후연소기간**(after burning period) : 연료분사가 종료된 후에도 실린더 내에서는 연소가 계속 진행된다. 이와같이 연료분사 종료로부터 연소가 끝날 때까지의 기간을 후연소기간이라 한다. 이 기간에서는 제어연소기간보다 실린더 내의 산소농도가 감소되었기 때문에 이 기간에서의 연소는 잔존하고 있는 연료가 산소와 만나는 속도로 지배된다.

고속, 고부하에서는 50~60℃이며 최후까지 산소를 만나지 못한 연료는 그대로 매연으로 배출된다. 연료의 미립화가 좋지 않을수록 후연소기간은 길어지며, 이 기간이 길면 효율이 떨어지고 배기온도가 높아져 배기밸브 등 장해의 근본이 된다. 이 기간은 보통 전 연소기간의 50%를 차지한다.

이상과 같이 디이젤기관의 성능을 향상시키기 위해서는 연료의 무화 및 분포를 최적화시키야 하고, 착화지연은 짧아야 하며 또 연료입자와 공기와의 혼합촉진이 가장 중요하다.

9.2.3 디젤 노크

착화지연 중의 연소실에 분사된 연료량이 누적되어 다량의 연료가 급속히 연소하여 압력상승이 비정상적이고 높은 충격음을 발생하는 현상이 발생하는데, 이를 디젤 노크(diesel knock)라 한다. 디젤노크는 이상연소가 아닌 정상연소이기는 하나, 압력상승율이 높기 때문이다. 일반적으로 디젤기관에서의 압력상승율은 정상연소일 때도 가솔린기관보다 높다.

디젤 노크의 발생원인은 압력상승율 $dP/d\theta$가 크기 때문이며, $dP/d\theta = 5 \sim 6$ at/deg를 넘어서면 노크음이 발생된다고 알려지고 있다. 노크음의 원인은 압력의 불연속상승으로 크랭크기구의 진동에 기인되는 것이며 운동부분의 간격을 조정하여 강성을 증가시키면 소리를 줄일 수 있다. 일반적으로 $dP/d\theta$가 높게 되는 원인은 착화지연이 길기 때문이다.

기관의 시동 시나 아이들링 때는 아이들링 노크(idling knock)의 발생이 나타난다. 그 원인은 흡기계나 실린더 벽 등이 저온이고 압축 중 가스 누출이 많아 압축공기온도가 낮아 착화온도에 도달치 못해 착화지연이 길기 때문이다. 거기다 윤활유의 점도가 높아 마찰손실이 커지고 기관의 회전속도가 빨라지지 않고, 한편으로는 분사되는 연료의 양은 많아져 점차 착화지연이 길어져 노크 발생의 원인이 된다.

9.2.4 디젤 노크의 방지대책

노크는 폭발연소 기간에서 압력상승의 급증에 의해 발생되므로 착화지연기간을 단축시키기 위해 연료 분사량을 조정하고 압력 상승율을 작게 하여야 한다. 구체적인 방법은 다음과 같다.

① 세탄가가 높은 연료를 사용 : 착화지연기간이 짧은 연료를 사용한다.

② 착화할 때까지 분사하는 연료량 제한 : 분사의 전방에 분사율을 적게 하는 분사방법인 파이럿트 분사(pilot injection)를 이용한다.

② 연소실 내의 공기온도 상승 : 예열장치를 사용하여 흡기온도를 높여 준 다.

③ 연소실벽 온도를 상승 : 특히 시동 시에는 온수를 순환시켜 연소실벽 온도를 높이도록 한다.

④ 분사 시에 공기압력의 증가 : 압축비를 증가시키거나 과급, 또는 착화지연기간 중 공기압력이 최고가 되는 시기에 연료를 분사시킨다. 〈그림9-13〉은 파이럿트 분사의 한 방법이다.

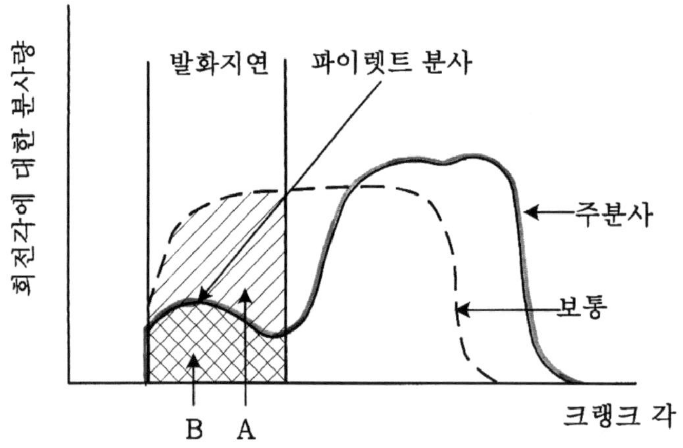

〈그림 9.13〉 파이럿 분사

9.2.5 가솔린 노크와 디젤 노크의 비교

가솔린기관의 노크는 정상연소와는 완전히 다른 현상이나 디젤기관의 노크는 본질적으로 정상연소와는 큰 차이가 없고 다만 착화지연의 차이만 틀린다. 어느 것이나 노크는 혼합기의 자발착화에 의해 순간적인 연소압력의 급상승으로 발생되는 것이다. 즉 가솔린 노크는 미연소가스의 연소가 점화플러그에 의한 화염전파에 의하지 않고 자발화하는데 비해, 디젤 노크는 자기착화할 때까지의 혼합기량의 과다로 인해 발생하는 착화지연이 원인으로 되는 점이 다르다.

가솔린 및 디젤노크의 원인을 보면 전자는 착화지연이 짧기 때문에, 후자는 길기 때문에 일어난다. 따라서 그 원인이 서로 반대이므로 노크를 줄이는 방법도 서로 상반된다. 노크를 경감시키는 여러 요소를 살펴보면 〈표 9.2〉와 같다.

〈표 9.2〉 노크 억제에 대한 방향

인자	가솔린기관	디젤기관	인자	가솔린기관	디젤기관
연료 착화온도	높다	낮다	압축비	낮다	높다
연료착화지연	길다	짧다	연소실벽온도	낮다	높다
착화지연급기온도	낮다	높다	기관회전수	높다	낮다
급기압력	낮다	높다	실린더 크기	작다	크다

연습문제

1. 가솔린기관의 연소과정을 설명하시오.

2. 가솔린기관의 정상 연소과정을 설명하시오

3. 가솔린 기관에서의 이상연소를 설명하시오.

4. 가솔린기관에서의 노킹 발생 메카니즘 및 방지책을 설명하시오.

5. 디젤기관의 연소과정을 설명하시오.

6. 디젤기관의 정상연소 과정을 설명하시오.

7. 디젤기관의 노킹 발생 메카니즘 및 방지책을 설명하시오.

10

대기오염과 연소생성물

대기오염

대기의 조성
대기오염의 정의 및 원인
대기오염 관련 사건
국내현황
대기환경 기준

연소생성물과 방지

일산화탄소(CO)
탄화수소(HC)
매연(Soot)
질소산화물(NO_x)
황산화물(SO_x)

제10장

대기오염과 연소생성물

10.1 대기오염

10.1.1 대기의 조성

대기오염은 항상 여러 가지 형태로 지구상에 존재하고 있다. 자연에서 식물이나 동물의 생체가 부패하여 생기기도 하고, 화산의 폭발, 산불, 해양생물, 토양 및습지 등에 의하여 많은 양의 대기오염물질이 자연적으로 배출되기도 한다. 또한 각종 산업 활동에 의하여 인위적으로 발생하며, 황사나 산성비와 같이 장거리로 이동되기도 한다.

자연적인 대기오염물질의 대표적인 것으로 먼지는 화산폭발이나 산불이 일어날 때 대량으로 발생하며 황사와 같이 바람에 의해서 장거리로 이동되기도 한다. 일산화탄소는 산불, 해양 생물 등에 의해서 생성되며 탄화수소나 질소산화물은 토양이나 습지의 미생물의 분해작용에 의하여 생성된다.

자연적으로 발생하는 대기오염물질은 지구의 자정작용에 의하여 생성과 소멸이 균형을 유지하면서 일정한 대기의 조성을 유지해 왔다.

그러나 최근 산업용 공장, 자동차의 급증 등 산업의 급속한 발전으로 대기오염의 심각성이 고조되고 있다.

지표면에 가까운 깨끗한 공기 성분과 농도는 건조공기의 기준으로 질소(N2) 78.09%, 산소(02) 20.94%, 아르곤(Ar) 0.93%, 탄산가스(C02) 0.035%로서 대부분을 차지하고 있으며 기타 비활성 물질과 대기오염 물질이 0.005% 정도 포함되어 있다.

10.1.2 대기오염의 정의 및 원인

대기오염은 옥외 공기에 분진, 연기, 갓, 안개, 냄새, 매연 등이 한가지 또는 그 이상 존재하여 인간, 동물, 식물에 피해를 준다. 세계보건기구(WHO)는 대기오염을 다음과 같이 정의하고 있다. 대기오염이란 대기 중에 인위적으로 배출된 오염물질이 한 가지 이상이 존재하여, 오염물질의 양, 농도 및 지속시간이 어떤 지역의 불특정 다수인에게 불쾌감을 일으키거나 해당 지역에 공중 보건상 위해를 끼치고, 인간이나 동물, 식물의 활동에 해를 주어 생활과 재산을 향유할 정당한 권리를 방해받는 상태를 말한다.

우리나라에서는 대기환경보전법에서 “대기오염으로 인한 국민건강 및 환경상의 위해를 예방하고 대기환경을 적정하게 관리 · 보전함으로써 모든 국민이 건강하고 쾌적한 환경에서 생활할 수 있게 함을 목적으로 한다”라고 규정하고 있다.

지구 대기오염의 주요한 원인은 과거에 있어서나 현재에 있어서나 화석연료, 즉 석탄, 석유연료의 연소에서 발생한다.

먼저 발생원으로는 화력발전소, 제철제강소, 선박, 난방, 쓰레기 소각장, 최근은 급증하는 자동차등을 들 수 있다.

공장 등을 고정 발생원이라면 자동차, 선박 등은 이동 발생원이라 할 수 있다.

어떤 지역의 대기 오염 상태는 그 지역의 도시나 산업 구조, 규모, 활동 등으로 지배되는 오염물질 총 배출량과 그 지역의 기상조건 등이다.

대기오염물질은 물리적인 성상에 의하여 가스상 물질과 입자상 물질로 분류하고, 생성과정에 의해 1차 오염물질과 2차 오염물질로 구분한다. 1차 오염물질이란 공장의 굴뚝자동차의 배기관 등을 통하여 직접 배출되는 오염물질을 말하며, 2차 오염물질이란 1차 오염물질이 대기 중에서 물리 · 화학반응을 일으켜 생성되는 오염물질을 말한다. 이러한 대기오염물질은 대기환경보전법에서 별도로 정하고 있으며, 자동차에서 배출되는 1차 오염물질로는 일산화탄소(CO), 탄화수소(HC), 질소산화물(NO2), 황산화물(SOx)과 같은 가스상 물질과 매연과 같은 입자상 물질이 있으며 2차 오염물질은 이산화질소(NO2)와 광화학반응에 의하여 생성되는 오존(03)이 있다.

10.1.3 대기오염 관련 사건

대기오염으로 인한 인간의 피해 역사는 매우 오래 전으로, 대기오염의 역사는 인간이 불이라는 에너지를 사용하면서 시작되었다고 볼 수 있다. 산업의 발달로 13세기부터 연료가 목재에서 화석연료인 석탄으로 옮겨지고, 석탄의 소비량이 증가함에 따라 활발한 산업 활동이 제일 먼저 일어났던 영국에서 대기오염이 심각하게 대두되었다. 13세기 초에 영국의 에드워드 1세는 의회의 회기 중에 석탄의 사용을 금지시켰으며, 15세기 말에는 여왕 엘리자베스 1세가 석탄 매연에 의한 고통을 의회에 호소하여 궁전 근 처에서는 석탄사용을 금지시켰다.

이와 같은 대기오염은 영국뿐만 아니라 산업화가 활발해지면서 각국에서 발생하기 시작하였다.

세계적인 관심의 대상이 되었던 몇 가지 대기오염 사건에 대하여 간단히 살펴보고자 한다.

세계적인 대기오염 사건을 살펴보면 1930년대부터 제강이나 발전설비 등 공장 밀집지역의 공장에서 배출되는 유해가스에 의한 인명피해가 발생하여 최초의 근대화에 의한 대기오염 사고로 기록되었다.

1952년 대도시인 영국 런던에서 석탄연료 사용에 의한 공기오염 사고(London smog)가 발생하면서 본격적인 공기오염방지법(Clean Air Act)이 제정되기 시작하였다.

1954년 이후 미국 로스앤젤레스에서 발생한 대기오염 사건(LA smog)은 자동차에서 발생하는 2차 오염물질인 오존에 의한 최초의 대기오염 사건으로 기록되었고, 이 사건으로 인하여 Clean Air Act 제정과 환경문제를 담당하는 EPA(Environmental Protection Agency; 환경청)를 설치하게 되었으며, 이후부터 본격적으로 대기오염에 대한 배기규제가 시작되었다.

〈표 10.1〉 세계적인 대기오염사건

사건명	발생년도 및 장 소	원 인	피 해	비 고
뮤즈 계곡 사건	1930. 12 벨지움 뮤즈계곡	3일간의 안개현상과 무풍에 기온역전 (CO, SO2)	기관지 점막증 등 급성 호흡기환자 6,000명 발생 ⇨ 60명사망	제강, 발전설비, 아연공장, 황산공장이 있는 공장지대
도노라 사건	1948. 10 미국 펜실베니아 도노라	4일간의 안개 현상 SO2+황산미립자	호흡곤란, 폐통증 등 호흡기질환자 급증 ⇨ 인구 14,000 중 5,900 환자 ⇨ 18명 사망	대규모 제강공장, 황산공장이 위치
런던 스모그	1952. 12 영국 런던	고기압, 무풍, 기온역전, 석탄연료 사용에 따른 SO2, CO, 분진	호흡기 및 안질환자 발생 ⇨ 발생 3주후 4,000 과다사망, 발생 2개월 후 8,000명 과다사망	1953년 Committee on Air Pollution 설치 ⇨ 1956년 Clean Air Act 제정
로스앤젤레스 스모스	1954이래, 8-9월	무풍, 기온역전 자동차배출가스	안실 및 호흡기질환자 발생	Dorano, LA smog 이후 1957년 Clean Air Act 제정 ⇨ 1971년 EPA 설치

1) 뮤즈(Meuse) 계곡 사건

벨기에 동쪽에 위치한 수도 리즈시 옆을 흐르는 뮤즈강 유역 100m 깊이의 계곡에는 24km에 걸쳐 코크스로, 용광로, 화력발전소, 유리공장, 석회로, 아연 제련소, 황산공장 및 비료공장 등 많은 공해 유발 공장들이 입주해 있었다.

1930년 12월 1일부터 5일까지 벨기에 전국이 고기압 세력권에 있었고, 뮤즈강 유역은 짙은 안개가 끼고 지상 약 80m 부근에 복사역전층이 생성되었다. 약 50~60m의 공장굴뚝에서 배출된 연기는 뮤즈강 상류의 좁은 계곡으로 흘러들어 정체되어 있었다. 이러한 기상악화와 오염물질의 정체가 지속된지 3일부터 지역주민 중에 호흡기환자가 많이 발생하였고 이중 63명이 사망하였으며, 수천 명의 호흡기환자가 발생한 대기오염 사건이다.

이 사건은 뮤즈강 유역의 공장 및 가정의 굴뚝에서 배출된 석탄연기가 복사역전층의 형성에 따라 정체 축적되고 매연입자에 흡착된 황산미스트를 흡입하여 호흡기질환을 야기시킨 것으로 추정되었다.

2) 도노라(Donora) 사건

미국 펜실베이니아주 피츠버그시의 남쪽 약 25km 되는 곳에 위치한 도노라시는 당시 인구약 13,000명의 조그마한 도시였다. 이 도시의 서쪽에는 모논가헬라(Monongahela) 강이 흐르고 강의 양쪽에는 높이 약 100~120m의 구릉지대였다. 강 연안을 따라 약 5km에 걸쳐 아연제련소와 제철소가 있었으며, 구릉쪽에 위치한 주택가는 굴뚝높이인 23~38m와 거의 같은 위치에 있었다.

1948년 10월 마지막 주에 미국 동북부의 광대한 지역이 고기압권에 위치하여 역전층이 형성되고 바람이 거의 없었고 27일부터 29일까지 아침에는 안개가 발생하였다. 29일 오후부터 호흡기질환자가 갑자기 증가하기 시작하였으며, 30일 오전부터 사망자가 발생하여 이날 하루만에 17명이 사망하였다. 31일에 비가 내려 안개가 거치게 되었으나, 이 기간 중 전주민의 43%가 호흡기, 눈, 목 등에 피해를 입었으며, 특히 중 · 노년층이나 심장 또는 호흡기에 만성적인 징후가 있는 사람들에게 피해가 컸다.

이 사건도 뮤즈계곡의 피해사건과 마찬가지로 공장 굴뚝에서 배출된 이산화황이 먼지의 촉매작용에 의하여 황산미스트를 형성하고, 이것이 복사역전층으로 인하여 대기 중에 정체되어 피해를 준 것으로 추정되었다.

3) 런던 스모그(London smog) 사건

런던형 스모그는 석탄이나 석유와 같은 화석연료의 연소시 발생하는 이산화황(S02)과 먼지가 수분과 반응하여 생성되는 것으로서 황산화물에 의한 스모그(sulfurous smog)라고도 한다.

런던스모그는 1952년 12월 5일에서 9일 사이에 발생하였는데, 당시 영국의 전 지역이 안개가 끼고 정체되었으며, 특히 템스강 유역에 위치한 런던은 역전층이 60~150m로 낮게 형성되어 가정과 공장에서 배출된 오염물질이 확산되지 못하고 축적되어 호흡기 환자수가 급증하여 4000여 명이 사망하였으며, 45세 이상의 노인과 유아, 그리고 만성기관지염 환자 및 천식 환자 의 피해가 컸다. 런던 스모그 발생 시의 대기오염농도와 사망자수의 관계를 〈그림 10.1〉에 나타내었다.

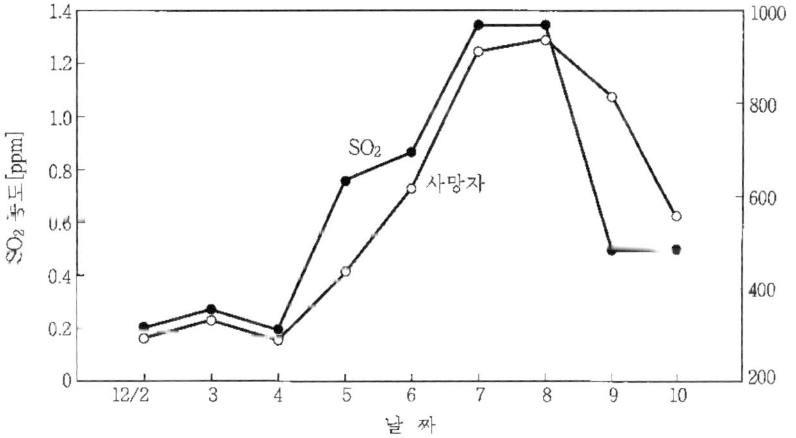

〈그림 10.1〉 런던 스모그 발생시 S02 농도와 사망자수

오염발생원은 주로 가정난방용 석탄과 화력발전소에서 배출된 매연과 이산화황으로 추정되었으며 매연의 농도는 평상시의 5배까지 증가하였고, 이산화황의 농도는 1.3ppm, 매연농도는 4.5mg/m3에 달했다.

런던에서의 피해는 도노라에서와 마찬가지로 안개입자에 흡수된 이산화황이 석탄먼지의 촉매작용으로 황산미스트를 형성하여 큰 피해를 준 것으로 추정되었다.

4) LA스모그 사건

로스앤젤레스 스모그는 질소산화물과 탄화수소가 대기 중에 많이 존재할 강한 햇빛(자외선)과 반응하여 오존(O3), 알데히드, 팬(PAN; peroxy acetyl nitrate) 등과 같은 2차 오염물질인 광화학 옥시던트(photochemical oxidants)를 생성함으로써 대기오염을 일으키는 광화학 스모그(photochemical smog)이다.

로스앤젤레스 스모그는 1940년 미국의 로스앤젤레스 지역에서 처음 발생하여 식물에 피해를 주었고, 1950년경에는 사람에게도 큰 피해를 준 유명한 대기오염 현상이다.

1954년부터는 대부분의 로스앤젤레스 시민이 눈, 코, 기도, 폐 등의 점막에 지속적이고 반복적인 자극과 일상생활에 있어서 불쾌감을 호소하였으며 가축 및 농작물의 피해가 나타났고 고무제품의 노화 등 재산상의 피해가 크게 나타났다.

로스앤젤레스 지역은 지리적으로 서쪽이 태평양에 연해 있는 분지로서 기상조건도 연간 평균풍속이 3m/s이며 북태평양 동부에 반영구적으로 존재하는 고기압의 동쪽 끝에 위치하고 있기 때문에 여름과 가을에는 항상 침강성 역전층이 형성되므로 도시에서 발생하는 오염물질이 상공으로 확산되지 못 하고 축적되어 있으면서 강한 햇빛에 의해 광화학반응을 일으켜 스모그를 생성시킨다. 로스앤젤레스시의 스모그 발생시 오염물질농도의 시간대별 변화 추세를 그림 10.2에 나타내었다.

또한 로스앤젤레스 스모그 특성을 런던형 스모그 특성과 비교해 보면 〈표 10.2〉와 같다.

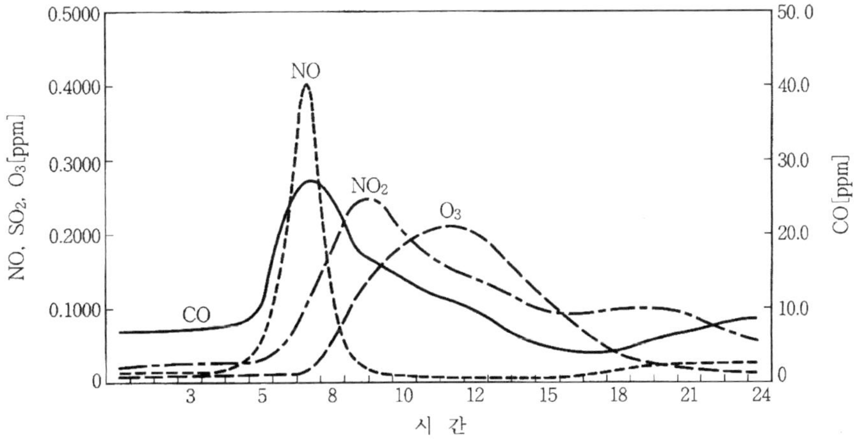

〈그림 10.2〉 로스엔젤레스시의 광화학 스모그 발생시 대기오염도의 시간대별 변화

〈표 10.2〉 런던형 스모그와 로스앤젤레스 스모그의 특성비교

내 용	로스앤젤레스 스모그	런던 스모그
발생시의 기온	24~32℃	1~4℃
발생시의 상대습도	70 %	85 % 이상 (+안개)
역전의 종류	침강성 역전	복사 역전
풍 속	2.2 m/s	무풍
스모그가 심할 때의 시정	1.6~0.8 km이하	100 m 이하
제일 발생하기 쉬운 달	8월, 9월	12월, 1월
사용하는 주연료	석유계 연료	석탄 및 석유계 연료
주요 성분	오존, 유기화합물, 질소산화물, 일산화탄소	황산화물, 입자상 물질, 일산화탄소
반응의 형태	광화학반응 + 열반응	열반응
화학적 반응	산화	환원
제일 발생하기 쉬운 시각	1~3시	이른 아침
인체에 대한 주요 영향	단시간에 눈의 자극	기관지의 자극 호흡기계 질환자의 사망률을 증가시킴

10.1.4 국내현황

우리나라에서도 1980년대 이후부터 대기오염으로 인한 시정 장해 현상 등이 심화되고 있고, 특히 서울에서는 "서울 스모그"라는 새로운 용어를 탄생시키기에 이르렀다. 서울 스모그 발생은 가정용 연료의 연소와 노천소각에 의한 일부 원인과 함께, 대부분은 자동차 배출물질에 의해 유발되는 대기 스모그 등의 미세입자상물질에 의해 복합적으로 나타나는 것으로 알려지고 있다.

특히 자동차의 급증하는 시점에서 서울지역의 자동차로부터 배출되는 오염비중은 1991년 54.5%에서 매년 증가하며 1997년부터 85%를 넘어섰다.

자동차에서 배출되는 오염물질은 1996년 기준으로 170만톤으로 전국 전체 오염물질의 38.5%를 차지하며, 이중 CO와 HC 기여도는 87%를 훨씬 상회하고 NOx의 경우도 41%를 넘고 있다.

10.1.5 대기환경 기준

우리가 매일 숨쉬고 살아가는 데 필요한 공기가 오염되면 국민의 건강이나 환경상에 위해를 줄 수 있기 때문에 인간이 건강하고 쾌적한 환경에서 생활할 수 있게 하기 위해서는 대기환경을 관리하고 보전할 필요가 있다. 이를 위해서 정부에서는 대기환경기준을 정하고, 이 기준을 달성하기 위한 여러 가지 대기관리대책을 추진하고 있다. 우리나라의 대기환경기준을 미국, 일본 환경기준 및 WHO 권고기준과 비교해 보면 〈표 10.3〉와 같다.

〈표 10.3〉 대기환경기준

구분			한국	미국	일본	WHO 권고기준
이산화황(SO_2) [ppm]		연평균	0.03	0.03	-	0.012~0.023
		24시간평균	0.14	0.14	0.14	0.04~0.06
		1시간평균	0.25	-	0.10	-
먼지 [μg/m³]	총부유먼지 (TSP)	연평균	150	-	-	60~90
		24시간평균	300	-	-	150~230
	미세먼지 (PM10)	연평균	80	50	-	
		24시간평균	150	150	100/200[1]	70
오존(O_3) [ppm]		8시간평균	0.06	-	-	0.05~0.26
		1시간평균	0.10	0.12	0.06	0.08~0.10
이산화질소(NO_2) [ppm]		연평균	0.05	0.053	-	-
		24시간평균	0.08	-	0.04~0.06	0.08
		1시간평균	0.15	-	-	0.21
일산화탄소(CO) [ppm]		24시간평균	-	-	10	-
		8시간평균	9	9	20	-
		1시간평균	25	35	-	26
납(Pb) [μg/m³]		-	1.5/3개월	1.5/3개월	-	0.5~1.0/년

* 1) 1시간 평균치

10.2 연소생성물과 방지

연소에 의해 생기는 연소배출가스에는 여러 가지가 있다. 연료가 완전연소를 하면 수증기와 CO_2가 생성되지만 실제의 연소에 있어서는 가종 원인에 의한 불완전연소 때문에 CO, HC, Soot, 입자상물질 등이 발생되고 또 대기 중이나 연료 중에 함유되어 있는 질소는 질소산화물, 유황은 황산화물을 형성한다.

이러한 배출가스는 인체, 자연환경, 동식물 등에 해를 미치기 때문에 최근 크게 사회문제로 대두되고 있다. 그래서 이에 대한 배출억제가 요구되고 또한 법적 규제가 강화되고 있다.

본 장에서는 배출가스의 생성거동과 이것들의 제거를 포함, 생성억제를 중심으로 서술하고자 한다.

10.2.1 일산화탄소(CO)

탄화수소는 열분해되어 일산화탄소나 수소를 거쳐 탄산가스나 수증기로 산화된다. 연소과정 중에 생성되는 연소 배출가스 중 일산화탄소, 매연 등 미연분의 생성은 연소 도중 혼합이나 방열에 의해 온도가 낮아지고 반응이 정지할 때 주로 발생한다.

일산화탄소는 겨울철 난방연료로 연탄를 사용하는 과정에서 발생한 가스로 가스중독 사망 예가 많았기 때문에 CO 가스에 대해서는 잘 알려져 있다.

일산화탄소(CO)는 연료의 불완전연소에 의하여 생성되는 오염물질로서 주요 배출원은 자동차, 폐기물소각, 제철소, 가정용 난방 및 산업장의 연소시설을 들 수 있다.

우리나라에서 co의 주요 배출원은 가정용 연료인 연탄이었으나, 1990년대에 들어와 가정용 난방 및 취사연료가 연탄에서 도시가스로 전환됨에 따라 co의 배출량은 대폭 줄어들었으며, 지금은 자동차를 포함한 이동 배출원으로 기인되는 것이 90% 이상을 차지하고 있다.

연소가스중의 일산화탄소 생성은 연소장에서의 당량비에 크게 의존하며, 이산화탄소로의 완전산화에 필요한 산소가 부족할 때 즉 불완전연소가 일어날 때 다량의 일산화탄소가 발생한다. 예혼합연소에서는 당량비(Φ)$>$1의 진한혼합기에서 CO 생성이 현저하다. 양론혼합기 또는 $\Phi<1$의 연료희박조건에서는 CO의 생성은 적으나, 고온 연소온도 때문에 CO2가 해리하여 상당량의 CO가 연소가스 속에 존재한다.

일산화탄소 생성 반응은

$$C + 1/2 *O_2 \rightarrow CO \quad \text{-------------------------------} (10.1)$$

실제 연소장치에서 CO배기가스 농도는 평형계산에 의한 값보다 일반적으로 크다. 이것은 CO증가의 대부분이 불완전연소로부터 생기는 것을 나타내며 다음과 같은 원인에 의한다.

1) 연료/공기비가 너무 낮거나 체류시간이 짧아 반응이 유지되지 못한다.

2) 연료와 공기의 혼합이 불충분하다. 즉 부분적으로 혼합비가 연소를 유지하기에 너무 희박하거나 과농하게 되어 국소적으로 CO농도가 높아진다.

3) 화염이 고체벽에 의해 냉각되어 중간생성물이 반응을 중지한다.

일산화탄소는 비교적 산화하기 어려운 물질로 우리 인체에 많은 해를 미친다. 즉 색깔이나 냄새가 없기 때문에 중독 증세를 느끼지 못하는 사이에 사고가 나게 되며, 일산화탄소는 호흡하게 되면 혈액중의 산소운반체인 헤모글로빈과 결합력이 강해 일산화 헤모글로빈(COHb)를 형성하기 때문에 세포조직에 산소공급이 방해되어 두통, 구토, 심하면 사망하게 된다.

10.2.2 탄화수소(HC)

연소반응은 매우 복잡한 연쇄반응으로 중간생성물로서 여러가지 저급탄화수소가 발생한다. 급냉, 저온공기와의 혼합 등에 의해 이 반응이 중지하면 중간생성물이 미연인 상태로 배출된다. 또 액체연료의 분무연소에서는 미립화 특성이 나쁘면 큰 액적이 증발을 완료하지 않은 상태로 고온영역을 통과한다. 이와같은 것을 볼때 미연탄화수소의 생성원인은 CO와 거의 같다. 연소에 의해 발생하는 탄화수소류는 연료의 불완전연소가 주요 원인이며, 발생원은 주로 가솔린기관, 디젤기관, 가스터빈 등의 내연기관이다.

연소가스중에 함유되어 있는 탄화수소는 CO와 같이 반응에 의해 산화가 진행한다. 미연소성분의 종류, 연소가스온도, 체류시간 및 공존 성분에 의해 반응량은 달라진다. 일반적으로 1000K 이상에서는 ms정도의 빠르기로 반응이 진행한다.

〈그림 10.3〉에 CO와 HC의 배출관계를 보인다. 그림에서 CO의 저감과 HC의 저감이 동시에 가능함을 알 수 있다.

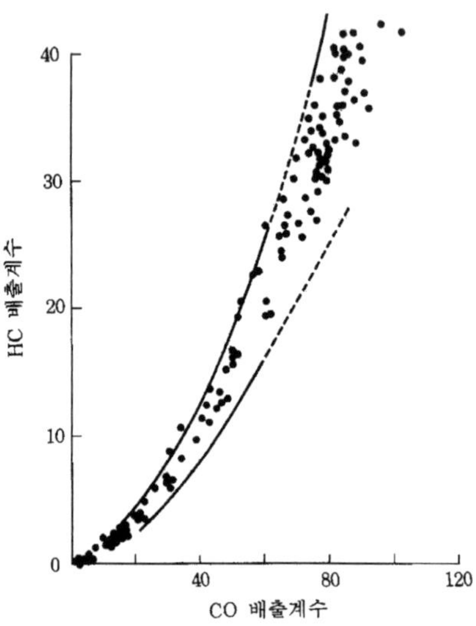

〈그림 10.3〉 가스터빈연소기의 HC와 CO배출관계

저감 방법으로 불완전연소에 기인하므로 연소용 공기량을 많이 공급하고, 연료 및 공기의 예열등 완전연소시킬 수 있는 방법을 택하면 좋다.

10.2.3 매연(SOOT)

탄화수소의 기체연료를 공기 부족의 상태에서 연소시키면 탄소질미립자 즉 그을음(Soot)이 발생한다. 색은 갈색에서 검정색으로 형상은 구형이고, 입경은 수nm

–수백nm에 걸쳐 분포하고 있다. 생성 메카니즘에 대해서는 현상이 매우 복잡하기 때문에 현재까지도 명확히 밝혀져 있지는 않다. 고온의 연소영역에서 공기가 부족한 상태가 되면 연료가 열분해를 하여 Soot의 원료가 되는 많은 화학종이 발생되고, 다음에 핵생성이 일어나 핵을 중심으로 화학종 또는 탄소질가스성분이 핵표면에 석출 성장한다. 이후 성장한 soot는 산소 또는 OH라디칼에 의해 산화되어 재연소가 일어나 일부는 연소가스가 되어 감소한다. 일반적으로 C/H비가 높으면 발생경향이 높고, 분해산화하기 쉬운 탄화수소일 수록 발생이 적다. 입경은 1 ㎛이하이며, 반응성이 높고 생성 후 재연소도 잘된다.

중질유 연소시 증발온도 이하에서 열분해하여 생성된 잔류탄소분이 완전연소치 않고 그을음으로 배출된다. 그을음 생성과정 모식도를 아래에 보인다.

열분해 ➡ 핵발생 ➡ 성장과 응집 ➡ 산 화

고온연소장에서 액적이 놓이면 연소 전에 저비등점 성분부터 순차적으로 증발기화를 시작한다. 증발 기화한 가스성분은 O_2, O, OH등 산화성분에 의해 연소를 한다. 이때 충분히 연소반응을 하지 못하고 화염후류 저온역에 도달한 가연가스성분은 연소가 동결되어 그을음으로 배출된다. 그러나 기화하지 않은 고분자탄화수소는 입자 표면에서 열분해를 일으켜 탄소질로 된 고체표면을 만들고 이후에도 입자 내부에서 비등 기화해 입자표면에서 분출해간다. 기화가 끝나고 남은 탄소질은 잔탄형그을음(Cenosphere)이고, 이 잔탄형그을음은 가스연소와 비교해 현저히 반응이 느리고 입경이 크다. 중유 분무연소 시 입상물질의 발생을 모식적으로 나타내 〈그림 10.4〉에 보인다.

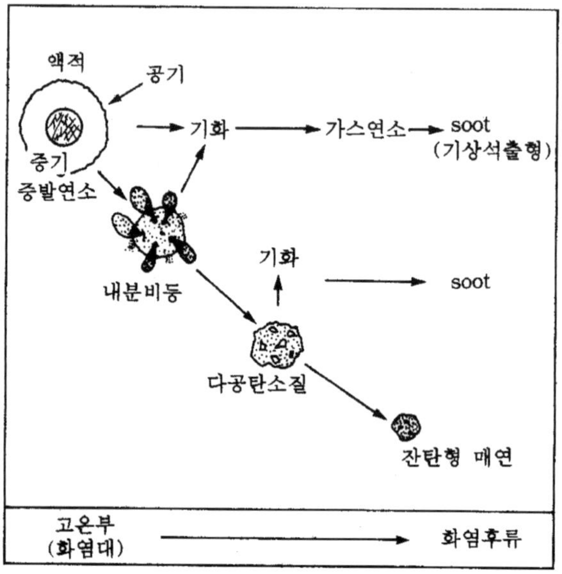

〈그림 10.4〉 유액적연소의 입상물질의 발생과정

soot와 cenosphere는 일반적으로 흑연, 매진이라 부르는 경우가 많다. 그러나 매진농도와 흑연농도를 비교하면 큰 차이가 있다. 〈그림 7.3〉에 soot가 주체인 가스터빈 연소의 매진과 cenosphere가 주체인 C중유버너연소의 매진을 각각 매진 농도계와 흑도BSN계에 의해 계측한 값을 비교해 보인다. 같은 흑도의 흑연이라고 해도 매진농도를 비교하면 cenosphere농도가 약 10배 크다.

매연의 배출방지를 위해서는 크게 연료의 선정, 연소과정, 후처리과정으로 나누어 조절할 수 있다.

1) 연료 선정

· 회분, 잔탄분이 적은 연료를 사용한다

· 중질유를 경질유로 전환하요 사용한다.

2) 연소 과정

· 적정한 공기비를 유지한다

· 미립화 향상시킨다

· 연소기간을 충분하게 한다

· 연소실 온도를 높인다

· 배기가스 순환연소를 시킨다.

3) 후처리

· 집진기를 설치한다

10.2.4 질소산화물(NOx)

질소산화물은 NO, NO_2, N_2O, $N0_2O_3$ 등을 의미하지만 연소 배출물로서 문제가 되는 것은 주로 NO와 NO_2이기 때문에 일반적으로 이들의 합을 NOx라 정의하고 있다. 연소배출물 NOx의 90%이상은 NO이므로 NOx의 저감 억제를 위해서는 주로 NO에 주목할 필요가 있다. 이와 같은 NOx의 발생과정은 크게 2가지로 생각할 수있다. 즉 공기 중의 질소분자가 고온 상태에서 산화되어 생성하는 **열생성 NOx(Thermal NOx)**와 연료중에 포함된 질소화합물이 연소해 생성하는 **연료기원 NOx(Fuel NOx)**이고, NOx의 주요 발생원은 자동차, 보일러, 용광로 등이다.

1) 열생성 NOx

공기중의 질소가 1800k 이상의 고온에서 생성되는 것을 **열생성 NO(Zeldovich NO, Pompt NO)**라 한다. Zeldovich NO는 아래와 같은 반응에 의해 생성되는 것으로 생각된다.

N2 + O ----- NO + N (10.2)

O2 + N ----- NO + O (10.3)

N + OH ----- NO + H (10.4)

Zeldovich NO는 생성속도가 연소반응에 비해 느리고, 주로 화염후류의 고온영역에서 생성한다. 온도 및 O_2농도와 함께 NO평형농도는 상승하지만 실제 연소화염중에서 반응식(10.2)(10.3)과 O_2분자의 해리 반응에 의해 NO가 생성한다.

프로판-산소부화공기를 사용한 평면화염에서의 NO생성과 화염 최고온도의 결과를 〈그림 10.5〉에 보인다.

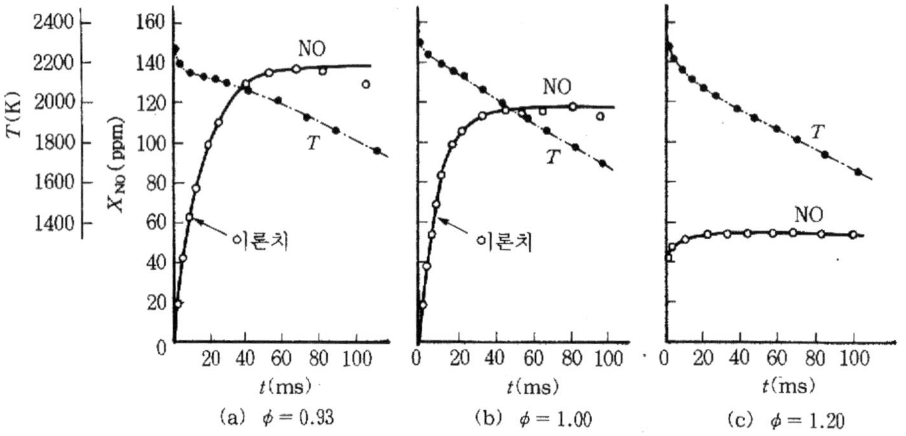

〈그림 10.5〉 NO생성과 화염최고온도

당량비가 1이하에서는 NO는 주로 화염최고온도보다도 후류에서 생성하지만 당량비=1.2에서는 반응대 중에서 많은 NO가 생성하고, 그 후류에서도 조금씩 농도의 증가가 보인다. 이와같은 반응대 내에서 급격히 생성하는 NO를 Prompt NO라 하며, 당량비 1이하의 반응대 후류에서 생성하는 Zeldovich NO와 구별한다. Zeldovich NO는 주로 연소용 공기중의 N_2가 직접적인 생성원인 반면에 Prompt NO는 탄화수소연료의 분해과정에서 생기는 CH_2등이 N_2와 반응해 생기는 HCN, CN, NHi등이 생성원이다. 이것은 온도의존성이 열생성NOx에 비해 극히 낮다. 그림에서 이론계산치는 다음식을 이용해 구한 것이다. 즉 식(10.1)(10.2)(10.3)의 3개의 NO생성반응에 관해 우측으로의 반응속도정수를 K_f, 좌측으로의 반응속도

정수를 Kb라하고 각각에 대응한 반응번호를 첨자로 나타내면 NO, N에 대해 다음 식이 얻어진다.

$$\frac{d[NO]}{dt} = K_{1f}[N_2][O]-K_{1b}[NO][N]+K_{2f}[O_2][N]-K_{2b}[NO][O]+K_{3f}[N][OH]-K_{3b}[NO][H]$$

$$\frac{d[N]}{dt} = K_{1f}[N_2][O]-K_{1b}[NO][N]-K_{2f}[O_2][N]+K_{2b}[NO][O]-K_{3f}[N][OH]+K_{3b}[NO][H]$$

여기서 [ ]은 각각 성분의 몰농도이다.

N의 농도는 다른 성분의 변화에 비해 매우 작다고하는 준정상근사를 적용해

$\frac{d[N]}{dt} = 0$ 로 놓으면 N은 다음식으로 된다.

$$[N] = \frac{K_{1f}[N_2][O]+K_{2b}[NO][O]+K_{3b}[NO][H]}{K_{1b}[NO]+K_{2f}[O_2]+K_{3f}[OH]} \qquad (10.5)$$

이 식을 식 (10-4)에 대입하면 d[NO]/dt는 다음과 같다.

$$\frac{d[NO]}{dt} = K_{1f}[N_2][O]-K_{2b}[NO][O]-K_{3b}[NO][H]+(-K_{ib}[NO]+K_{2f}[O_2]+K_{3f}[OH])*$$

$$\frac{K_{1f}[N_2][O]+K_{2b}[NO][O]+K_{3b}[NO][H]}{K_{1b}[NO]+K_{2f}[O_2]+K_{3f}[OH]} \text{------------------} \quad (10.6)$$

여기서 NO 이외의 성분인 O_2, O, N_2, OH, H등에 대해서는 Zeldovich NO가 반응대 후류 영역에서 생성하므로 이 영역에서는 평형농도를 사용해도 좋은 근사

가 된다.

그림에서 이론치는 이와 같이해서 구한 것으로 실험치와 잘 일치하고 있다. 더욱 NO의 생성 초기에 있어서는 농도는 작기 때문에 식(8.7)에서 [NO]의 항을 생략하면 다음식이 얻어져 t=0 부근의 NO생성속도를 나타낸다.

$$\frac{d[NO]}{dt} = 2K_{1f}[N_2][O] \quad \text{-------------------------} \ (10.7)$$

Zeldovich NO의 생성은 온도 의존성이 큰 것을 알 수 있다.

Prompt NO는 탄화수소화염에 있어서 탄화수소에 기인하는 화학종(CH, CH_2, C, C_2등)과 N2의 반응에 의한 질소화합물(HCN, NHi, N등)로부터 생기고 화염대에서 급속히 생성한다. 특히 탄화수소 연료에서는 화염대내 산소원자의 초과 평형농도만으로는 설명할 수 없을 정도로 다량의 NO가 생성되고, 이 경우에는 화학종의 HCN이 중요한 중간생성물로 된다. 이와같은 경우는 다음과 같은 반응 또는 이때 생성된 HCN 및 아민화합물의 산화에 의해

$$CH_2 + N_2 \text{ ----- } HCN + NH \quad \text{--------------------} \ (10.8)$$

$$CH + N_2 \text{ ----- } HCN + N \quad \text{---------------------} \ (10.9)$$

NO가 생성된다. 이외에도 반응식(8-10)에 의해 생긴 N이 반응식(8-3)을 거쳐 NO를 생성하기도 한다.

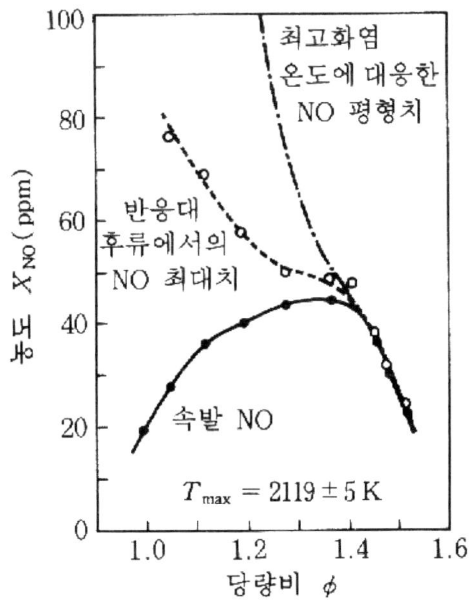

〈그림 10.6〉 NO생성에 미치는 당량비의 영향

〈그림 10.6〉에 당량비에 대한 NO 생성 거동을 나타낸다.

당량비(φ) 〈 1에서는 Prompt NO생성은 거의 없고, 1 〈$\Phi < 1.4$에서는 반응대 후류에서의 NO생성과 Prompt NO생성이 있다. $\Phi > 1.4$에서는 거의 전부가 Prompt NO이고, 이상의 당량비에서는 열생성 NO의 거의 전량이 이 Prompt NO가 된다. 한편 Φ가 증가함에 따라 평형속도가 감소하여 NO생성량이 감소한다. 비탄화수소계 연료에서는 HCN이나 아민화합무를 경유한 NO의 생성량이 매우 작고, 이 경우는 주로 화염대에 있어서 산소원자 농도에 의한다고 생각되어진다.

2) Fuel NOx

연료중에 질소화합믈을 함유하면 이것이 연소과정에서 NO로 전환된다. 이와같은 NO를 Fuel NO라한다. 연료중의 질소성분은 아민화합물이나 환상질소화합물로서 존재하며, 그 함유량은 기체연료에서는 문제가 되지 않지만, C 중유는 0.1−0.4%, 석탄은 0.2−3.4% 정도이다. 화학식 C_nH_{2n}형 석유계 연료에 1wt%의 질소를 함유하고 있을 때 이것이 전부 NO로 변환된다면 당량비 1의 이론연소가스 중에서 1500rpm(몰농도)이 된다. 이 때문에 경질유나 기체연료에서는 Fuel NO는 일반적으로 문제가 되지 않지만, 석탄이나 중질유연소에서는 상당량의 Fuel NO가 생성된다. 실제로는 함유된 질소분 전부가 연소과정에서 Fuel NO로 전환되는 것이 아니므로 NO농도 외에 전환율을 사용해 Fuel NO의 생성을 평가한다. 전환율은 함유질소분 전부가 NO로 변환된 경우의 NO농도에 대한 실제의 Fuel NO농도를 말하며, 이것은 당량비, 화염온도, 질소함유율, 질소화합물의 종류, 연료의 종류, 압력 등에 의존한다.

예혼합화염에 대해서는 다음과 같다.

① 당량비의 증가에 따라 NO전환율이 감소하고, 반면에 HCN이나 NH_3에로의 전환율이 증가한다.

② 화염온도가 약 1800K보다 높은 경우에는 Fuel 농도는 거의 일정하지만, 화염온도가 낮아지면 NO 농도는 감소한다.

③ 질소함유율의 증가는 NO농도의 상승 및 NO전환율을 감소시킨다.

④ 함유질소분의 Fuel NO에의 전환율에 대해서는 질소화합물의 종류에는 거의 의존하지않는다.

⑤ 연료의 산화반응이 함유 질소분의 분해반응보다도 빠를 경우에는 연료 과농측에서 NO전환율이 격감하지만, 반대의 경우에는 본체 반응이 O_2잔존량이 많은 영역에서 일어나므로 NO전환율의 감소는 완만하다.

한편 확산화염에 있어서는 평균당량비에 의존하지 않고, 화염대에서는 거의 이론혼합비 상태에서 연소하기 때문에 NO전환율이 예혼합화염의 경우와는 다른 거동을 보인다.

① 연료희박영역에서의 NO전환율이 예혼합화염의 경우에 비해 매우 작다.

② 연료과농영역에서의 탄화수소연료에서는 NO 전환율이 예혼합화염에 비해 크다.

③ CO를 연료로 하는 경우에는 NO전환율이 거의 0이다.

④ H_2를 연료로 하는 경우에는 NO전환율이 음(−)으로 된다.

NO의 주요 생성기구와 생성 특성을 〈표 10.4〉에 보인다

〈표 10.4〉 NO의 주요 생성기구와 생성특성

NO의 분류		주요생성기구	생성 특성
열생성 NO	Zeldovich NO	N_2+O NO+N N+O_2 NO+O N+OH NO+H	* 생성속도는 온도상승, 산소농도의 상승에 의해 증가. * 생성속도는 연소반응에 비해 늦음 * 생성량은 고온부의 체류시간이 길면 증가.
	Prompt NO	CH+N_2 HCN+N C+N_2 CN+N HCN,NH1,N등 NO	* 화염대에서 급속히 생성. * 생성속도의 온도의존성은 약함. * 생성량은 연료과농에서 증가.
연료 생성 NO		Fuel N+O NO	* 화염대에서 급속히 생성. * 생성속도의 온도의존성 약함. * NO에의 전환율은 연료N의 종류에 영향받지 않음.

3) NOx의 억제법

NO의 생성메카니즘과 생성 특성으로부터 NOx의 저감 대책기술을분류하면 연료선정 시 저질소분 연료로의 전환, 운전방법의 변경, 연소장치의 개조에 의한 연소조절 및 후처리과정으로 크게 내별할 수 있나.

① 연료 속의 질소 성분은 Fuel NOx를 생성하기 때문에 저질소화합연료를 선택해야한다.

② Zeldovich NO에 대해서의 억제 기본은 완만한 연소로 연소온도 저하, 산소

농도의 저하, 고온영역에서의 체류시간 단축, 연소실 열부하 저감, 또한 Prompt NOx에 대해서는 탄화수소계 연료사용을 줄이고, 희박연소등을 꾀하여 NOx를 제어할 수 있다.

③ 접촉분해법, 촉매환원법, 흡착법등의 후처리 방법을 이용해 배출가스 속의 NOx를 제거한다. 또한 NOx 저감을 위한 신연소기술로서 저NOx버너법, 배가스순환법, 2단연소, 희박연소, 물증기분사방법등이 연구되고 있다.

〈표 10.5〉에 NOx의 저감법에 관한 사항을 정리해 보인다.

〈표 10.5〉 NOx의 저감법

NOx 저감법		젤도비치 NO			Prompt NO		Fuel NO		NOx 저감율 (%)
		온도 저하	산소 농도 저하	체류 시간 단축	비탄화수소계 연료	연료 희박 연소	연료 N저감	산소 농도 저하	
연소 조건 변경	*저공기비연소	○	○	○				○	10-20
	*열부하저감	○		○					10-30
	*공기온도저하	○		○					10-30
연소 방법 변경	*2단연소	○	○					○	30-50
	*배가스재순환	○		○					30-50
	*물,증기분사	○		○					30-50
저NOx 버너	*연소촉진	○		○		○			20-40
	*분할화염	○		○		○			20-40
	*재순환	○	○					○	20-40
	*단계적 연소		○					○	30-40
연료의 개선	*연료전환	○		○	○		○		-
	*에멀젼연료	○		○					30-50
	*연료전처리				○		○		-
기 타	*배기가스탈질소								〉80

10.2.5 유화산화물(SOx)

대기 중 이산화황은 대부분 화석연료의 연소에 의하여 배출된다. 주요한 인위적인 배출원은 석탄이나 석유를 사용하는 화력발전소 연소보일러 및 자 동차, 선박, 기차와 같은 수송기관과 각종 건설용 장비, 농기계 등이다. 자동차는 가솔린에 비하여 황이 많이 함유되어 있는 경유를 사용하는 디젤자동차에서 황산화물이 많이 배출된다.

연소에 의해 생성되는 SOx에는 SO_2, SO_3로 모두 연료 중에 함유되어 있는 유황분에 의해 생긴다. SOx에는 SO_2가 대부분이고, 나머지 1-5% 정도가 화염 중에서 산화해 SO_3를 형성한다. 연료중의 유황화합물의 형태는 연료의 종류에 따라 다르다. 중유속의 유황산화물은 일반적으로 다환유화물의 형태를 띠고 있다. 한편 석탄중의 유황산화물은 무기유황화합물과 유기유황화합물로 분류할 수 있다.

연료중 S성분은 가스연소, 중유연소의 경우는 100% 가깝게 기상 중의 SOx로 변환되지만, 미분단연소의 경우 연료중의 S성분이 연소후 석탄중의 칼슘에 일부 포획되기 때문에 반드시 100% 기상중의 SOx로는 변환되지 않는다. 포획율은 석탄중의 회분량 및 회분중의 CaO농도에 의하지만 거의 10-20%의 범위이다. 연소장치에서 배출되는 SOx는 대부분 SO_2 이지만, 일부SO_3 형태로 배출된다. SO_3는 도중에서 물과 반응해 황산이 되고, 이것은 열교환기 등의 금속표면에 응축해 강한 부식을 일으킨다.

연소과정에서 생성한 SOx의 저감법으로서는 연소전 연료 중에 있는 S성분을 제거하는 사전탈황법, 연소로 내에서 SO_2를 제거하는 노내 탈황법 및 연소로 후류의 연도에서 SO_2를 흡수법, 활성탄흡착법, 접촉산화법을 이용해 제거하는 배연탈황법이 있다.

연습문제

1. 환경오염물질을 들고, 생성메커니즘을 설명하시오.

2. NOx의 생성메커니즘을 설명하시오.

3. 각종 환경오염물질이 인체에 미치는 영향을 설명하시오.

4. 각종 환경오염물질의 방지대책에 대하여 설명하시오.

5. (1) 질소분을 질량비율로 X포함하는 C_nH2n형의 연료를 당량비 1로 공기 중에서 연소시켰을 경우에 발생하는 NO의 체적비율을 구하시오. 단, 질소분의 전환율을 y로 하고,열생성 NO의 생성은 없는 것으로 한다.
   (2) 질소분이 0.4%(질량), 전환율이 80%인 경우에, 생성되는 NO는 어느 정도인가?
6. 질소분 0.4%(질량)의 중유를 당량비 0.9로 연소시켰을 경우에, 생성되는 NO는 몇 ppm인가 구하시오. 단, 열생성 NO는 260 ppm생성된다고 하고, 연료 중 질소분의 Fuel NO로의 전환율은 60%‘, 연소가스의 평균분자량은30당량비 1에서 공기와 연료의 질량비는 15.5로 한다.

7. 2.0리터의 행정용적의 가솔린 불꽃점화 엔진을 엔진 동력계에서 시험한 결과 배출가스의 농도가 C02 =12.4%, CO =0.12%, 02 =2.3%, HC (C6H14으로 평형) = 367 ppm, NO = 76 ppm으로 나타났다. 농도는 전부 건농도 기준이다. 사용한 연료는 i-octane (i-C8H18)이라고 가정할 때에 헥산(C6H14)으로 평형한 미연탄화수소의 배출가스 지수(EI)를 구하시오.

8. 문제 7에서 NO의 건농도를 습농도로 환산하고, 배출가스 중의 수분의 농도를 구하시오.

9. 문제 7에서 배기관 중에 공기가 들어가 희석되어 산소농도가 5%로 되었을 경우, NO의 농도를 구하시오.

부록

1. SI단위 환산표, 접두어, 그리스 문자

1) 길이 (Length)

미터법 (Meter Units)			야아드 및 파운드법 (British or U.S. Units)				척관법 (Korean Units)			
센티미터 (cm)	미터 (m)	킬로미터 (km)	인치 (Inch)	피이트 (Feet)	야아드 (Yard)	마일 (Mile)	척 (cheok)	간 (Gan)	정 (Jeong)	리 (Ri)
1	0.01	0.00001	0.3937	0.03281	0.01094	0.000006	0.033	0.0055	0.000092	——
100	1	0.001	39.37	3.2808	1.0936	0.00062	3.3	0.55	0.009166	0.00025
100,000	1,000	1	39370.7	3280.8	1093.6	0.62137	3300	550	9.1666	0.25463
2.54	0.0254	0.000025	1	0.08333	0.02777	0.000015	0.08382	0.01397	0.000232	——
30.48	0.3048	0.000304	12	1	0.333	0.000189	1.0058	0.16763	0.002793	——
91.44	0.9144	0.000914	36	3	1	0.000568	3.0175	0.50292	0.008381	0.000232
160,930	1,609.3	1.6093	63360	5280	1760	1	5310.8	885.12	14.752	0.40978
30.303	0.30303	0.000303	11.93	0.99419	0.33139	0.000188	1	0.16666	0.002777	0.000077
181.818	1.81818	0.001818	71.582	5.96514	1.98838	0.001129	6	1	0.01666	0.00046
10,909.08	1.9.091	0.10919	4294.94	357.912	119.304	0.06779	360	60	1	0.02777
392,727	3,927.27	3.92727	154620	12885	4295	2.4403	12960	2160	36	——

2) 면적 (Area)

미터법 (Meter Units)				야아드 및 파운드법 (British or U.S. Units)			척관법 (Korean Units)			
평방미터 (Sq.meter)	아아르 (Are)	헥타아르 (Hectare)	평방킬로미터(Sq. Kilometer)	평방피트 (Sq. Feet)	평방야아드 (Sq. Yard)	에이커 (Acre)	평방척 (Sq. Cheok)	평 (Pyeong)	단보 (Danbo)	정보 (Jeongbo)
1	0.01	0.0001	0.000001	10.764	1.1968	0.000247	10.89	0.3025	0.001008	0.0001
100	1	0.01	0.0001	1076.4	119.68	0.024711	1089	30.25	0.10083	0.01008
10000	100	1	0.01	107640	11968	2.4711	108900	3025	10.083	1.0083
1000000	10000	100	1	10764000	196800	247.11	10890000	302500	1008.3	100.83
0.092903	0.000929	0.000009	——	1	0.1111	0.000022	1.0117	0.0281	0.000093	0.000009
0.83613	0.008361	0.000084	——	9	1	0.000207	9.1055	0.25293	0.000843	0.000084
4045.8	40.468	0.40468	0.004047	43560	4840	1	44071.2	1224.2	4.0806	0.40806
0.091827	0.00918	0.000009	——	0.98841	0.10982	——	1	0.02778	0.000092	0.000009
3.3058	0.033058	0.000331	0.000003	35.583	3.9537	0.000817	36	1	0.003333	0.000333
991.74	9.9174	0.099174	0.000992	10674.9	1186.1	0.24506	10800	300	1	0.1
9197.4	99.174	0.99174	0.00992	106749	11861	2.4506	108000	3000	10	1

3) 부피(Capacity)

미터법 (Meter Units)			야아드 및 파운드법 (British or U.S. Units)						척관법 (Korean Units)			
밀리리터 (Mililiter)	리터 (Liter)	킬로리터 (Kiloliter)	입방인치 (Cub.Inch)	입방 피이트 (Cub. Feet)	입방 야아드 (Cub. Yard)	(미)붓셀 (Bushel)	(미)액체 파인트 (Pint)	액체갈론 (Gallon)	홉 (Hob)	승 (Seung)	두 (Du)	석 (Seok)
1	0.001	0.000001	0.061024	0.000035	0.000001	0.000028	0.002133	0.000264	0.005543	0.000554	0.000055	0.000005
1,000	1	0.001	61.024	0.035315	0.001308	0.028378	2.113423	0.264177	5.435	0.55435	0.055435	0.005543
1,000,000	1000	1	61,024	35.315	1.30796	28.378	2113.42	264.177	5543.5	554.35	55.435	5.5435
16.387	0.01638	0.000016	1	0.000578	0.000021	0.000465	0.000034	0.004329	0.0908	0.0009.8	0.00908	0.0000908
28,316.8	28.317	0.02831	1,728	1	0.03704	0.8036	53.85996	7.48051	156.98	15.698	1.5698	0.156980
764,529.8	764.53	0.76453	46.656	27	1	21.7013	0.001631	201.97	4238.09	423.809	42.380	1.2380
35,238.32	35.2383	0.035238	2,150.42	1.2444	0.04608	1	74.4768	9.3096	195.346	19.5346	1.9534	0.19534
473.18	0.47318	0.000473	28.875	0.01671	0.000619	0.13427	1	0.125	2.623	0.2623	0.0262	0.00262
3,785.4	3.7854	0.00378	231	0.13368	0.004951	0.10742	8	1	20.984	2.0984	0.20984	0.02098
180.39	0.18039	0.000180	11.089	0.00637	0.000235	0.00519	0.38123	0.04765	1	0.1	0.01	0.001
1,803.9	1.8039	0.00180	110.08	0.0637	0.002359	0.05119	3.8123	0.4765	10	1	0.1	0.01
18,039	18.039	0.01803	1,100.8	0.637037	0.023594	0.5119	38.123	4.7654	100	10	1	0.1
180,390	180.39	0.18039	11,008	6.37037	0.23594	5.119	381.23	47.654	1000	100	10	1

4) 무게(Weight)

미터법 (Meter Units)			야아드 및 파운드법 (British or U.S. Units)					척관법 (Korean Units)		
그램 (Gram)	킬로그램 (Kilo Gram)	톤 (Ton)	그레인 (Grain)	온스 (Ounce)	파운드 (Pound)	미톤 (Short Ton)	영톤 (Long Ton)	양 (Yang)	근 (Geun)	관 (Gwan)
1	0.001	0.000001	15.432	0.03527	0.0022	0.000001	—	0.26666	0.00166	0.000266
1000	1	0.001	15432	35.273	2.20459	0.0011	0.00098	266.666	1.66666	0.26666
1000000	1000	1	—	35273	2204.59	1.1023	0.98421	266666.6	1666.66	266.666
0.064798	0.000064	—	1	0.002285	0.000143	—	—	0.1728	0.00108	0.000017
28.3495	0.02835	0.000028	437.5	1	0.0625	0.000031	0.000027	7.56	0.4725	0.00756
453.592	0.45359	0.000454	7000	16	1	0.000504	0.00045	120.96	0.756	0.12096
907180	907.18	0.90718	—	32000	2000	1	0.8929	241915	1511.968	241.915
1016050	1016.05	1.01605	—	35840	2240	1.12	1	27.944	1693.4	270.95
3.75	0.00375	0.000004	57.872	0.1323	0.00827	—	—	1	0.00625	0.001
600	0.6	0.0006	259.556	21.1647	1.32279	0.000661	0.00059	160	1	0.16
3750	3.75	0.00375	57872	132.28	8.2672	0.00413	0.00369	1000	6.25	1

5) SI단위와 미터계 단위의 비교

양(量)	SI단위 기호	미 터 계 단 위		환산표
		명 칭	기 호	m계 / SI
힘	N	다 인 중량 kg	dyn kgf	10^{-5} 9.80665
압 력	Pa	수 주 수은주 기 압	kgf / ㎠ mmH_2O mmHg bar	98066.5 9.80665 133.32 100000
가속도	m / s^2	갈	Gai	10^{-2}
에너지	J	에르그	erg	10^{-7}
점 도	Pa · S	포아즈	P	10^{-1}
동점도	㎡ / S	스톡스	st	10^{-4}
열 류	kW	미국냉돈톤	USRT	3.51628

6) 기본단위 및 보조단위

양(量)	단위의 명칭	단위의 기호	량(量)	단위의 명칭	단위의 기호
길 이	미 터	m	온 도	캘 빈	K
질 량	킬로그램	kg	강 도	칸 데 라	cd
시 간	초	s	물질의 양	몰	mol
전 류	암 페 어	A	입 체 각	스타라디안	ar
평 면 각	라 디 안	rad			

2. 접두어

배 수	명 칭	기 호	배 수	명 칭	기 호
10^{18}	엑 사	E	10^{-1}	데 시	d
10^{15}	페 타	P	10^{-2}	센 티	c
10^{12}	테 라	T	10^{-3}	밀 리	m
10^{9}	기 가	G	10^{-6}	마이크로	μ
10^{6}	메 가	M	10^{-9}	나 노	n
10^{3}	킬 로	k	10^{-12}	피 코	p
10^{2}	헥 토	h	10^{-15}	펨 토	f
10^{1}	데 카	da	10^{-18}	아 토	a

3. 그리스문자

문 자		읽 는 방 법	문 자		읽 는 방 법
A	α	alpha	N	ν	nu
B	β	beta	Ξ	ξ	xi
Γ	γ	gamma	O	o	omicron
Δ	δ	delta	Π	π	pi
E	ε, ϵ	epsilon	P	ρ	rho
Z	ζ	zeta	Σ	σ, ς	sigma
H	η	eta	T	τ	tau
Θ	θ, ϑ	theta	Υ	υ	upsilon
I	ι	iota	Φ	φ,	phi
K	κ	kappa	X	χ	chi
Λ	λ	lambda	Ψ	ψ	psi
M	μ	mu	Ω	ω	omega

4. 고유명칭을 가진 조립단위

양(量)	단위의 명칭	단위기호 정의	양(量)	단위의 명칭	단위기호 정의
주 파 수	헤르츠	Hz = S–1	전기저항	오 옴	Ω = V/A
힘	뉴우톤	N = kgm/S2	컨덕턴스	지이멘스	S = Ω–1
압력, 응력	파스칼	Pa = N/m2	자 속	웨 버	Wb = V · s
에너지, 일, 일량	주 울	J = N · m	자속밀도	테스라	T = Wb/m2
일률 또는 동력	와 트	W = J/s	인덕턴스	헨 리	H = Wb/A
전하, 전기량	클 롱	C = A · s	광 속	루우멘	lm = cd · sr
전압, 전위	볼 트	V =J/C=W/A	조 도	럭 스	lx = lm/m2
정전용량, 케피시턴스	패 럿	F = C/V	–	–	–

5. 일반적으로 사용하는 SI단위

양(量)	SI 단위	양(量)	SI 단위	양(量)	SI 단위
진 동 수	Hz	표 면 장 력	N/m	열 용 량	J/K
운 동 량	kg · m/s	선 팽창계수	K–1	전 력 량	J
모 멘 트	N · m	비 열	J/(kg · K)	파 장	m
점 도	Pa · s	열 전 도 율	W/(m · K)	광 량	lm · s
동 점 도	m2/s	열 전달계수	W/(m2 · K)	휘 도	cd/m2

6. 속 도

m / s	km / h	ft / s	ft / m	mile / h
1	3.6	3.281	196.85	2.237
0.2778	1	0.9113	54.68	0.6214
0.3048	1.097	1	60	0.6818
0.005080	0.01829	0.01829	1	0.01136
0.4470	1.609	1.467	88	1

7. 유 량

m2 / h (CMH)	m2 / min (CMM)	1 / sec	1 / min	ft2 / h	ft2 / min (CFM)
1	0.01667	0.277	16.62	0.5887	4.403
60	1	16.67	1000.2	35.315	264.2
3.6	0.06	1	60	2.1189	15.846
0.06	0.001	0.0166	1	0.0353	0.2641
1.699	0.028317	0.47195	28.317	1	7.48
0.22710	0.003785	0.06309	3.7854	0.1337	1

8. 밀도(1g/cm3 = 1t/m3)

g/cm3	lb/in3	lb/ft3	lb/u.s.gal
1	0.03613	61.48	8.345
27.68	1	1728	231
0.01602	0.05787	1	0.1337
0.1198	0.004329	7.481	1

9. 압력 (1Pa = 1N/m2)

Pa	bar	kgf/cm2	atm	mmH2O	mmHg, Torr	lb/in2
1	1.000×10^{-5}	1.020×10^{-5}	9.869×10^{-6}	1.020×10^{-1}	7.501×10^{-3}	1.451×10^{-4}
1.000×10^{5}	1	1.01972	9.869×10^{-1}	1.020×10^{4}	7.501×10^{2}	1.451×10
9.807×10^{4}	9.807x10–1	1	9.678×10^{-1}	1.000×10^{4}	7.356×10^{2}	1.422×10
1.013×10^{5}	1.01325	1.03323	1	1.033×10^{4}	7.600×10^{2}	1.471×10
9.807	9.807×10^{-5}	1.000×10^{-4}	9.678×10^{-5}	1	7.356×10^{-2}	1.421×10^{-3}
1.333×10^{2}	1.333×10^{-3}	1.360×10^{-3}	1.316×10^{-3}	1.359×10^{4}	1	1.934×10^{-2}
6.890×10^{3}	6.890×10^{-2}	7.031×10^{-2}	6.800×10^{-2}	7.037×10^{-1}	5.171×10	1

10. 일, 에너지 및 열량(g = 980.665 cm/s2 일때)

J	kgf · m	ft · lb	kWh	HP(미터)	HP(영국)	kcal	BTU
1	0.1020	0.7376	2.77×10^{-7}	3.72×10^{-4}	3.72×10^{-4}	2.39×10^{-4}	9.48×10^{-4}
9.807	1	7.233	2.72×10^{-6}	3.72×10^{-4}	3.72×10^{-4}	2.34×10^{-4}	9.30×10^{-4}
1.356	0.1383	1	3.77×10^{-7}	5.121×10^{-4}	5.12×10^{-4}	3.34×10^{-4}	1.29×10^{-4}
3.600×10^{6}	3.671×10^{5}	2.655×10^{6}	1	1.36	1.341	860.0	3416
2.648×10^{6}	2.700×10^{5}	1.953×10^{6}	0.7355	1	0.986	632.5	2510
2.686×10^{6}	2.739×10^{5}	1.981×10^{6}	0.7460	1.014	1	641.6	2546
4186	426.9	3086	1.16×10^{-3}	1.58×10^{-4}	1.56×10^{-4}	1	3.968
1055	107.6	778.16	2.93×10^{-4}	3.98×10^{-4}	3.93×10^{-4}	0.252	1

11. 힘

N	dyn	kgf
1	1×10^{5}	1.01972×10^{-1}
1×10^{-5}	1	1.01972×10^{-6}
9.80665	9.80665×10^{5}	1

12. 동점성 계수

m^2 / s	cSt	St
1	1×10^{6}	1×10^{4}
1×10^{-6}	1	1×10^{-2}
1×10^{-4}	1×10^{2}	1

13. 점성계수

Pa. s	cP	P
1	1×10^{3}	1 x 10
1×10^{-3}	1	1×10^{-2}

14. 비 열

J / (kg. K)	kcal / (kg. ℃) cal / (g. ℃)
1	2.38889×10^{-4}
4.18605×10^{6}	1

15. 물의 밀도와 비용적

온 도 ℃	밀 도 (비용적) kg / l	체 적 (비체적) l / kg	온 도 ℃	밀 도(비용적) kg / l	체 적 (비체적) l / kg	온 도 ℃	밀 도(비용적) kg / l	체 적 (비체적) l / kg
−10	0.99815	1.00185	25	0.99767	1.00294	65	0.98059	101979
−5	0.99930	1.00070	30	0.99507	1.00435	70	0.97781	102260
0	0.99987	1.00013	35	0.99406	1.00597	75	0.97489	1.02576
4	1.00000	1.00000	40	0.99224	1.00782	80	0.97180	1.02900
5	0.99999	1.00001	45	0.99025	1.00985	85	0.96870	1.03220
10	0.99973	1.00027	50	0.98807	1.01207	90	0.96530	1.03570
15	0.99913	1.00087	55	0.98573	1.01448	95	0.96190	1.03960
20	0.99823	1.00177	60	0.98324	1.01705	100	0.95840	1.04340

16. 온도변환표

℃	° F	℃	° F	℃	° F	℃	° F	℃	° F	℃	° F
−30	−22	1	33.8	16	60.8	27	80.6	42	107.6	65	149
−25	−13	2	35.6	17	62.6	28	82.4	43	109.4	70	158
−20	−4	3	37.4	18	64.4	29	84.2	44	111.2	75	167
−15	5	4	39.2	19	66.2	30	86	45	113	80	176
−10	14	5	41	20	68	31	87.8	46	114.8	85	185
−5	23	10	50	21	69.8	32	89.6	47	116.8	90	194
−4	24.8	11	51.8	22	71.6	33	91.4	48	118.4	95	203
−3	26.6	12	53.6	23	73.4	34	93.2	49	120.2	100	212
−2	28.4	13	55.4	24	75.2	35	95	50	122	110	230
−1	30.2	14	57.2	25	77	40	104	55	131	120	248
0	32	15	59	26	78.8	41	105.8	60	140		

17. 포화증기표

포화증기의 압력(절대) kg / ㎠	포화증기의 온도 ℃	엔 탈 피		증발잠열 kcal / kg	비 체 적	
		증 기 kcal / kg	물 kcal / kg		증 기 ㎥ / kg	물 ㎥ / kg
1.0	99.09	638.5	99.12	539.4	1.716	1.043 10-3
1.1	101.76	639.5	101.82	537.7	1.579	1.045 〃
1.2	104.25	640.4	104.32	536.1	1.455	1.047 〃
1.3	106.56	641.3	106.66	534.6	1.350	1.049 〃
1.4	108.74	642.1	108.86	533.2	1.260	1.050 〃
1.5	110.79	642.8	110.93	531.9	1.181	1.052 〃
1.6	112.73	643.5	112.89	530.7	1.112	1.054 〃
1.8	116.33	644.8	116.53	528.3	0.9954	1.057 〃
2.0	119.61	646.0	119.86	526.1	0.9019	1.060 〃
2.2	122.64	647.0	122.94	524.1	0.8249	1.063 〃
2.4	125.45	648.0	125.84	522.2	0.7602	1.065 〃
2.6	128.08	648.9	128.47	520.4	0.7052	1.068 〃
2.8	130.54	649.7	130.98	518.7	0.6579	1.070 〃
3.0	132.87	650.5	133.35	517.1	0.6166	1.072 〃
3.2	135.07	651.2	135.60	515.6	0.5804	1.075 〃
3.4	137.17	651.9	137.75	514.1	0.5482	1.077 〃
3.6	139.17	652.5	139.79	512.7	0.5196	1.079 〃
3.8	141.08	653.1	141.75	511.3	0.4938	1.081 〃
4.0	142.91	653.7	143.63	510.0	0.4705	1.083 〃
4.5	147.19	655.0	148.02	506.9	0.4218	1.087 〃
5.0	151.10	656.1	152.05	504.2	0.3818	1.092 〃
5.5	154.71	657.1	155.78	501.4	0.3491	1.096 〃
6.0	158.07	658.1	159.26	498.8	0.3215	1.100 〃
6.5	161.21	658.9	162.51	496.4	0.2982	1.103 〃
7.0	164.16	659.7	165.58	494.1	0.2779	1.107 〃

18. 기초 물리정수

명 칭	기호	수 치	단 위	비 고
광속	c	$2.997\,924\,58 \times 10^{8}$	m/s	진공중
Planck의 상수	h	$6.626\,176 \times 10^{-34}$	J/Hz	$1.582\,92 \times 10^{-37}$ kcal/Hz
Avogadro 상수	N_A	$6.022\,045 \times 10^{23}$	mol^{-1}	1 g 분자중의 분자수
Faraday 상수	F	$9.648\,456 \times 10^{4}$	C/mol	1가 1 g 이온
빙점 절대온도	T_0	273.15	K	1 atm
이상기체 표준체적	V_0	22.413 83	m^3/kmol	0℃, 1 atm
일반가스상수	R	8.314 41	J/(K · mol)	1.986 22 cal/[K · mol]
Boltzmann 상수	k	$1.380\,662 \times 10^{-23}$	J/K	$3.298\,25 \times 10^{-27}$ kcal/K
Stefan-Boltzmann 상수	σ	$5.670\,32 \times 10^{-8}$	J/(m^2 · s · K)	$1.354\,2 \times 10^{-11}$ kcal/[m^2 · s · K]
방사 제1상수	C_1	$3.741\,832 \times 10^{-16}$	W · m^2	
방사 제2상수	C_2	$1.438\,786 \times 10^{-2}$	m · K	
중력가속도	g	9.806 65	m/s^2	국제 표준치
전자의 전하	e	$1.602\,189\,2 \times 10^{-19}$	C	
전자비전하	e/m_e	$1.758\,804\,7 \times 10^{11}$	C/kg	정지상태
전자 질량	m_e	$9.109\,534 \times 10^{-31}$	kg	정지상태
양자 질량	m_p	$1.672\,648\,5 \times 10^{-27}$	kg	정지상태
중성자 질량	m_n	$1.674\,954\,3 \times 10^{-27}$	kg	정지상태

* 과학기술데이터위원회(CODATA)의 1973년 권고치에 의함.

19. 주요 원소의 원자량

원소명	원소 기호	원자 번호	원자량	원소명	원소 기호	원자 번호	원자량
수 소	H	1	1.00 79	아르곤	Ar	18	39.948
헬 륨	He	2	4.002 60	칼 륨	K	19	39.098 3
리 튬	Li	3	6.941	칼 슘	Ca	20	40.078
탄 소	C	6	12.011	바나듐	V	23	50.941 5
질 소	N	7	14.006 7	코발트	Co	27	58.933 2
산 소	O	8	15.999 4	니 켈	Ni	28	58.69
플루오르	F	9	18.998 40	브 롬	Br	35	79.904
나트륨	Na	11	22.989 77	루테늄	Ru	44	101.07
마그네슘	Mg	12	24.305	로 듐	Rh	45	102.905 5
알루미늄	Al	13	26.981 54	요오드	I	53	126.904 5
규 소	Si	14	28.085 5	세 슘	Cs	55	132.905 4
인	P	15	30.973 76	바 륨	Ba	56	137.33
황	S	16	32.066	백 금	Pt	78	195.08
염 소	Cl	17	35.453	납	Pb	82	207.2

20. 각종 연료의 특성

연료	분자식	분자량	비중(밀도*) kg/m³	증발열 kJ/kg	비열		발열량		이론공연비 (A/F)s	옥탄가 (RON)
					액체 kJ/kg · K	증기 kJ/kg · K	고위발열 MJ/kg	저위발열 MJ/kg		
가솔린	$C_nH_{1.87n}$	~110	0.72~0.78	305	2.4	~1.7	47.3	44.0	14.6	92~98
경유	$C_nH_{1.8n}$	~170	0.84~0.88	270	2.2	~1.7	44.8	42.5	14.5	-
중유	$C_nH_{1.7n}$	~200	0.82~0.95	230	1.9	~1.7	43.8	41.4	14.4	-
천연가스	$C_nH_{3.8n}N_{0.1n}$	~18	(~0.79)	-	-	~2	50	45	14.5	-
메탄	CH_4	16.04	(0.72)	509	0.63	2.2	5.55	50.0	17.23	120
프로판	C_3H_8	44.10	0.51(2.0)	426	2.5	1.6	50.4	46.4	15.67	112
이소옥탄	C_8H_{18}	114.23	0.692	308	2.1	1.63	47.8	44.3	15.13	100
세탄	$C_{16}H_{34}$	226.44	0.773	358	-	1.6	47.3	44.0	14.82	-
벤젠	C_6H_6	78.11	0.879	433	1.72	1.1	41.9	40.2	13.27	-
톨루엔	C_7H_8	92.14	0.867	412	1.68	1.1	42.5	40.6	13.50	120
메탄올	CH_4O	32.04	0.792	1103	2.6	1.72	22.7	20.0	6.47	106
에탄올	C_2H_6O	46.07	0.785	840	2.5	1.93	29.7	26.9	9.00	107
탄소	C	12.01	~2	-	-	-	33.8	33.8	11.51	-
일산화탄소	CO	28.01	(1.25)	-	-	1.05	10.1	10.0	2.467	-
수소	H_2	2.015	(0.090)	-	-	1.44	142.0	120.0	34.3	-

21. 각종 기체의 성질

기체의 종류	분자 기호	분자량 (M)	기체상수 (R) kgM	비중량 (℃,760mmHg 에서의)	공기에 대한 비중	비열 kcal/℃kg		$k=C_p/C_v$
						C_p	C_v	
헬륨	He	4.003	211.9	0.1785	0.1381	1.251	0.755	1.630
아르곤	Ar	39.944	21.23	1.7034	1.379	0.125	0.076	1.680
수소	H_2	2.016	420.55	0.08987	0.0695	3.403	2.417	1.409
질소	N_2	28.016	30.28	1.2505	0.968	0.2482	0.1774	1.400
산소	O_2	32.000	28.49	1.42895	1.105	0.2184	0.1562	1.399
공기	-	23.984	29.27	1.2928	1.00	0.240	0.171	1.402
일산화탄소	CO	28.01	30.27	1.2500	0.967	0.2486	0.1775	1.400
일산화질소	NO	30.002	28.25	1.3402	1.037	0.2384	0.1722	1.385
염화수소	HCl	36.465	23.25	1.6391	1.268	0.191	0.136	1.400
수증기	H_2O	18.016	47.06	-	0.6220	0.444	0.334	1.330
이산화탄소	CO_2	44.01	19.26	1.9768	1.530	0.1958	0.1505	1.301
산화질소	N_2O	44.016	19.26	1.9878	1.538	0.2131	0.1680	1.270
이산화황	SO_2	33.06	13.24	2.9265	2.264	0.1453	0.1143	1.272
암모니아	NH_3	17.032	49.78	0.7713	0.596	0.491	0.374	1.813
아세틸렌	C_2H_2	28.036	32.59	1.1709	0.906	0.3613	0.2904	1.255
메탄	CH_4	16.042	52.89	0.7168	0.554	0.515	0.390	1.310
메틸클로라이드	CH_3Cl	50.491	16.79	2.3084	1.785	0.176	0.137	1.290
에틸렌	C_2H_4	28.052	30.25	1.2604	0.795	0.385	0.303	1.249
에탄	C_2H_6	30.068	28.22	1.3560	1.049	0.413	0.345	1.200
에틸클로라이드	C_2H_5Cl	64.511	13.4	2.8804	2.228	0.32	0.276	1.160

22. 가연성 물질의 물리적 특성 및 연소 특성(대 공기)

물질	분자량	밀도 g/L* g/m^3	저발열량 MJ/Kg	이론공연비 (vol%)/(kg/kg)	연소한계 vol%		비점 ℃	인화온도 ℃	발화온도 ℃	단열화염 온도 ℃	비고
					하한계	상한계					
수소 (H_2)	2.00	0.084*	119.8	29.5/34.3	4.0	75	-252	-	571	-	-
일산화탄소 (CO_2)	28.0	1.165*	10.8	29.5/2.47	12.5	74	-190	-	609	-	천연가스의 주성분
메탄 (CH_4)	16.0	0.668*	49.95	9.47/17.0	5.0	15.0	-161	-	632	1963	-
프로판 (C_3H_8)	44.1	1.83*	46.30	4.02/15.6	2.1	9.5	-42.1	-	504	1977	-
부탄 (C_4H_{10})	58.1	2.41*	45.6	3.12/15.5	1.8	8.4	-0.5	-	430	1982	-
메틸알코올 (CH_3OH)	32.0	0.792	20.1	12.2/6.45	6.7	36	64.4	11	470	-	RON : 112
에틸알코올 (C_2H_5OH)	46.1	0.789	26.8	6.52/9.00	3.3	19	78.3	12	392	-	RON : 111
n-헵탄 (C_7H_{16})	100	0.688	44.9	1.87/15.2	1.2	6.7	98.4	-4.0	247	1940	RON : 0
이소옥탄 (C_8H_{18})	114	0.696	44.6	1.65/15.1	1.1	6.0	99.2	-13	447	1960	RON : 100
가솔린 ($\sim C_7H_{13}$)	(~100)	(~100)	(~43..7)	/(~14.6)	1.4	7.0	-	(-38)	(456)	-	-
MTBE $CH_3O(CH_3)_3$	88.2	0.740	32.5	2.56/12.5	-	-	55.2	-28	-	-	RON : 118
공기	28.96	0.205*	-	-	-	-	-	-	-	-	-

30. 연료의 발열량

연료	분자식	증발열 kJ/kmol · 25℃	고발열량 kJ/kmol · 25℃		저발열량 kJ/kmol · 25℃	
			정압(⊿H0)	정용(⊿U0)	정압(⊿H0)	정용(⊿U0)
일산화탄소	CO	-	282,735	281,479	-	-
수소	H_2	-	285,582	281,855	241,578	240,364
탄소	C	-	393,141	393,141	-	-
메탄	CH_4	-	888,774	883,833	800,851	808,851
에탄	C_2H_6	-	1,557,406	1,551,209	1,425,480	1,426,736
부탄	C_4H_{10}	24,384	2,873,694	2,865,027	2,653,803	2,657,529
펜탄	COH_{12}	-	3,531,398	3,521,517	3,267,588	3,272,528
헵탄	C_7H_{16}	-	4,048,733	1,836,340	4,496,958	4,504,369
옥탄	C_8H_{18}	41,324	5,506,689	5,493,207	5,111,036	5,119,703
데칸	$C_{10}H_{22}$	50,815	6,824,149	6,808,030	6,340,448	6,351,585
메틸알코올	CH_3OH	37,476	765,347	716,663	677,508	678,722
에틸알코올	C_2H_5OH	42,421	1,411,747	1,406,807	1,279,947	1,282,417
벤젠	C_6H_6	31,857	3,317495	3,311,298	3,185,694	3,186,908
톨루엔	C_7H_8	33,118	3,949,618	3,939,695	3,773,898	3,773,856

23. 공기의 열역학적 성질

T (K)	h (kJ/kg)	u (kJ/kg)	Ψ	Φ	P_r	V_r	C_p	C_v	γ
			kJ/(kg×K)				kJ/(kg×K)		
250	409.9	338.1	4.4505	7.6603	38.81	1849.0	1.003	0.715	1.401
275	435.0	356.0	4.5187	7.7559	54.14	1458.0	1.003	0.716	1.401
300	460.1	374.0	4.5811	7.8432	73.39	1173.0	1.004	0.717	1.400
325	485.2	391.9	4.6385	7.9236	97.13	960.6	1.006	0.718	1.400
350	510.4	409.9	4.6919	7.9982	125.9	797.8	1.007	0.720	1.399
375	535.6	427.9	4.7416	8.0678	160.5	670.8	1.010	0.723	1.397
400	560.8	446.0	4.7884	8.1330	201.4	570.0	1.013	0.725	1.396
425	586.2	464.2	4.8324	8.1945	249.6	488.9	1.016	0.729	1.394
450	611.6	482.5	4.8742	8.2527	305.6	422.7	1.020	0.733	1.392
475	637.2	500.8	4.9139	8.3079	370.4	368.1	1.024	0.737	1.390
500	662.8	519.3	4.9518	8.3606	445.0	322.6	1.028	0.741	1.387
525	688.6	537.9	4.9881	8.4109	530.2	284.3	1.033	0.746	1.385
550	714.5	556.6	5.0229	8.4590	627.1	251.8	1.039	0.752	1.382
575	740.5	575.5	5.0565	8.5053	736.8	224.0	1.044	0.757	1.379
600	766.7	594.5	5.0888	8.5499	860.6	200.1	1.050	0.763	1.376
625	793.0	613.6	5.1201	8.5929	999.5	179.5	1.056	0.768	1.374
650	819.5	632.9	5.1503	8.6344	1155.0	161.5	1.061	0.774	1.371
675	846.1	652.3	5.1796	8.6745	1329.0	145.9	1.067	0.780	1.368
700	872.9	671.9	5.2081	8.7135	1521.0	132.1	1.073	0.786	1.365
725	899.8	691.7	5.2358	8.7512	1735.0	119.9	1.079	0.792	1.362
750	926.8	711.5	5.2628	8.7879	1972.0	109.2	1.085	0.798	1.360
775	954.0	731.6	5.2891	8.8236	2233.0	99.63	1.091	0.804	1.357
800	981.4	751.7	5.3147	8.8584	2520.0	91.12	1.097	0.810	1.354
825	1008.9	772.1	5.3397	8.8922	2836.0	83.52	1.103	0.816	1.352
850	1036.5	792.5	5.3641	8.9252	3181.0	76.71	1.108	0.821	1.350
875	1064.3	813.1	5.3880	8.9574	3559.0	70.58	1.114	0.827	1.347
900	1092.2	833.8	5.4114	8.9889	3971.0	65.07	1.119	0.832	1.345
925	1120.2	853.7	5.4342	9.0196	4419.0	60.08	1.124	0.837	1.343
950	1148.4	875.7	5.4566	9.0496	4907.0	55.58	1.129	0.842	1.341
975	1176.7	896.8	5.4786	9.0790	5436.0	51.49	1.134	0.847	1.339
1000	1205.1	918.1	5.5001	9.1078	6009.0	47.77	1.139	0.852	1.337
1025	1233.7	939.4	5.5212	9.1360	6629.0	44.39	1.144	0.856	1.335
1050	1262.3	960.9	5.5419	9.1636	7299.0	41.30	1.148	0.861	1.333
1075	1291.1	982.5	5.5622	9.1907	8020.0	38.48	1.152	0.865	1.332
1100	1319.9	1004.1	5.5821	9.2172	8797.0	35.90	1.157	0.870	1.330
1125	1348.9	1025.9	5.6017	9.2432	9632.0	33.53	1.161	0.874	1.329
1150	1378.0	1047.8	5.6209	9.2688	10529.0	31.35	1.165	0.878	1.327
1175	1407.1	1069.8	5.6399	9.2939	11490.0	29.36	1.168	0.881	1.326
1200	1436.4	1091.9	5.6585	9.3185	12520.0	27.51	1.172	0.885	1.324

24. 각종 기체의 정압비열

t ℃	H_2	N_2	O_2	OH	CO	NO	H_2O	CO_2	N_2O	SO_2	공기
0	3.39	0.248	0.219	0.421	0.248	0.238	0.444	0.195	0.212	0.145	0.240
100	3.45	0.249	0.223	0.417	0.250	0.238	0.452	0.218	0.228	0.158	0.241
200	3.47	0.251	0.230	0.415	0.253	0.241	0.463	0.237	0.244	0.170	0.245
300	3.47	0.256	0.238	0.415	0.258	0.247	0.478	0.253	0.259	0.180	0.249
400	3.49	0.261	0.245	0.416	0.264	0.254	0.493	0.266	0.270	0.187	0.255
500	3.51	0.267	0.251	0.419	0.270	0.259	0.509	0.276	0.281	0.193	0.261
600	3.53	0.272	0.256	0.424	0.277	0.265	0.526	0.286	0.289	0.197	0.266
700	3.57	0.278	0.260	0.429	0.282	0.269	0.543	0.293	0.297	0.200	0.271
800	3.61	0.282	0.263	0.436	0.286	0.274	0.559	0.300	0.301	0.203	0.279
900	3.66	0.287	0.266	0.443	0.290	0.277	0.577	0.305	0.306	0.205	0.280
1000	3.71	0.291	0.270	0.449	0.294	0.280	0.593	0.309	0.310	0.207	0.283
1100	3.76	0.294	0.271	0.456	0.297	0.282	0.608	0.313	0.313	0.208	0.286
1200	3.81	0.297	0.273	0.462	0.300	0.285	0.622	0.317	0.316	0.209	0.288
1300	3.86	0.299	0.275	0.467	0.302	0.287	0.634	0.320	0.318	0.210	0.291
1400	3.91	0.301	0.277	0.473	0.304	0.288	0.646	0.323	0.320	0.211	0.293
1500	3.96	0.303	0.279	0.478	0.306	0.289	0.657	0.325	0.322	0.211	0.295
1600	4.00	0.305	0.280	0.483	0.308	0.291	0.667	0.327	0.323	0.212	0.297
1700	4.04	0.307	0.282	0.488	0.309	0.292	0.667	0.329	0.325	0.212	0.299
1800	4.08	0.308	0.284	0.492	0.310	0.293	0.685	0.330	0.326	0.213	0.300
1900	4.12	0.309	0.286	0.496	0.311	0.294	0.694	0.332	0.327	0.213	0.301
2000	4.16	0.310	0.287	0.499	0.312	0.295	0.702	0.333	0.328	0.214	0.302
2100	4.19	0.311	0.289	0.503	0.313	0.295	0.708	0.335	0.328	0.214	0.303
2200	4.22	0.312	0.290	0.506	0.314	0.296	0.714	0.336	0.329	0.214	0.304
2300	4.25	0.313	0.292	0.509	0.315	0.297	0.720	0.337	0.330	0.214	0.306
2400	4.28	0.314	0.293	0.511	0.316	0.297	0.725	0.338	0.331	0.214	0.307
2500	4.31	0.315	0.295	0.514	0.316	0.298	0.729	0.339	0.331	0.215	0.308
2600	4.33	0.316	0.296	0.516	0.317	0.298	0.734	0.340	0.332	0.215	0.309
2700	4.36	0.316	0.297	0.519	0.318	0.299	0.737	0.341	0.332	0.215	0.309
2800	4.38	0.317	0.300	0.522	0.318	0.299	0.740	0.341	0.332	0.215	0.310
2900	4.40	0.317	0.300	0.524	0.318	0.300	0.744	0.342	0.333	0.215	0.311
3000	4.42	0.318	0.301	0.527	0.319	0.300	0.747	0.343	0.333	0.215	0.311
M-	2.016	28.02	32.00	17.01	28.01	30.01	18.02	44.01	44.02	64.06	28.964

| 저자소개 |

송 규 근

현재 전북대학교 공과대학 기계시스템공학부 교수로 재직하고 있으며, 전북대학교 공과대학 학장, 공학교육혁신센터장, 한국 자동차공학회 호남지부장 등을 역임했다. An experimental study of Diesel engine Combustion and Emission characteristics fuelled by bio-diesel and Diesel oil (int. Joi. of Green Engineering & Management, Vol.1, No.1. pp11~20, 2012.6) 등 다수의 논문과 저서, 특허가 있다.

연소공학

초판인쇄 2014년 2월 26일
초판발행 2013년 2월 28일

저자 송규근

발행인 서거석
발행처 전북대학교 출판문화원
출판등록 제465-2012-000021호
주소 전라북도 전주시 완산구 어진길 32(풍남동 2가)

값 18,000원

ISBN 978-89-98534-17-2 93550

이 도서의 국립중앙도서관 출판시도서목록(CIP)은 서지정보유통지원시스템 홈페이지(http://seoji.nl.go.kr)와 국가자료공동목록시스템(http://www.nl.go.kr/kolisnet)에서 이용하실 수 있습니다. (CIP제어번호: CIP2014007062)

*잘못된 책은 바꿔드립니다.